RF DESIGN SERIES

フルディジタル無線機の信号処理

AM/SSB/FM…高速A-D変換×コンピュータでソフトウェア変復調

西村芳一
Yoshikazu Nishimura

中村健真 [共著]
Takemasa Nakamura

CQ出版社

はじめに

　世の中すべてがディジタル化されようとしています．たとえば高周波の世界でいえば，総務省の方針として，無線通信のディジタル化が強力に推し進められています．これまで，簡単にFM復調で聞くことのできた音声の無線通信は，ディジタル変調ではただ「ガー」という変調音を聞くことしかできなくなりました．必然的に，受信機の中に複雑なディジタル信号処理を入れなければならなくなっています．

　アナログ方式のラジオ放送でも，従来のアナログ・ラジオは消えつつあります．アンテナから電波を拾い，できるだけ早い段階でディジタル信号化して，あとは数値計算の世界であるディジタル信号処理によって音声の復調を実現するようになってきています．これは，単に高級路線志向でそうなっているのではなく，しだいにアナログ・ラジオを構成する部品自体が手に入らなくなってきていることも，大きな要因です．

　このようなディジタル化の流れのなかで，最近ではSDR(Software Defined Radio)に関する話題が，エンジニアの間でかなり注目されています．しかしながら，個人でそれを習得しようとしても，なかなか敷居が高いのが現実です．さまざまな解説書がありますが，難しくてわからないと多くの声が聞こえます．

　そこで，『ディジタル信号処理による通信システム設計』という書籍をCQ出版社から上梓しました(2006年6月)．この本は，初心者にもわかるように基礎から書いたものですが，すでに発刊して10年近くが経ち，内容が古くなってきました．また，もっと説明を初心者向けにしてほしいという声もあり，書き直すことにしました．それが本書の「理論編」に当たります．

　それとは別に2014年，「トランジスタ技術」誌の9月号でSDRの特集記事を担当する機会を得ました．また，その実験用教材として，TRX-305MBという信号処理メイン・ボードを設計し，その基板上のFPGAへの実装を題材にしてディジタル信号処理について解説しました．TRX-305MBはキットとして販売され(TRX-305A)，フィルタ・バンク基板やパワー・アンプとコントロール・パネルを組み込んだスタンドアロン化キット(TRX-305B)も販売されています．

　それらのキットに絡んで，それから1年間，ディジタル信号処理による無線通信に関する連載記事を同誌に執筆しました．本書の後半では「実践編」として，このTRX-305MBを具体例としてSDRの解説を行っています．FPGAに実装したVHDLソース・コードは付属CD-ROMにすべて収録してあります．

さらには，連載では触れてこなかったDSPプログラムの開発に関しても，C言語での実験ができるフレームワークが提供されています（Appendix A）．これは中村健真氏によって開発された"Hirado"であり，TRX-305MB上での煩雑なFPGA-DSP間のインターフェースや制御用マイコン（SH-2）からのコマンド解析の処理なども含むもので，読者の元でC言語による復調アルゴリズムの実験/検証が容易にできるよう工夫されています．現時点での最新バージョンを付属CD-ROMに収録させていただきました．

　Appendix Bでは，前掲書『ディジタル信号処理による通信システム設計』の付属CD-ROMにも収録した筆者制作のフィルタ設計ツールを解説しています．これも，PC用アプリケーションを付属CD-ROMに収録してあります．

　「理論編」でSDRのディジタル信号処理の概要をつかんでいただき，「実践編」で実際のFPGAへの実装を理解していただければ，TRX-305のフィルタ特性の独自設計などが可能になるでしょう．さらに，Hiradoを利用することで，さまざまな復調処理のアルゴリズムをDSP上で実験していただくことができます．AGCやノイズ・リダクションの実験なども可能ですし，アナログ変調方式に限ることもありません．さまざまなディジタル変調方式の実験なども行っていただきたいと思います．

　この本が，ディジタル信号処理による無線通信技術への理解を深め，今後の進展を担う読者の一助になれば幸いです．最後に，高機能なフレームワークを開発してくださった中村健真氏，本書の元となる特集/連載企画，TRX-305のキット化などに尽力いただいたCQ出版社の寺前裕司氏，編集担当の清水 当氏に感謝いたします．

2016年8月　西村芳一

目次

はじめに ─── 003

第1章 ゲルマニュウム・ラジオで考える ─── 009
～アナログ信号処理とディジタル信号処理の違い～

- 1-1 アナログ回路の場合 ─── 009
- 1-2 ディジタル信号処理の場合 ─── 009

第2章 サンプリング定理とその処理方法 ─── 013
～アナログ信号をディジタル化する際の基礎～

- 2-1 アナログ処理とディジタル処理の等価性 ─── 013
- 2-2 サンプリング後のスペクトル ─── 015
- 2-3 $δ(t)$が実現できないことによる歪み ─── 015
- 2-4 アナログ-ディジタル変換 ─── 016
- 2-5 アパーチャ効果 ─── 018
- 2-6 アパーチャ・ジッタ ─── 019

第3章 信号処理のダイナミック・レンジ ─── 021
～プロセッシング・ゲインとディザを活用～

- 3-1 14ビットで実現できるダイナミック・レンジ ─── 021
- 3-2 100dBのダイナミック・レンジ ─── 022
- 3-3 IF周波数を下げて対応する方法 ─── 022
- 3-4 プロセッシング・ゲインを使う ─── 022
- 3-5 *SFDR*(Spurious Free Dynamic Range) ─── 023

第4章 解析信号の意味とその生成方法 ─── 025
～信号を*I*成分と*Q*成分に分離する～

- 4-1 アナログ信号のフーリエ級数展開 ─── 025
- 4-2 負の周波数，負の時間 ─── 026
- 4-3 スーパーヘテロダイン方式のイメージ受信 ─── 027
- 4-4 なぜ*I*/*Q*の解析信号でなければゼロIFは実現できないか ─── 029
- 4-5 解析信号を作る方法 ─── 029

第5章 ディジタル・フィルタの種類と設計法 ——— 033
～通信で広く使われるFIRタイプの実装法を中心に～

- 5-1 ディジタル信号処理にはディジタル・フィルタ ——— 033
- 5-2 アナログよりディジタルのほうが直感的 ——— 033
- 5-3 設計は設計支援ソフトウェアに任せる ——— 035
- 5-4 FIRフィルタとIIRフィルタ ——— 036
- 5-5 FIRとIIRの特徴 ——— 037
- 5-6 設計法 ——— 038
- 5-7 群遅延一定のフィルタが一般的に使われる ——— 040
- 5-8 最小位相 ——— 040
- 5-9 簡単なFIRフィルタ ——— 041

第6章 ディジタル信号処理での演算の基礎 ——— 047
～組み込み処理ではさまざまな制約がある～

- 6-1 DSP/FPGAでの演算には制約が多い ——— 047
- 6-2 2進数を常に意識 ——— 047
- 6-3 1サンプリング区間中に処理を終わらせる ——— 048
- 6-4 浮動小数点vs固定小数点 ——— 048

第7章 さまざまな関数の組み込み方法 ——— 051
～三角関数，CORDIC，対数の計算など～

- 7-1 三角関数 ——— 051
- 7-2 CORDIC ——— 055
- 7-3 対数計算 ——— 058

第8章 サンプリング・レート変換 ——— 063
～歪みをなくして効率的な処理を実現するために～

- 8-1 ダウン・サンプリング ——— 063
- 8-2 オーバーサンプリング ——— 064
- 8-3 サンプリング・レート変換 ——— 065
- 8-4 サンプリング位置を変える ——— 067
- 8-5 CICフィルタ(ダウン・サンプリング) ——— 068
- 8-6 CICフィルタ(オーバーサンプリング) ——— 073
- 8-7 ダウン・サンプリング用のCICフィルタのVHDL記述 ——— 074

第9章 ノイズ・シェイピングの手法 ―― 075
～ディジタル演算の無効桁を切り捨てずに利用する～

- 9-1 18×18＝36ビットの掛け算器の場合 ―― 075
- 9-2 電子ボリュームの場合 ―― 076

第10章 変調/復調を行う信号処理の基礎 ―― 077
～無線通信で使用されるAM，SSB，FMの信号処理を中心に～

- 10-1 ディジタル変調の長所 ―― 077
- 10-2 変調方式の分類 ―― 078
- 10-3 ディジタル信号処理によるAMの変復調 ―― 081
- 10-4 ディジタル信号処理によるSSBの変復調 ―― 082
- 10-5 ディジタル信号処理によるFMの変復調 ―― 085

第11章 フルディジタル無線機実験キットTRX-305 ―― 089
～ダイレクト・サンプリングとFPGA＋DSPによる変復調の実験を可能とする～

- 11-1 メイン・ボードのハードウェア概要 ―― 089
- 11-2 受信時のディジタル信号処理 ―― 098
- 11-3 送信系のハードウェア ―― 100
- 11-4 受信系のハードウェア ―― 101
- 11-5 応用例…スタンドアロンの本格的な無線機 ―― 105
  - column オプション基板（TRX-305Bキットの内容） 106
- 11-6 キットの設計で考慮したこと ―― 107

第12章 ディジタル信号処理による変復調機能の実現 ―― 111
～フルディジタル無線機実験キットTRX-305での実装を例にして～

- 12-1 SH-2からFPGAとDSPに実行コードを書き込む ―― 111
- 12-2 音声信号のアップ・サンプリング処理 ―― 116
- 12-3 CW/AM/SSB/FM変調の実験 ―― 122
- 12-4 三角関数や対数の計算が得意なCORDICアルゴリズム ―― 131
- 12-5 受信信号のA-D変換とダウン・サンプリング ―― 140
- 12-6 受信部IFフィルタとI/Qデータの転送 ―― 148
- 12-7 DSPによるAM復調のアルゴリズム ―― 154
- 12-8 DSPによるFM復調のアルゴリズム ―― 161
  - Column フルディジタル無線実験ボードTRX-305MBのAGC処理　162
  - Column 角度の差分を正しく計算するテクニック　166
  - Column 線形信号のアナログFM変調には要注意　168

12-9	DSPによるSSB復調のアルゴリズム　171
	Column　SSBのIFフィルタ帯域の連続可変　176
12-10	データ通信のためのディジタル変調技術 —— 178
	Column　波形のピークを抑えて電力利用効率を上げられる「ルート・ナイキスト・フィルタ」　184

第13章　受信信号のスペクトラム表示機能を組み込む —— 185
～I/Qデータをパソコンに送ってFFT処理する～

13-1	全体の構成 —— 185
13-2	FPGAの設計 —— 188
	Column　オリジナルのパネルを作る —— 190
13-3	パソコン側のユーティリティ —— 191

Appendix A　TRX-305用DSPフレームワーク "Hirado" —— 193
～DSPの復調アルゴリズムの実験をC言語で行える～

A-1	Hiradoの構成と使いかた —— 193
A-2	復調アルゴリズムの実装 —— 200

Appendix B　ディジタル信号処理サポート・ツール —— 207
～FIRフィルタの係数計算とLCフィルタの設計～

B-1	FIRフィルタ設計ソフトウェア —— 207
	Column　インストール先のフォルダを指定する —— 209
B-2	アナログLCフィルタ設計ソフトウェア —— 213

参考文献　217
付録CD-ROMの内容　218
索引　220
著者略歴　223

理論編

第1章
ゲルマニュウム・ラジオで考える
～アナログ信号処理とディジタル信号処理の違い～

❖

まずは，直感的にわかるといわれているアナログ信号処理とディジタル信号処理を比較してみます．例題として，アナログ信号処理のもっとも簡単な回路である，ゲルマニュウム・ラジオから考えてみます．

❖

1-1　アナログ回路の場合

　中波のAM放送はかなり強力な電波が送信されており，ごく簡単な図1-1のような回路のゲルマニュウム・ラジオでもちゃんと音が聞こえます．電池などの電源がなくても聞こえるのは，現代の周りを見渡してもあまり例がありません．しかも，ゲルマニュウム・ダイオード1個しか半導体は使っていません．昔は，小学生の学習本の付録になるような身近な感じでしたが，最近はみかけなくなったのが残念です．

　その動作原理ですが，図1-2に示すように，AM変調波はキャリアと呼ばれる高周波の正弦波信号の振幅に変調信号である音声などの低周波を乗せた波形をしています．図1-2では，周波数$f_C = 10$ kHz，振幅10 V$_{p\text{-}p}$のキャリアに対して，周波数$f_S = 1$ kHz，振幅5 V$_{p\text{-}p}$の正弦波信号を振幅変調したようすを示しています．

　ダイオードは理想的には一方向のみの電流を通すスイッチと考えられます．すなわち図1-3のように，AM波の高周波の波形のプラス側だけしか信号を通しません．その波形は図のようなプラス側だけでの波形となります．これを一般的には，「整流」と呼んでいます．

　これを図1-4のようにCRのローパス・フィルタ回路に通すと，波形の包絡線成分しか残りません．すなわち，これが変調波形なので，これをクリスタル・イヤフォンで聞けば受信音が聞こえます．じつに直感的です．

1-2　ディジタル信号処理の場合

　この直感的な理解をもう少し，信号処理的に考えてみます．変調波形を数百kHzの高周波でスイッチングするということは，図1-5のような変調波形を周波数変換のミキサ(掛け算器)にかけたと考えることができます．

　高周波の周波数をf_C [Hz]，その振幅をA，変調信号の周波数をf_S [Hz]，変調度をmとすると，変調波形は

$$S(t) = A(1 + m\cos(2\pi f_S t))\cos(2\pi f_C t) \quad\cdots\cdots(1\text{-}1)$$

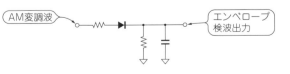

図1-1　アナログ回路で作ったAM復調回路の例
入力側にアンテナと同調回路，出力側にクリスタル・イヤフォンなどをつなぐとゲルマニュウム・ラジオになる

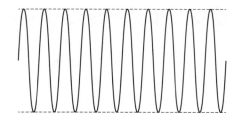

(a) キャリア（f_C=10kHz, 10V_{P-P}）

(b) 変調信号（f_S=1kHz, 5V_{P-P}）

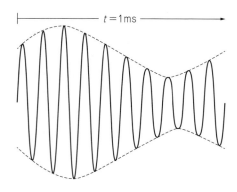

図1-2　AM変調波の構成　　(c) AM波（m=0.5）

と表せます．これをf_Cでスイッチングするのですから，上記の変調信号に$\cos(2\pi f_C t)$を掛けるとみなすことができます*1．

$$S(t)\cos(2\pi f_C t) = A(1+m\cos(2\pi f_S t))\cos^2(2\pi f_C t)$$
$$= \frac{A}{2}(1+m\cos(2\pi f_S t))(\cos(4\pi f_C t)+1) \quad\cdots\cdots (1\text{-}2)$$

実際には，ダイオードによる整流では，完全な掛け算にならないので，式(1-2)に含まれる$\cos(2\pi f_C t)$の項が残ります．いずれにしても，上記の信号に，CRのロー・パス・フィルタをかけると，$\cos(4\pi f_C t)$の成分が消えて，

$$\frac{A}{2}(1+m\cos(2\pi f_S t))$$

これをコンデンサでDC成分をカットすると，最終的に，

$$\frac{A}{2}m\cos(2\pi f_S t)$$

が残り，確かに復調したことがわかります．

ゲルマニュウム・ラジオの直感的な理解と，計算式による理解とを2通り考えました．みなさんは，直

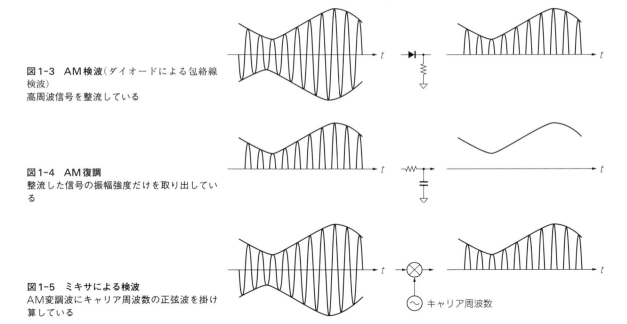

図1-3 AM検波（ダイオードによる包絡線検波）
高周波信号を整流している

図1-4 AM復調
整流した信号の振幅強度だけを取り出している

図1-5 ミキサによる検波
AM変調波にキャリア周波数の正弦波を掛け算している

感的な理解を好むのではないかと思います．とくにゲルマニュウム・ラジオを考えるのに，数式は不必要に思われます．

　しかしながら，ディジタル信号処理では，もちろん直感的な理解も可能ですが，基本的には数式による理解が中心になります．しかもディジタルですとアナログのような連続的な波形ではなく，一定周期で取り込む（サンプリング）離散的な波形を処理することが加わり，ますます直感的ではなくなります．ここがディジタル信号処理の難しいところです．

＊

　まだ細かな説明をしていないので，内容は理解できなくても，まったく問題ないですが，この1個のゲルマニュウム・ダイオードしか使わない簡単なアナログ処理を，ディジタル信号処理で実現することができます．そのためには複雑な処理が必要となります．最初にサンプリングが入るので，これまた見慣れないI/Q信号というものを使います．信号処理的にはこれは複素数で扱うことが多いので，数学嫌いの人には，ますます難解になるのかもしれません．次章以降で，少しずつ説明していきます．

＊1：三角関数の公式より，$\cos\theta \times \cos\theta\,(=\cos^2\theta)$は下記のように求められる．
$$\cos^2\theta = \frac{1+\cos2\theta}{2}$$
上式は，下記の積和公式で$\alpha = \beta$の場合を整理したものである．
$$\cos\alpha\,\cos\beta = \frac{\cos(\alpha-\beta)+\cos(\alpha+\beta)}{2}$$
$\alpha = \beta = \theta$として整理すると，
$$\cos\theta\,\cos\theta = \cos^2\theta = \frac{\cos 0 + \cos 2\theta}{2} = \frac{1+\cos 2\theta}{2}$$
$\because \cos 0 = 1$

第2章
サンプリング定理とその処理方法
~アナログ信号をディジタル化する際の基礎~

ディジタル信号処理では，無線通信で使われるアナログ信号（連続波形）をディジタル化して離散信号に変換します．これを一般にサンプリング処理と言いますが，現実の回路技術ではさまざまな場面で歪みなどが発生します．ここでは，それらに対処する一般的な手法を紹介しておきます．

2-1　アナログ処理とディジタル処理の等価性

　いろいろな処理をディジタル化するときには，アナログのような連続信号で処理することは不可能です．ディジタル信号処理の計算には有限の時間かかり，これを連続波形のように無限回繰り返すことはできないからです．そうすると，図2-1のⒶとⒷのように，ある一定周期で，連続波形の一時点の値を取り込むことになります．これを信号のサンプリング（sampling）といいます．
　しかし，連続波形をサンプリングして，離散的な波形にしても，アナログのような連続波形の処理と同じようなことができるのでしょうか？　ここで，登場するのがシャノンの「サンプリング定理」です．信号帯域の2倍以上のサンプリング周波数でサンプリングすれば，歪みなく元の連続波形に戻せるという定

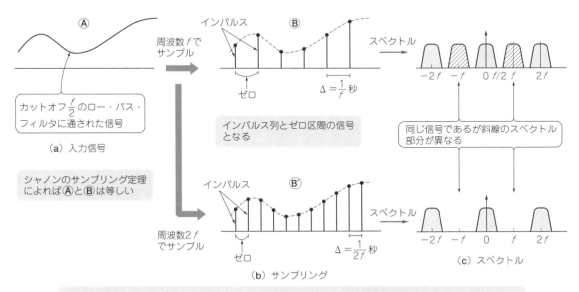

図2-1　理想的なインパルスによるサンプリングとそのスペクトル

理です．これがなければ，アナログ回路による処理をディジタル信号処理に置き換えることはできません．ディジタル信号処理の基本中の基本の定理です．

図2-2(a)に，サンプリングする元の連続波形を通過帯域$f_S/2$のロー・パス・フィルタに通したときのスペクトルを示します．当然のことながら，$f_S/2$以上にスペクトルの成分はありません．この信号をサンプリング周波数f_Sでサンプリングします．

サンプリングするということは，連続波形を$T=1/f_S$の間隔で一時点だけの値をもち，それ以外はゼロとなるような波形と畳み込むということと等しいということはすぐに理解できるのではないでしょうか？サンプリングというと，よく**図2-3**(a)のような連続波形をサンプル&ホールドした波形を思い浮かべますが，これはサンプリング理論として正しくありません．ところどころ針のような信号がある波形です(**図2-1**のⒷ)．また注意してほしいのですが，サンプリングしても，連続波形はそのまま連続波形です．ただし，ほとんどがゼロで周期的に意味のある値が現れるという信号です．ゼロは処理を無視してもかまわないので，離散化された信号として扱うことができるということです．

数学的には，サンプリングをどのように扱うかはとても難しい話です．連続波形は，そのまま連続でなければなりません．すなわち，サンプリングした後の連続波形も微分可能であることが必要条件になります．このような周期的に現れる針のような信号で，しかも微分可能な連続波形が世の中にあるのでしょうか？

これは数学的に存在して，ディラックのデルタ関数$\delta(t)$と呼ばれるもので，別名でインパルス(impulse)ともいいます．この$\delta(t)$の特性は，元の連続波形を$S(t)$としたとき，次式のようになります．

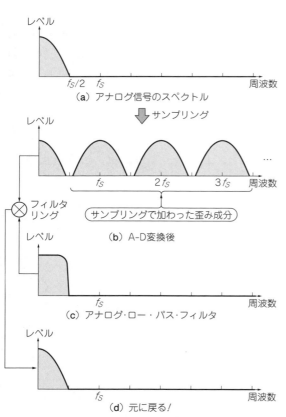

図2-2 サンプリング時に生じる歪み成分をアナログ・ロー・パス・フィルタで取り除けば元のアナログ信号を取り戻せる

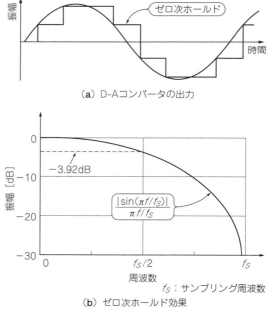

図2-3 ゼロ次ホールドによる歪みの発生

図2-4 ディラックのデルタ関数

$$\delta_{t=0}(t) = \infty \quad \delta_{t \neq 0}(t) = 0$$

$$\int_{-\infty}^{\infty} \delta(t)dt = 1$$

$$\int_{-\infty}^{\infty} \delta(t-P)S(t)dt = S(P)$$

$\delta(t)$は言い換えれば，$t=0$のところで，無限小の幅をもち，そのパルスを積分すると1となる，かなり特殊な関数です(図2-4)．しかも連続関数です．幅が無限小で面積が1ならば，その振幅は無限大になるのは明らかです．イメージ的には正規関数の分散を極限までゼロにしたような波形です．すなわち，現実にはありえない信号であるといえます．サンプリング処理とアナログ処理の等価性は，この現実にはありえないインパルスを元にしていることを常に覚えておく必要があります．

2-2　サンプリング後のスペクトル

図2-4のような，$t=0$にインパルスがある，ディラックの$\delta(t)$を$T=1/f_C$(f_Cはサンプリング周波数)区間でフーリエ級数展開すると，偶関数なのでcosの項しか残らず，

$$a_n = \frac{1}{\pi}\int_{-\pi}^{\pi} \delta(t)\cos(nt)dt = \frac{1}{\pi} \quad \cdots\cdots (2\text{-}1)$$

$$\begin{aligned}\delta(t) &= \frac{1}{2\pi} + \frac{1}{\pi}\sum_{n=1}^{\infty}\cos(2\pi n f_C t) \\ &= \frac{1}{2\pi} + \frac{1}{2\pi}\sum_{n=1}^{\infty}(e^{2j\pi n f_C t} + e^{-2j\pi n f_C t}) \quad \cdots\cdots (2\text{-}2)\end{aligned}$$

$\delta(t)$は無限に続く，サンプリング周波数の正弦波の整数倍(高調波)の集合体であることがわかります．しかも，それぞれの高調波はいずれも振幅が$1/2\pi$の一定値です．

$f_C/2$に帯域制限されたアナログ信号を$S(t)$[図2-2(a)]とすると，サンプリングは$S(t)$と$\delta(t)$との畳み込み積分なので，それぞれの高調波を中心に変調成分USBとLSBの成分が現れ，図2-2(b)のように，$S(t)$のフーリエ変換されたスペクトルのレプリカが並ぶことになります．

ベースバンドのスペクトル以外は元のアナログ信号にはない歪み信号となります．そこで，$S(t)$と$\delta(t)$との畳み込み積分(サンプリング)の結果の波形を，カットオフ周波数が$f_C/2$のロー・パス・フィルタ[図2-2(c)]に通すと，その歪み成分だけを取り，元の$S(t)$のスペクトルだけを残すことができます[図2-2(d)]．すなわち，サンプリングしても元の連続アナログ波形に戻ることができたわけです．

2-3　$\delta(t)$が実現できないことによる歪み

積分した面積が1で，幅が無限小となるインパルスは現実には存在しません．そこで現実に信号処理を実現すると，それによる歪みが発生します．一般的に，ディジタル信号処理して，D-A変換した波形は，図2-3(a)に示したように，階段状のステップ波形になります．多項式の0次関数でホールドしたような波形なので，ゼロ次ホールド効果と呼ばれるものです．特性的には図2-3(b)に示すように，理論からの乖離によって高域の周波数特性が劣化します．

これは原理的に発生するものです．これを知らないと，ディジタル信号で何も処理しないで，単にD-A変換しただけなのになぜ歪むのだろうと悩んでしまうかもしれません．

この対策方法としては，たとえば図2-5の「逆SINCフィルタ」のようにDDSの中では，この劣化する周波数特性を逆補正(プリディストーション)するようなディジタル・フィルタに通してから，D-A変換

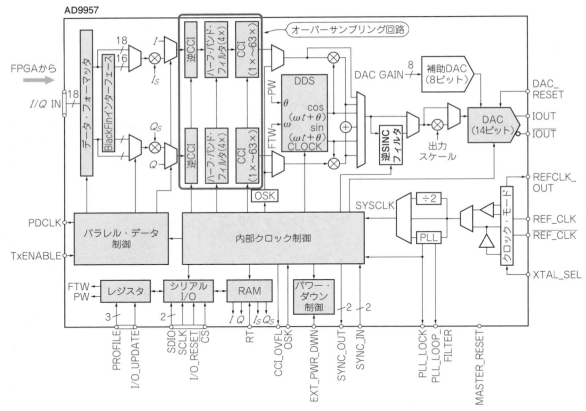

図2-5 フルディジタル周波数シンセサイザAD9957は逆SINCフィルタを内蔵している

して補正します．もちろん，ただD-A変換した後のアナログ信号の状態でも回路で補正可能です．

2-4　アナログ-ディジタル変換

　先ほどのサンプリングを実際に担当するのが，**写真2-1**のようなアナログ-ディジタル変換器（A-Dコンバータ）です．ディジタル信号処理システムの要の部分です．いくら高度のディジタル信号処理を行っても，入り口のA-D変換器の性能が悪いとまったく使いものになりません．ディジタル信号処理では，A-D変換の性能が全体に大きく影響します．

　最近の機器のディジタル化の流れを受けて，さまざまなA-D変換器が使われています．一般的には**図2-6(a)**のように，数値に変換する場合に何桁の2進数に変換するかで，その性能は大きく変わります．すなわち連続なアナログ値を，**図2-6(b)**のような階段状の飛び飛びの値に丸め込みます．このことを時間軸量子化と呼んでいます．ちなみに図では，0～1Vの信号を4ビットで分解しており，時間間隔は1/12秒です．

　先ほどのサンプリング理論では，$\delta(t)$という連続関数を使いましたが，現実のA-D変換器は連続ではありません．サンプリング時間間隔でアナログ値をサンプルし，そのサンプルした値を離散的な値に丸め込みます．これを振幅の量子化といいます．したがって，アナログ信号との間に誤差が生まれ，ここで歪みが発生します．この歪みのことを量子化歪みといいます．

　有限の値に丸め込むため，最小ステップ（解像度）を小さくしたほうが歪みが少なくなります．これは信号入力のダイナミック・レンジを決めるため，A-D変換の分解能を決めることはとても慎重に行う必要

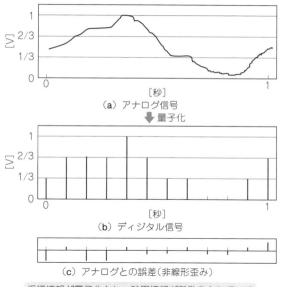

(a) アナログ信号

↓量子化

(b) ディジタル信号

(c) アナログとの誤差（非線形歪み）

振幅情報が量子化され，時間情報が離散化されている

図2-6　アナログ信号の量子化と離散化

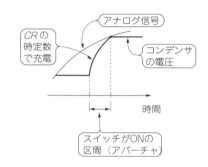

写真2-1　A-DコンバータICの例
14ビット，65 MspsのLTC2205-14（リニアテクノロジー）

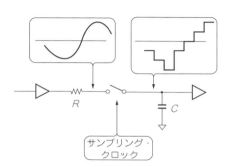

図2-7　サンプル＆ホールド回路とその動作

があります．理想的なA-D変換のビット数と，量子化ノイズのS/Nは以下の式で表されます．

$$S/N[\text{dB}] = 6.02 \cdot b + 1.76 \quad \cdots\cdots\cdots\cdots\cdots\cdots\cdots\cdots\cdots\cdots\cdots\cdots\cdots\cdots\cdots\cdots (2\text{-}3)$$

　　b：量子化ビット数

　量子化ビット数が大きくなればなるほど，A-D変換器には難しい技術が要求されます．また，量子化変換速度と量子化ビット数とは逆比例の関係にあり，量子化ビット数を大きく，かつ変換速度を速くすることは，とても難しい技術になります．しかし市場の要求の高まりから，100 MHzを大きく超えるようなサンプリングで14ビットの量子化を行うA-D変換器も市場に出て使われるようになってきました．

　量子化といえば，アナログ信号からディジタル値に変換することを想像しますが，それだけではありません．たとえば16ビットのディジタル信号を直接，8ビットのディジタル信号に変換することもありえます．この場合はアナログ信号はまったく関係ありません．ディジタル数値計算だけで行うものですが，これも量子化または再量子化変換と呼んでいます．

　A-D変換の方法はさまざまですが，一瞬でディジタル変換できるものではありません．そのため変換には，方式によって変換時間は異なりますが，ある程度の時間を要します．そのため変換の途中で入力値が変わると，デルタ関数で畳み込み積分をして得られる値と乖離します．正しい変換値を得ることができません．

そのため，A-D変換器の前には，図2-7のようなサンプル&ホールド(S&H)回路を設け，変換の途中で入力値が変わらないようにしなければなりません．このS&H回路は変換速度が速くなればなるほど，技術的にとても難しくなります．一般的には，IC内部のコンデンサにアナログ電圧を保持する回路になっています．

周波数が高ければ，このコンデンサはだんだん電気的に回路グラウンドにショートと同じになります．すなわち大きなドライブ電流が必要です．さらに，時間軸でサンプル・パルスにジッタ(位相ノイズ)があると，サンプル値が位相変調されて取り込まれてしまいます．

しかし，最近は外の回路でS&Hを組まなくても，A-D変換器のLSIの中に内蔵されているものがほとんどです．設計がずいぶん楽になりました．

2-5　アパーチャ効果

先ほどA-D変換器にはS&H回路が必要だと述べました．一般的には図2-7のような，あるときの信号値をコンデンサにメモリし，次のサンプル・タイミングまで保持するものです．これまた当然，一瞬でコンデンサに現在値を蓄えるのは不可能なことです．

そのため，このS&H回路のスイッチは，一定時間だけONになります．これをアパーチャ時間(開口時間)と言います．図2-7からわかるように，スイッチがONの時間は，信号源のドライブ・インピーダンスとホールド用のコンデンサの時定数によるチャージとなります．別の言い方をすれば，アパーチャ時間は信号にCRの低域フィルタが入ったのと同じで，その時間の信号はCRの時定数で信号の平均化が行われます．すなわち，高域の周波数特性が劣化します．これをアパーチャ効果と呼んでいます．

そのため特に変換速度の速いS&H回路の場合，信号源のインピーダンスをかなり低くしなければなり

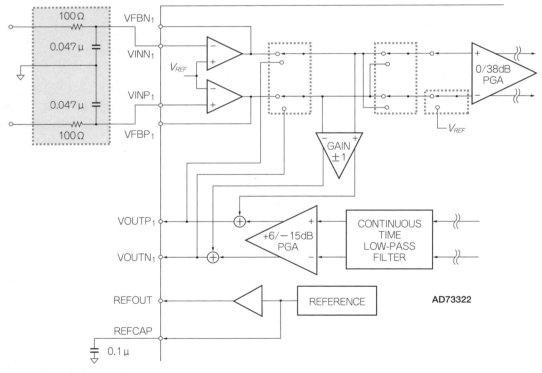

図2-8　A-D変換器の入力部のスパイク対策

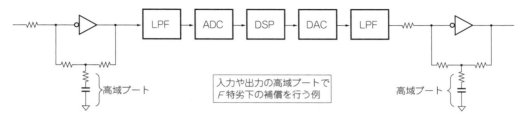

図2-9 アナログ回路でのアパーチャ補償

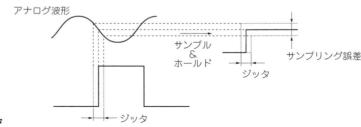

図2-10 サンプリング・クロックのジッタ

ません．しかも高い周波数までフラットな周波数特性が必要です．

最近のA-D変換器は，S&H回路を内蔵しているものがほとんどです．しかし，静的な信号入力インピーダンスが高くても，内蔵されたS&H回路のスイッチがONになったときは，かなり大きなスパイク電流が流れます．そのため，A-D変換器の入力はかなり強力なアンプでドライブしてやる必要があります．また，図2-8のように，このスパイク対策ためメーカ指定で入力端子にかなり大きなコンデンサを入れる場合が多く，これを高周波でドライブするのは結構たいへんな作業です．

この劣化した周波数特性を補償するのを，アパーチャ補償(いわゆるアパコン)と呼んでいます．図2-9のように，あらかじめA-D変換するまえに劣化するぶんを見越して，信号にプリエンファシスを掛けることも一つの方法です．あるいは，A-D変換したあとに，ディジタル・フィルタで補償することもあります．

2-6　アパーチャ・ジッタ

A-D変換器は，入力されるクロックの間隔でサンプリングを行います．そのとき，図2-10のようなサンプリング・クロック波形の立ち上がりに時間的揺らぎ，いわゆるジッタ(jitter)があると，歪みを発生させます．サンプルする場所がクロックごとに変わるため，本来のサンプルする位置との誤差が発生するからです．

アパーチャ・ジッタによるS/Nの劣化は，原理からわかるように，高い周波数になればなるほどサンプリング周波数に対するジッタの相対値が大きくなりますから，三角ノイズの分布をしています．したがって，高い周波数の信号を扱う場合は，クロックの位相雑音(フェイズ・ノイズ)に気をつけて，できるだけ小さくする必要があります．

第3章

信号処理のダイナミック・レンジ
～プロセッシング・ゲインとディザを活用～

❖

ディジタル信号処理におけるダイナミック・レンジは，A-D変換で決まると思っている読者が多いのではないでしょうか？　たとえば，14ビットのA-D変換器では，理想的には約86 dBの**S/N**がとれます．しかし，この86 dBというのはA-D変換の1ビットの変化を信号として使ったときにとれるダイナミック・レンジであり，実際は1ビットでまともな信号は復調できません．

❖

3-1　14ビットで実現できるダイナミック・レンジ

たとえば，14ビットで信号を取り込む場合を考えます．そのときに，実用になるダイナミック・レンジ*1はどれほどでしょうか？　話を絞り込むために，ここでは受信機の中での処理を考えます．

アンテナから受信した電波をアンプなどを通してからA-D変換する場合，実際に実用となる信号レベルは少なくとも5ビットは必要とされます．したがって，**図3-1**に示すように全体が86 dBのS/NのA-D変換では，14ビットから5ビットを除いた9ビットがダイナミック・レンジになります．すなわち約56 dBです．

この56 dBは受信機のダイナミック・レンジとしてはとても満足できるものではありません．しかし，現実のA-D変換のサンプリング周波数は65 MHzくらいで，せいぜい16ビットどまりです．それでは，ディジタル信号処理では満足なダイナミック・レンジは望めないのでしょうか？

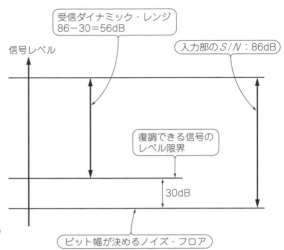

図3-1　A-Dコンバータのノイズ・フロアより30 dB以上のレベルの大きい信号でないと復調できない

＊1：量子化ビット数bのA-D変換で得られる理論的なS/Nは次式で表せる．
　　　$S/N \text{[dB]} = 6.02 \times b + 1.76$

3-2　100 dBのダイナミック・レンジ

　受信機では，小さな信号では−120 dBmから，大きな信号では−20 dBmといったような，さまざまなレベルの信号がアンテナから入ってきます．すなわち，少なくとも100 dBくらいのダイナミック・レンジが要求されます．
　それでは，この100 dBのダイナミック・レンジを実現するためにはどれくらいのビット解像度のA-D変換器が必要になるでしょうか？　先ほど述べたように，実用となる信号は，少なくとも5ビットぶん（30 dBぶん）必要です．

$$\frac{100\text{ dB} + 30\text{ dB} - 1.76\text{ dB}}{6.02\text{ dB}} \fallingdotseq 21\text{ ビット}$$

　上記より，少なくとも21ビット以上のA-D変換器が必要です．

3-3　IF周波数を下げて対応する方法

　アンテナからの電波をディジタルで取り込む場合，直接にA-D変換しないで，いったん40 kHzといった低い周波数の中間周波数に周波数変換してA-D変換します．この中間周波数(IF)に変換する受信機のことをスーパーヘテロダイン方式の受信機と呼んでいますが，アナログ受信機では必ず用いられる方法です．
　そうすると，A-D変換する信号は20 kHz程度の帯域しかないので，オーディオ用の高性能高分解能の$\Delta\Sigma$タイプのA-D変換器が使えます．これらのタイプでは，24ビット解像度のA-D変換器を選択することは難しいことではありません．さまざまなA-D変換器が容易に手に入ります．
　実際にこの方法は，アマチュア無線機などに使われています．しかし，欠点もあります．帯域がわずか20 kHzなので，バンド・モニタや広帯域のFM放送などを取り込むことができません．また，性能の多くの部分はアナログの回路で決まってしまうと言えます．あまりディジタル信号処理受信機とはいいがたい感じです．

3-4　プロセッシング・ゲインを使う

　アンテナからの信号をアンプを通して，そのままAM信号などを65 MHzのサンプリング周波数で取り込んだとしても，必要な帯域はわずか6 kHz程度です．すなわち，信号の帯域に対して無駄にサンプリング周波数が高いのです．
　しかし，これは信号処理的には無駄とは言えません．プロセッシング・ゲインというものがあるからです．プロセッシング・ゲインに関しては，皆さんはスペクトラム・アナライザで身をもって経験しているはずです．スペクトラムを見るときRBW（スペアナのIF帯域幅）を狭くすると，ノイズ・フロアが下がり，より小さいレベルの信号が測定できるようになります．これと同じです．
　図3-2に示すように，f_S＝65 MHzのサンプリング周波数で，0〜30 MHzの広帯域信号を取り込む場合を考えます．信号受信に必要な帯域はf_Bだけです．A-D変換したあとのディジタル信号処理で，このf_Bだけを取り出すバンド・パス・フィルタにかけて信号処理したとします．ちょうど先ほどのスペクトラム・アナライザのRBWを狭くしたのと同じです．そうすると，14ビットの1 LSB以下の信号が検出できるようになります．サンプリング周波数をf_Sとしたとき，

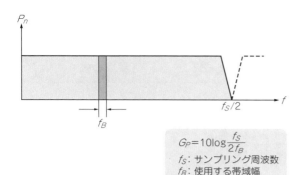

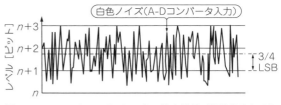

図3-3 レベルが3/4 LSBしかない微小信号が量子化されるしかけ

図3-2 A-Dコンバータの取り込み帯域と必要なサンプリング周波数は別
フルディジタル無線機TRX-305MBに搭載されているA-Dコンバータは一気に30 MHzまでの信号を取り込むが，最終的に必要なのは数kHz程度でOKだったりする

$$G_P[\mathrm{dB}] = 10 \log \frac{f_S}{2f_B}$$

だけの信号ゲインが得られます．これをプロセッシング・ゲインと呼んでいます．

これを使うと，たとえ14ビットのA-D変換器を使っても56 dB以上のダイナミック・レンジを得ることができます．この効果がなければ，現在のディジタル信号処理を無線機の中に持ち込むことは難しかったでしょう．

この1 LSB以下の信号を得る仕組みを直感的に理解するには，図3-3を見てください．1 LSBくらいの信号になると，無信号でも結構A-D変換データはノイズで変化します．そこに，3/4 LSBの信号が入ったとします．図に示すように，長い時間A-D変換器の出力を平均化すると，信号の偏りによって1 LSB以下の信号であっても，信号をとらえることができます．この平均化が信号帯域のフィルタによってなされているのは，すぐに理解できるでしょう．

3-5　　*SFDR*(Spurious Free Dynamic Range)

それでは，f_Bを狭くすればするほど，いくらでもプロセッシング・ゲインは得られるのでしょうか？この限度を決めるのがA-Dコンバータのデータシートに載っている*SFDR*(スプリアス・フリー・ダイナミック・レンジ)の値です．サンプリングするということは，インパルス$\delta(t)$と信号$S(t)$の畳み込みだと説明しました．すなわち，アナログの掛け算器を通ったことと等価です．A-D変換器もアナログ回路ですから，必ずこの歪みがあります．

たとえば，図3-4のようにA-D変換器に大きな信号を入力します．そのとき歪みがあると，その信号以外の信号がA-D変換器の出力に現れます(スプリアス信号)．たとえば，顕著なのは，その2倍，3倍の高調波です．もし，そこに本当の検出したい信号があった場合，それは信号なのか，それとも歪みによるスプリアスなのかはわからなくなります．したがって，そのスプリアス信号以下の信号は検出できないのと同じです．これがA-D変換器のダイナミック・レンジを決めることになります．たとえば，LTC2205の場合は100 dBくらいです．

さらに，図3-5のようにA-D変換器に二つの接近した大きな信号を入れると3次高調波ひずみが現れ，これもスプリアスとなります．

ここで，このA-D変換器の歪み特性を改善するのが，ディザ(dither)です．A-Dコンバータの中で，故意に発生させたノイズを加え，常にA-D変換器の出力が変化するようにします．たとえば，リニアテ

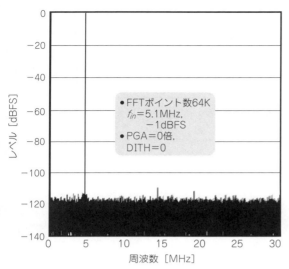

図3-4 A-DコンバータのSFDR特性例（LTC2205）

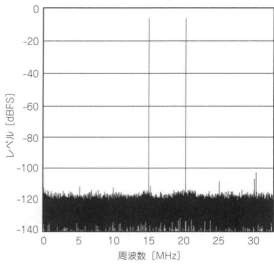

図3-5 近接した2信号を入力した場合の3次歪み（LTC2205）
FFTポイント数：64 K, $f_{in1}=14.9\,\text{MHz}$, $-7\,\text{dBFS}$, $f_{in2}=20.1\,\text{MHz}$, $-7\,\text{dBFS}$, PGA=0

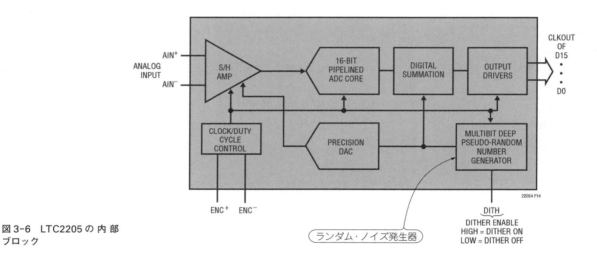

図3-6 LTC2205の内部ブロック

クノロジー社のLTC2205は図3-6に示すように，このICの中で発生させたランダム・ノイズをICの中で加え，ディジタル的に後で減算しています．これで，ダイナミック・レンジが10 dB近く改善しています．

このディザの方法は，非線形の回路の歪みを改善するのによく使われます．今はもうあまり聞きませんが，磁気テープ・レコーダにも使われていました．ご存じのように，テープに使われている材料のフェライトなどの磁性体は，ヒステリシス特性があり非線形です．微弱の信号はこのヒステリシス特性を超えることができず，信号に歪みを与え，ヒステリシス歪みを発生させます．

これを改善するために，高周波バイアス法といって，録音する音の帯域よりかなり高い周波数の信号に加えます．そうすると，必ずその付加した高周波の周期でヒステリシスを超えるため，平均化の作用が働いて微弱信号のリニアリティが改善します．再生のときは，加えた高い周波数の信号はロー・パス・フィルタで取れば影響はありません．

第4章

解析信号の意味とその生成方法
~信号を*I*成分と*Q*成分に分離する~

前章までの説明は，かなりの読者がすんなりと理解できる内容ではなかったかと思います．しかし，ここからディジタル信号処理の核心になり，急に難しくなったと感じられるかもしれません．まず，ここで説明する解析信号（*I/Q*信号）はなかなか手ごわい相手です．しかし，この解析信号を使わないと，ディジタル信号処理はできないといっていいでしょう．

4-1　アナログ信号のフーリエ級数展開

　アナログ信号（微分可能な連続信号）をフーリエ級数展開するために，図4-1のように，あるT時間だけ波形を取り込んだとします．そうして，波形の中央をゼロとして横移動の座標変換をすると，取り込んだ横軸時間の両側は$\pm T/2$となります．
　信号$S(t)$はフーリエ級数展開ができて，下記のように表せます．

$$a_n = \frac{1}{\pi}\int_{-\pi}^{\pi} S(t)\cos(nt)dt$$

$$b_n = \frac{1}{\pi}\int_{-\pi}^{\pi} S(t)\sin(nt)dt$$

$$S(t) = \frac{a_0}{2\pi} + \sum_{n=1}^{\infty} a_n\cos(nt) + \sum_{n=1}^{\infty} b_n\sin(nt) \cdots\cdots (4\text{-}1)$$

ここで，信号のDC成分である$a_0/2\pi$は，コンデンサでDCカットしてキャンセルすることにして，

$$I(t) = \sum_{n=1}^{\infty} a_n\cos(nt)$$

$$Q(t) = \sum_{n=1}^{\infty} b_n\sin(nt) \cdots\cdots (4\text{-}2)$$

とします．
　cosの波形は図4-2に示すように，時間軸の$t=0$に対して左右偶対称の波形をしています．偶対称波形

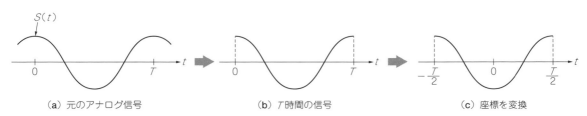

（a）元のアナログ信号　　　（b）T時間の信号　　　（c）座標を変換

図4-1　波形の取り込みとサンプリング

とは，時間 $t \to -t$ に変換しても式の形が変わらないということです．

一方，sinの波形は**図4-2**に示すように，時間軸の $t=0$ に対して左右奇対称の波形をしています．奇対称とは，時間 $t \to -t$ に対して，式の負号が反転します．

すなわち，フーリエ級数展開を使えば，任意の区切られた区間の信号は必ず，偶関数と奇関数の成分に分けることができます．sinとcosは直交しているので，

$$\int_{-\pi}^{\pi} I(t)Q(t)dt = 0 \quad \cdots \cdots (4\text{-}3)$$

となります．

$S(t)$ の信号は，独立の直交した $I(t)$，$Q(t)$ に分離することができるといえます．別の言いかたをすれば，ある区間で区切られた信号は，$I(t)$ と $Q(t)$ の合成信号であることがわかります．

4-2　負の周波数，負の時間

$S(t)$ は2次元のベクトルで表せるので，直交軸をもつ複素数平面上で表すことができます．

$$S(t) = I(t) + jQ(t) \quad \cdots \cdots (4\text{-}4)$$

複素数にすると，あとあとの計算が楽になります．この複素数化された信号を解析信号，または I/Q 信号と呼んでいます．

これまでの信号の I/Q 化について，フーリエ級数展開を使わないで，実際の時間軸の波形で考えてみることにします．**図4-3**に示すように，元の波形を一定区間で区切るのは同じです．区切った波形が同図(a)です．

これを中心に対して，偶対称の波形[同図(b)]と奇対称の波形[同図(c)]に分離します．この信号が時間的に変化しているとすると，これを複素平面で表示すると，ベクトルの回転として理解できます．

ちなみに，I軸の信号のIはIn-Phaseの略です．また，QはQuadratureの略です．

ところで，$S(t)$ は

$$S(t) = I(t) + jQ(t) = Ae^{j\omega t} \quad \cdots \cdots (4\text{-}5)$$
$$A = \sqrt{I(t)^2 + Q(t)^2}$$
$$\omega = \frac{d}{dt}\{\tan^{-1}[I(t),\ Q(t)]\}$$

のように，極座標形式でも表すことができます．$S(t)$ は2次元の複素平面を角周波数 ω で回転する長さ A のベクトルとして表すことができます．

ここで，1次元の信号であった $S(t)$ の信号にはなかった概念が登場します．2次元の複素平面で回転する場合，ω の符号によって時計周りと反時計周りの二つのベクトルに分けられます．ω の絶対値，すなわち周波数は同じでも，その極性で回転方向が異なる二つの信号に区別されます．1次元の信号の $S(t)$ では考えられなかった概念です．

時計回りの ω を正の周波数とすると，反時計回りの ω を負の周波数と定義できます．そのため解析信号をフーリエ変換したときは，周波数軸をマイナスのほうまで伸ばすことができます．今は周波数 ω の符号が±をとることができるとして，負の周波数があると考えることができました．

もう一つの解釈として，周波数 ω は正の値だけをとり，時間 t がマイナスをとりうると考えても，時計回り反時計回りのベクトル信号を考えられます．

時間がマイナスというのは現実にはかなり考えにくいですが，信号をいったんメモリに取り込んだあとの処理を考えれば，マイナスの時間方向は考えられます．この考えは信号処理で実際に使われていて，誤り訂正などで確率過程を使う場合，時間正方向のパスと，時間逆方向のパスの二つを計算して誤り訂正を

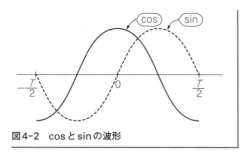

図4-2 cosとsinの波形

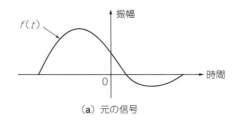

(a) 元の信号

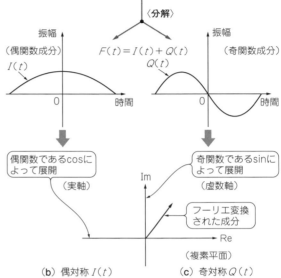

図4-3 任意波形の偶関数成分と奇関数成分への分離

行います．あるいはRLS適応フィルタなどでも使います．マイナスの周波数，マイナスの時間のいずれも現実社会には存在しませんが，複素数の解析信号にすることで生まれた考えかたです．

4-3 スーパーヘテロダイン方式のイメージ受信

アナログの受信機の多くは図4-4のようなスーパーヘテロダイン方式をとります．受信した信号を，いったん一定の周波数の中間周波数(Intermediate Frequency；IF)に変換して，狭帯域のフィルタに通すことによって選択度を上げるというものです．このIFは一般的には，455 kHzだとか10.7 MHzのような周波数が選ばれています．

受信したSSB信号(LSB)を$S(t)$，

$$S(t) = A\cos[(\omega_C - \omega_S)t] \quad \cdots\cdots (4\text{-}6)$$

ω_C：キャリア周波数
ω_S：信号

および，ローカル信号(局部発振；周波数変換するための正弦波発振)を$L(t)$，

$$L(t) = \cos(\omega_L t) \quad \cdots\cdots (4\text{-}7)$$

ω_L：ローカル周波数

とします．

そのときのミキサ(アナログ掛け算器)の出力$M(t)$は，次のように表せます．

$$M(t) = A\cos[(\omega_C - \omega_S)t]\cos(\omega_L t)$$

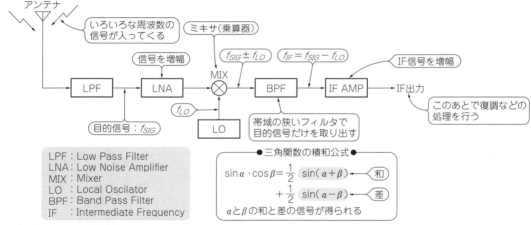

図4-4 アナログ受信機は電波の周波数を変換して高性能フィルタに掛けている
スーパーヘテロダイン方式の受信機のブロック・ダイアグラム(IF出力まで). ディジタル信号処理ならフィルタの通過帯域をソフトウェアで好きな特性に設定できる

$$= \frac{A}{2}(\cos[(\omega_C - \omega_S + \omega_L)t] + \cos[(\omega_C - \omega_S - \omega_L)t]) \quad \text{(4-8)}$$

このうち必要なIFは二つの周波数のうちのどちらか一つの信号ですから，これをIFフィルタ（中間周波数フィルタ）で取り出します．

取り出す信号を，周波数の低いほう，

$$\frac{A}{2}\cos[(\omega_C - \omega_S - \omega_L)t]$$

とします．

ここで，同じローカル信号で，

$$P(t) = A\cos[(\omega_P - \omega_T)t] \quad \text{(4-9)}$$

$\omega_P \equiv \omega_C - \omega_L$：キャリア

$\omega_T \fallingdotseq \omega_S$：信号

を受信したとします．ミキサの出力$N(t)$は，

$$N(t) = A\cos[(\omega_P - \omega_T)t]\cos(\omega_L t)$$

$$= \frac{A}{2}(\cos[(\omega_P - \omega_T + \omega_L)t] + \cos[(\omega_P - \omega_T - \omega_L)t])$$

$$= \frac{A}{2}(\cos[(\omega_C - 2\omega_L - \omega_T + \omega_L)t] + \cos[(\omega_C - 2\omega_L - \omega_T - \omega_L)t])$$

$$= \frac{A}{2}(\cos[(\omega_C - \omega_T - \omega_L)t] + \cos[(\omega_C - \omega_T - 3\omega_L)t]) \quad \text{(4-10)}$$

これを同じIFフィルタで通すと，$\omega_T \fallingdotseq \omega_S$なので，

$$\frac{A}{2}\cos[(\omega_C - \omega_T - \omega_L)t] \quad \text{(4-11)}$$

が現れます．本当はこの信号は受信してはならない信号ですが，スーパーヘテロダイン方式では混信として表れてしまいます．これをイメージ受信といいます．このイメージ受信を避けるためには，ミキサにかける前にイメージ周波数をあらかじめフィルタで落としておく必要があります．数式だけではわかりにく

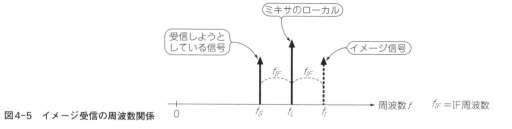

図4-5　イメージ受信の周波数関係

いので，イメージ受信の様子を**図4-5**に示します．

もう一つの方法は，$\omega_C = \omega_L$ とすることです．すなわちSSB信号のキャリアとローカルの周波数を同じにする方法です．そうするとIF周波数はゼロになります．

$$\omega_P = \omega_C - 2\omega_L = \omega_C - 2\omega_C = -\omega_C = \omega_C$$

解析信号でない1次元の信号はマイナスの周波数は存在しません．したがって周波数がプラスに折り返ります．よって，$S(t)$ と $P(t)$ は同じキャリア周波数の信号となり，イメージ受信はなくなります．

4-4　なぜI/Qの解析信号でなければゼロIFは実現できないか

しかし，解析信号でないゼロIFの1次元信号には，根本的な問題があります．SSB(LSB)の信号をゼロIFで受信すると，先ほどの式から，次のようになります．

$$N(t) = \frac{A}{2} \cos[(\omega_C - \omega_T - \omega_L)t]$$

$$= \frac{A}{2} \cos(-\omega_T t) = \frac{A}{2} \cos(\omega_T t) \quad \cdots\cdots\cdots (4\text{-}12)$$

1次元のアナログ信号処理では，マイナスの周波数は存在しないからです．SSB(USB)の信号は，

$$\omega_T \rightarrow -\omega_T$$

と符号を反転し，先ほどの式に代入すれば表現できます．しかし，ゼロIFのアナログ信号は，マイナスの周波数は存在しませんから，LSBもUSBも同じ信号になり，区別ができなくなります．すなわちSSBの信号をUSBとLSBを分離して受信することができません．

一方，I/Q の解析信号は，マイナスの周波数が表現できます．ゼロIFに変換しても，LSBとUSBははっきりとスペクトルで区別できます．すなわち，フィルタを使い，片方だけを抜き取ることができます．しかも，ゼロIFのイメージ受信がないというメリットはそのままです．

さらに，ディジタルでの I/Q 解析信号では，ゼロIFにすることで，サンプリング周波数を信号帯域くらいまで下げることができ，これは大きなメリットとなります．ディジタル信号処理では，できるだけサンプリング周波数を下げたほうが，信号処理に多くの時間が使え，より複雑な処理ができるからです．

4-5　解析信号を作る方法

現実の信号は2次元の解析信号ではありません．ディジタル信号処理をするために，どのようにして現実のアナログ1次元の信号を解析信号にすることができるのでしょうか？

これまで説明してきたように，オシロスコープなどで観測できる実信号を解析信号(I/Q信号)にするには，以下に示す方法があります．

● フーリエ級数展開と逆フーリエ変換をする方法

cosの項目とsinの項目に分けます．また，DC成分は除きます．

$$I(t) = \sum_{n=1}^{\infty} a_n \cos(nt)$$
$$Q(t) = \sum_{n=1}^{\infty} b_n \sin(nt)$$
....(4-13)

上記をそれぞれ，逆フーリエ変換すれば，$I(t)$と$Q(t)$の二つの実信号に分離されます．

要するに，元の信号を一定期間抜き出したとき，その偶関数成分が$I(t)$で，奇関数成分が$Q(t)$です．

● ヒルベルト・フィルタを用いる方法

フーリエ級数展開によって偶関数/奇関数に分けなくても，図4-6のような偶対称インパルス・レスポンスをもつFIRフィルタと，奇対象インパルス・レスポンスをもつFIRフィルタを使えば，時間軸波形のままでI/Q変換ができます．

偶対称インパルス・レスポンスをもつFIRフィルタの出力を$I(t)$，奇対象インパルス・レスポンスをもつFIRフィルタの出力を$Q(t)$とすれば，解析信号が得られます．通常のFIRフィルタのインパルス・レスポンスは偶対称になるように設計しますが，この奇対象インパルス・レスポンスのフィルタを特別にヒルベルト・フィルタと呼びます．

直感的にもわかるように，cosの波形は偶対称なので，$I(t)$には出てきますが，$Q(t)$には出てきません．また，sinの波形は$Q(t)$には出てきますが，$I(t)$には出てきません．すなわち前述のフーリエ級数展開と同じことをフィルタで行っていることになります．

● 直交ミキサによる方法

AM，FM，SSBなど，無線変調ではキャリア周波数に変調信号で変調をかけます．すなわち，キャリア周波数がゼロになるように周波数変換をすれば，変調信号だけの情報になります．これは周波数ゼロをIF周波数にするもので，ゼロIFと呼ばれています．

しかし，実際の信号ではマイナスの周波数は存在しないので，ゼロIFは使えません．前にも説明しましたが，解析信号ならばマイナスの周波数が表現できて，ゼロIFを使えます．そのために，図4-7のよ

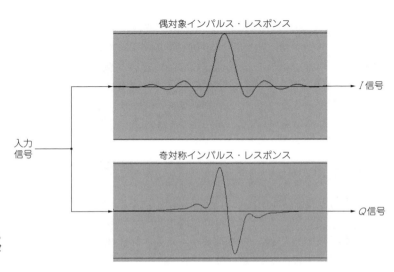

図4-6　偶対称インパルス・レスポンスをもつFIRフィルタと奇対象インパルス・レスポンスをもつFIRフィルタ

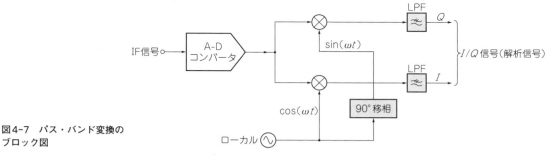

図4-7 パス・バンド変換のブロック図

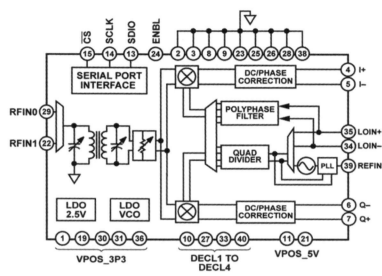

図4-8 直交変調器ICの内部ブロック例
(ADRF6820, アナログ・デバイセズ)

うな直交ミキサを使います．すなわち，キャリア周波数と同じsinとcosの関係のローカル信号を作り，それで2個の掛け算を行います．cosを掛けた信号をロー・パス・フィルタに通した信号$I(t)$は，キャリアの位相と偶対象の信号成分が得られます．また，sinで掛け算した信号をロー・パス・フィルタに通した信号$Q(t)$は，キャリアの位相と奇対象の信号成分が得られます．こうしてI/Qの解析信号を得ることができます．変調がかかった信号をI/Q化する場合は，一般的にはこの方法で解析信号化します．

　この直交ミキサは図4-8（ADRF6820）のように，アナログICを使った信号処理でも可能です．しかし，ミキサのDC出力も信号成分を含んでいるため，もし回路にDCオフセットがあると，信号がないにも関わらず，偽信号として処理されてしまいます．また，ローカルのsin/cosの直交性，レベル差なども偽信号を生み出します．すなわち，アナログで直交ミキサを使う場合は，それらの誤差があるものとして，定期的にキャリブレーションをかける必要があります．

　この誤差をDCオフセットと呼んでいますが，かなり厄介な問題です．ローカルの信号がミキサの入力に回り込むことでも，出力にDCが現れます．これを防ぐことは至難の業です．一方，ディジタル直交ミキサの場合は，完全な算術的な掛け算で，理想的なミキサを実現できます．そのため，安定的なゼロIFを実現することが可能です．

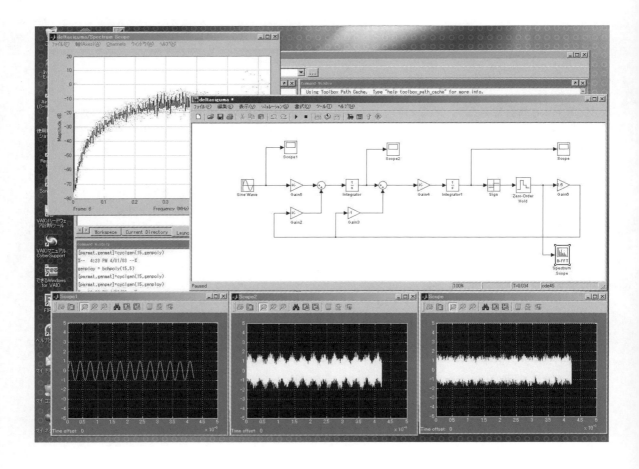

第5章
ディジタル・フィルタの種類と設計法
～通信で広く使われるFIRタイプの実装法を中心に～

❖

ディジタル化して，信号の解析信号（I/Q信号）への変換ができれば，あとは，自在にディジタル信号処理の世界が広がります．そのなかでも最も頻繁に用いられるのが，ディジタル・フィルタです．

❖

5-1　ディジタル信号処理にはディジタル・フィルタ

　DSPなどのディジタル信号処理を得意とするデバイスは，ディジタル・フィルタを高速に実装できる**図5-1**のような積和演算モジュール（Multiply and Accumulation；MAC）が実装されています．このMACと，それを使って効率的にフィルタのソフトウェアが組める命令があらかじめ用意されています．

　ハードウェアでディジタル・フィルタを実装する場合も，FPGAに埋め込まれているDSPのMACに相当する**図5-2**のようなDSPモジュールがたくさん埋め込まれています．このDSPモジュールと，組み込みメモリ・ブロックが同じく多く埋め込まれており，それらを使ってフィルタを構成することになります．

　もちろん，汎用のロジックICを使ってフィルタ回路を作ることも可能ですが，特に掛け算器は多くのロジック・エレメントを使ってしまうため，実装の際にロジック不足という深刻な問題を起こし，現実的な選択ではありません．

5-2　アナログよりディジタルのほうが直感的

　コイル（L）とコンデンサ（C）で構成されたアナログ方式のLCフィルタと，ディジタル・フィルタを比べてみましょう．

　写真5-1に示すのは，アナログLCフィルタの一例です．コイルやコンデンサなどの受動素子で構成され，フィルタ特性の基本は微分方程式です．その特性を直感的に理解するのは簡単ではありません．さらに，実際の素子は理想特性から離れ，純粋なリアクタンス性だけを示さないので，そのふるまいは回路図で見

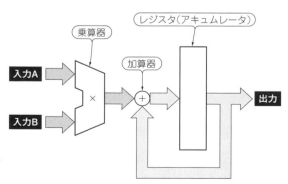

図5-1　DSPはソフトウェアのフィルタを作れる積和演算器を内蔵している

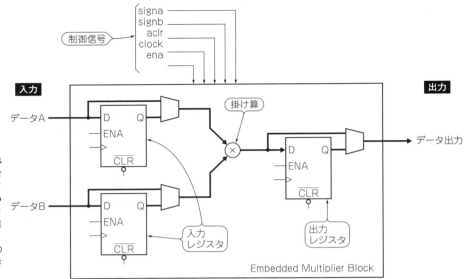

図5-2　FPGAに用意されているDSPモジュールを使えばハードウェアのディジタル・フィルタを作れる
（マルチプライヤ・ブロックの内部構成，Cyclone Ⅲの例）
DSPによるソフトウェアのフィルタを作ることもできる

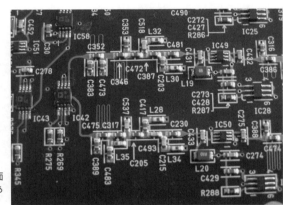

写真5-1　アナログ素子で作られたフィルタ
特性を変更するには部品を基板からはがさないといけない．設計も面倒で，特性も安定しない．ディジタル・フィルタのほうが柔軟性があるし設計も楽

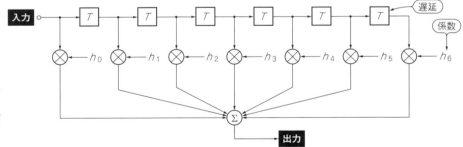

図5-3　ディジタル・フィルタ(FIRタイプ)は構造がシンプル
各係数(h_0, h_1…)はインパルスのレスポンスを表している

る以上にかなり複雑になります．

　アナログ・フィルタの定数は，設計ソフトウェアを使って計算することになります．これを手計算で設計することはまず不可能です．手計算でできるのは，あらかじめコンピュータを使って計算された正規化フィルタ数表を使って計算するのみです．コンピュータの中では，高次多項式の因数分解の結果から得られたインピーダンス関数から，はしご型フィルタに素子を抜き出す計算が必要で，これを一言でわかりやすく説明しろと言われても，1冊の解説書になるほど複雑なものです．

一方，ディジタル・フィルタ（FIRタイプ）は，図5-3に示すように，構造がいたって簡単です．個々の係数は単にフィルタの伝達関数（インパルス・レスポンス）になるので，とても直感的に理解しやすいと思います．インパルス・レスポンスがわかれば，どのような特性でも直感的に作れるのです．

フィルタの世界では，当然ですが，まずアナログ処理の実装から始まりました．ですから，ディジタル信号処理が登場したときは，まるで世界が異なり，誰もが難しいと感じていたと思います．しかしよく考えてみると，もしディジタル・フィルタが歴史的に先に使われていたならば，そのあとに登場するアナログ・フィルタの設計は超難解なものに思えたことでしょう．「ディジタル・フィルタはあんなに簡単だったのに！」と….

5-3 設計は設計支援ソフトウェアに任せる

このようにディジタル・フィルタは，使用するうえでは直感的でわかりやすいものです．しかし，具体的な設計の段階では，数学を使う必要があります．これは解析的な計算ではなく，近似を行い，目的の特性との誤差が小さくなるように，コンピュータ・ソフトウェアの数値計算で最適化していくものです．手計算で計算できる代物ではありません．原理さえ理解できれば，具体的な設計は専用のソフトウェアの計算に任せればよいのです．

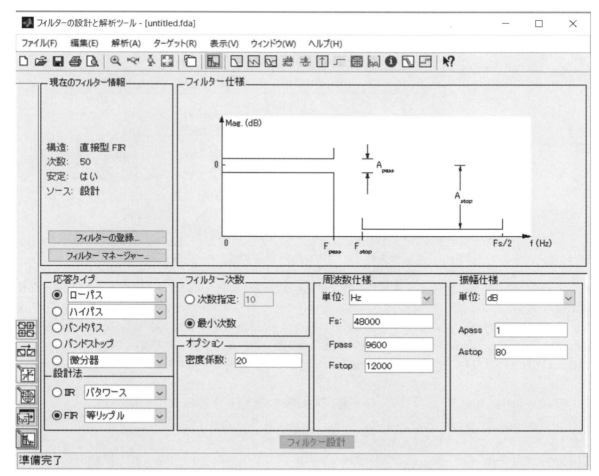

図5-4 Matlabに含まれるフィルタの設計と解析ツールの画面

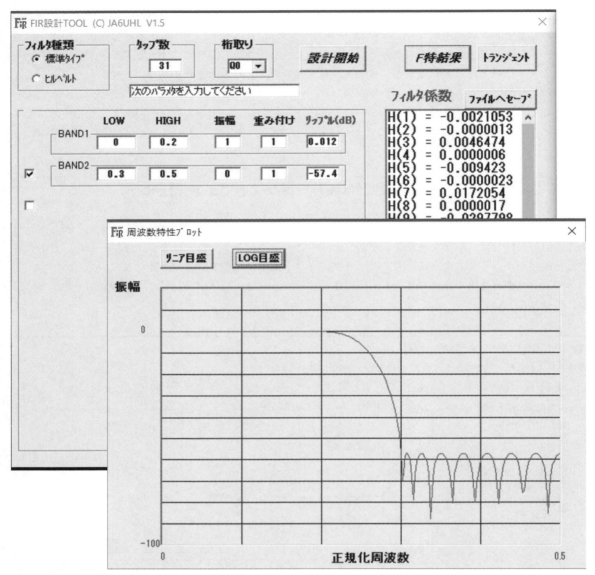

図5-5 筆者の作成したFIR設計ソフトウェアの画面(ソフトウェアは付属CD-ROMに収録)

設計支援ソフトウェアにはさまざまなものが存在します．私も使っていますが，図5-4に示すようなMatlabの中に含まれる設計ツールが有名です．そのほか，無料のソフトウェアもたくさんあります．1例として，本書のCD-ROMに収録しているものは，私が作った図5-5のようなFIR設計ソフトウェアです．ヒルベルト・フィルタも設計できますから，かなりの範囲でこのソフトウェアを使って実際の設計が可能です．実際に私が設計したディジタル信号処理の製品のなかにも使っています．

5-4　FIRフィルタとIIRフィルタ

ディジタル・フィルタは大きく分類すると2種類あります．

図5-3に示したように，信号のフィードバックがなく，入力にインパルスを入れるとある一定時間しか信号が出力されない，とても構造がシンプルなFIRタイプ(Finite Impulse Response；有限時間インパ

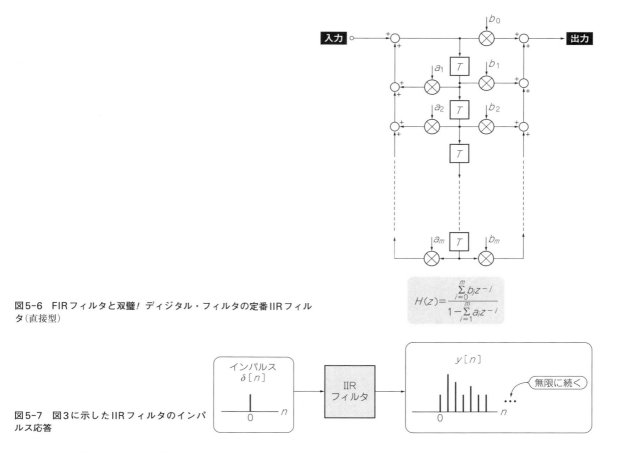

図5-6 FIRフィルタと双璧！ディジタル・フィルタの定番IIRフィルタ（直接型）

$$H(z) = \frac{\sum_{i=0}^{m} b_i z^{-i}}{1 - \sum_{i=1}^{m} a_i z^{-i}}$$

図5-7 図3に示したIIRフィルタのインパルス応答

ルス応答特性）です．その構造からトランスバーサル・フィルタともいわれています．

　もう一つは，図5-6に示すようにフィルタの内部でフィードバックのパスをもち，コンパクトな構造で急峻な特性を得るものです．フィードバックがありますから，入力にインパルスを入れると出力になにがしかの信号が無限時間の間で出力されます．これをIIRタイプ（Infinite Impulse Response；無限時間インパルス応答特性）と呼びます．

5-5　FIRとIIRの特徴

　IIRフィルタの特性は，その名前の由来でもありますが，図5-7のようにインパルスを入力すると，永遠に出力を出し続けます．したがって，出力で得られるインパルス・レスポンスは，信号の遅延時間を中心とした左右対称の波形として得ることができません．すなわち，IIRフィルタのインパルス・レスポンスは時間軸非対称になります．

　一方，インパルス・レスポンスが有限時間しか出力されないFIRタイプのフィルタは，簡単に信号の遅延時間を中心にした時間軸左右対称の波形を設計することができます．

　これを言い換えると，FIRフィルタは周波数に無関係に，群遅延特性が一定な直線位相（位相の微分が群遅延になるので，直線位相は群遅延一定）を作り出すことができます．まさにアナログではできない，ディジタルならではのフィルタと言えます．FIRフィルタは，一般的にはこの直線位相でフィルタの設計を行います．

　IIRフィルタは先ほど説明したように，時間軸非対称のインパルス・レスポンスしか設計できないので，

アナログ・フィルタと同じく完全な直線位相フィルタを設計することはできません．もしIIRフィルタで群遅延一定の特性で設計する場合は，ある周波数範囲を決めて，近似的に群遅延が一定になるように設計することになります．

さらに，IIRフィルタはフィードバックを含むがゆえに，アナログ回路と同じく常に安定性の問題があります．場合によっては，ディジタル信号処理でも発振を起こすことがあります．FIRフィルタはフィードバックがありませんから，常に安定です．安定性の問題を考えなくてもすみます．

5-6　設計法

IIRフィルタを設計する場合，安定性を吟味する必要があります．そこで，すでに確立されたアナログ・フィルタを，**図5-8**のように双1次変換して設計する場合が多くあります．バターワース・フィルタ，チェビシェフ・フィルタなどです．もちろん，アナログ・フィルタの伝達関数によらない直接設計も可能ですが，パソコンのソフトウェアを使い近似式で目的特性とのずれを最小にするように最適化する方法となります．

FIRフィルタを設計する場合は，一般的には**図5-9**に示すように，インパルス・レスポンスをフーリエ変換したときに目的の特性になるように，近似で追い込むことで設計します．解析的な設計法はなく，コンピュータ・ソフトウェアを使って直接インパルス・レスポンスを設計します．そのなかでも代表的なのがRemez exchangeアルゴリズムです．

そのほかに，目的のフーリエ変換後の周波数特性を逆フーリエ変換して，それに窓関数をかけて直接的に設計する窓関数法があります．窓関数法は繰り返し演算も必要なく，比較的簡単に設計できますが，必要とする特性を直接設計することは難しいといえます．

窓関数をかけたときに，どのようなカットオフ特性になるかは興味のあるところなので，それを**図5-10**に示します．窓関数をかけないで，ただ抜き出したFIRフィルタはとても性能が悪くて，使いものにならないことがこの図からわかると思います．窓関数には，それぞれ一長一短があり，目的に合わせて使う必要があります．

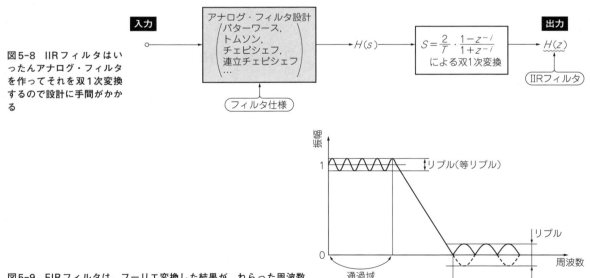

図5-8 IIRフィルタはいったんアナログ・フィルタを作ってそれを双1次変換するので設計に手間がかかる

図5-9 FIRフィルタは，フーリエ変換した結果が，ねらった周波数特性になるように直接作る（Remez exchangeアルゴリズム）

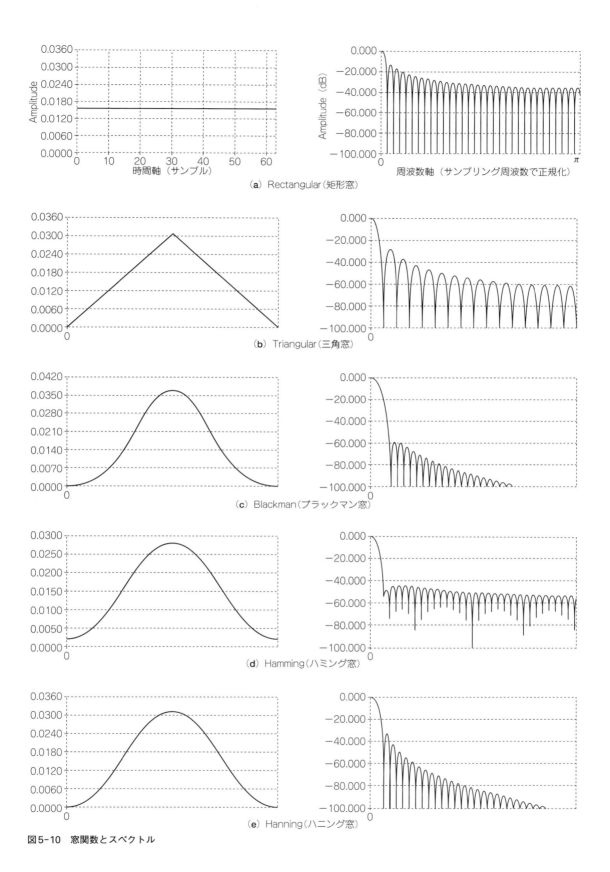

図5-10 窓関数とスペクトル

5-6 設計法

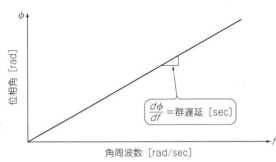

図5-11 ディジタル信号処理に使うフィルタは位相と周波数の関係が直線的になっていてほしい
群遅延(位相の微分)が一定であってほしい

5-7　群遅延一定のフィルタが一般的に使われる

　最近では，無線でアナログ情報を変調して送る用途はそれほど多くありません．一般的には，携帯電話をはじめとして，ディジタル信号が伝送されます．ディジタル変調は位相ひずみの影響を強く受けるため，信号処理の基本である振幅特性ばかりでなく，群遅延特性が周波数によらず一定であることがとても重要になってきています．

　群遅延は位相の角周波数微分で得られます．群遅延一定のフィルタ特性の周波数-位相のグラフを描くと，**図5-11**のように1次関数で直線になります．これを直線位相といいます．このようなフィルタをアナログ・フィルタで実現することは，結構難しいものです．

　近い特性としてはベッセル(トムソン)・フィルタがそれに相当しますが，確かに群遅延特性はフラットですが，その反面，振幅特性は歪んでいます．アナログ方式では，目的の振幅特性のフィルタとその群遅延歪みを補正するオールパス・フィルタの組み合わせでないと実現できません．一方，FIRフィルタを使えば，振幅特性フラットで群遅延特性フラットの特性を簡単に手に入れることが可能になります．

　実際にFIRフィルタを設計する場合は，基本はこの直線位相で設計します．その結果は，とても特徴的なインパルス・レスポンス(すなわちフィルタの係数)として現れます．インパルス・レスポンスは時間軸で左右対称の波形をしています．真ん中のピークが群遅延の時間です．

5-8　最小位相

　良いことずくめの直線位相のFIRフィルタですが，もちろん欠点もあります．

　アナログのベッセル(トムソン)・フィルタでもそうですが，一般的に群遅延フラットのフィルタは信号の遅延時間が結構長くなります．例えば無線通信の場合，信号遅延の長い処理で信号を受信して音声にすると，復調された音もそれにより遅延します．早急なレスポンスが必要なトランシーバなどの場合は，問題になることがあります．

　その場合は，群遅延歪みより遅延を最小にする最小位相フィルタを選ぶことがあります．特に音声だけの通信の場合は，位相歪みはあまり気になりませんから，これを選択できます．FIRフィルタでも最小位相で設計はできます．しかし，一般的には，アナログ・フィルタを双1次変換したIIRフィルタが使われる場合が多いでしょう．

　目的に合わせて直線位相フィルタを使うのか，最小位相フィルタを使うかの選択が必要です．

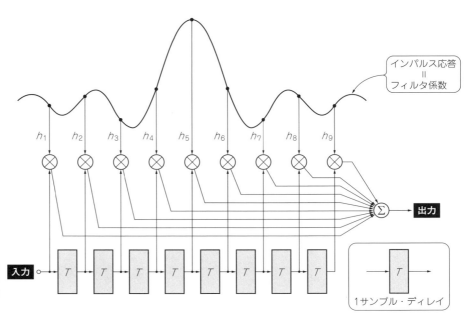

図5-12 FIRフィルタのインパルス応答はフィルタ係数そのものなので特性が直感的にわかる

5-9 簡単なFIRフィルタ

● インパルス応答

　FIRフィルタを設計するときに，概念的に特に知っておきたいことがあります．FIRフィルタとして図5-12のフィルタに入力信号としてインパルスを注入すると，サンプリング・クロックごとに順番に1個のタップ係数のデータがそのまま出力となります．すなわち，FIRフィルタにインパルスを入力したときは，フィルタの係数がそのまま順番に出力されることになります．

　したがって，FIRフィルタの設計とは，目的の伝達関数のインパルス応答を計算して，それをFIRフィルタのタップ係数の値とすることです．アナログ・フィルタよりかなり直感的に設計できますね．

　そこで，最も簡単な設計法は，まず伝達関数のインパルス応答をフーリエ変換した，周波数軸で設計します．図5-13のようにロー・パス・フィルタでしたら，ある一定以上の周波数の振幅をゼロにすれば理想的な特性になります．それを逆フーリエ変換すれば，ロー・パス・フィルタに対するインパルス応答が得られます．さらに，それをFIRフィルタの係数にすれば設計完了です．実に直感的だと思いませんか．

　しかし，実際にはそう簡単ではなく，逆フーリエ変換して得られたインパルス応答は無限時間続く信号です．それを有限な係数のFIRに取り込むためには，それを図5-13のように無限に続くインパルス応答から切り取らなければなりません．そうするとギブス効果が表れて，特性がかなり劣化します．

　それを防ぐために，インパルス応答に図5-13のような重み関数として徐々にフェードアウトするような窓関数(図ではハミング窓)を掛け合わせます．掛け合わせる窓関数によって特性が変わります．この設計方法を窓関数法といいます．さまざまな窓関数で設計した例を図5-10に示しました．

　窓関数法は設計の理解の面では簡単でいいのですが，難点は，最終的な仕様を決めて設計できないことです．そこで実際には多くの場合，目的特性を決めて，コンピュータの繰り返し計算で最適化して係数を求めます．代表的なものに，等リプル設計のRemez法があります．

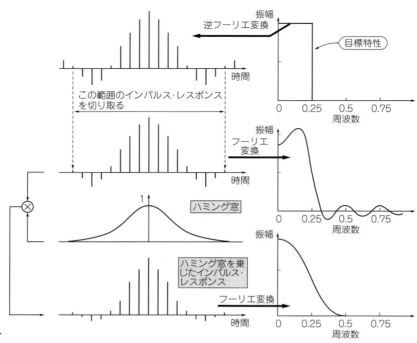

図5-13 窓関数による設計

● FIRフィルタの種類

FIRフィルタの場合は，一般的に直線位相で設計すると述べました．そのインパルス応答特性は，中央に対して，左右の波形が対称になります．対称と言いましたが，対称に関してFIRフィルタは四つに分類されます．これを理解してフィルタの設計をすることがとても大切です．

まず，FIRフィルタのタップ数が偶数か奇数かで分類されます．それから，すでにI/Q信号のところでも述べましたが，対称とは言ってもcos関数のような時間$t \rightarrow -t$に変えても特性が変わらない偶関数特性と，sin関数のような時間$t \rightarrow -t$に変えると符号が反転する奇関数特性があります．それらを合わせると，**図5-14**に示すように4種類に分類されます．

(1) 偶関数・奇数タップ【図5-14(a)】

フィルタの遅延は，ちょうど中央タップのタイミングになります．最も多く使われるタイプのフィルタです．特に何も指定がなければ，このタイプを選びます．ロー・パス，ハイ・パス，バンド・パスとすべての特性を設計できます．

(2) 偶関数・偶数タップ【図5-14(b)】

フィルタの遅延は，中央の二つのサンプルのちょうど真ん中にきます．ですから，出力の信号位相はサンプリング間隔のちょうど中央です．ほかの信号と位相合わせをして使う場合は，位相が半クロックずれますから，特に注意が必要です．

逆に，出力位相が半クロックずれるということは，間を補間したことになり，2倍のオーバーサンプリングとしても使えます．

複数のフィルタに分割する場合は，等タップの小フィルタに分解できることから偶数のほうがやりやすいので，特にオーバーサンプリングのフィルタには使われます．それ以外の単独のフィルタとして使う場合のメリットはあまりないかもしれません．

(3) 奇関数・奇数タップ【図5-14(c)】

これは，先に出たヒルベルト・フィルタです．このフィルタに信号を通すと，信号の奇関数成分だけが

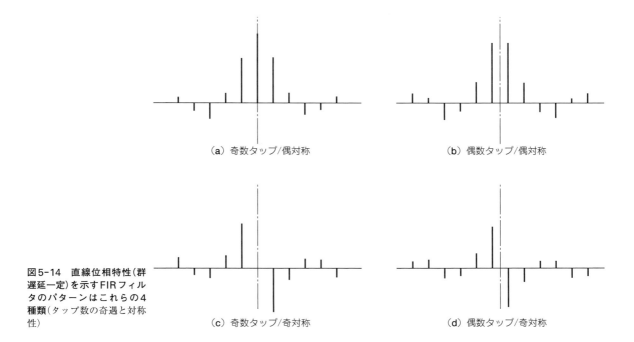

図5-14 直線位相特性(群遅延一定)を示すFIRフィルタのパターンはこれらの4種類(タップ数の奇遇と対称性)

(a) 奇数タップ/偶対称
(b) 偶数タップ/偶対称
(c) 奇数タップ/奇対称
(d) 偶数タップ/奇対称

出力として出てきます．(1)のフィルタは逆に信号の偶関数成分しか出力されませんから，これらを第4章の図4-6のように二つ組み合わせると，信号を解析信号(I/Q信号)に変換することができます．

また，係数が奇関数ということは，このフィルタにDC(直流)を入れると信号は出てきません．すなわち，フィルタはハイ・パス・フィルタかバンド・パス・フィルタしか設計できません．ヒルベルト・フィルタ以外の用途としては，あまりないように思います．

(4) 奇関数・偶数タップ【図5-14(d)】

これもヒルベルト・フィルタです．ただし偶数タップですから，出力の信号位相は，半サンプリング・クロックぶんずれます．したがって，このフィルタを使って第4章の図4-6のように解析信号にする場合は，(2)の偶関数・偶数タップのフィルタとの組み合わせでないと，位相が合わないことになります．これもDCは通しませんから，ハイ・パス・フィルタもしくはバンド・パス・フィルタのみになります．

● FIRフィルタの実装

具体的に，どのようにFIRディジタル・フィルタを実装するのでしょうか．まずは，大きく二つに分類されます．一つは，DSPやCPUなどのソフトウェアで実装する場合です．もう一つは，FPGAなどのディジタル論理回路(ハードウェア)で実装する場合です．

▶ソフトウェアで作るFIRフィルタ

図5-15に，DSPなどに搭載されている積和演算ユニット(MAC)の基本形を示します．FIRフィルタは図5-12を見てわかるように，係数と遅延タップの信号との積を積算して出力するものです．そこで，この計算を効率よく実行するために，DSPや一部のマイコンには，この積和演算回路が内蔵されており，高速に計算することが可能です．

この積和演算は通常，パイプライン処理演算回路になっていますが，連続してこの命令を実行すると見かけ上は1クロックで1タップぶんの計算を実行することができます．例えば57タップのFIRフィルタなら，57クロック+α(パイプラインの遅延ぶん)です．

さらに最近のDSPでは，この積和演算ユニットが2個入っていて，しかもそれらは1個の命令で同時実

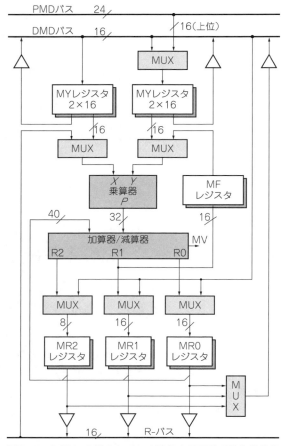

図5-15 DSPに内蔵されている演算専用回路「積和演算器 MAC(Multiply and ACcumulation)」(ADSP-2185N)

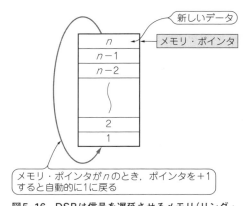

図5-16 DSPは信号を遅延させるメモリ(リング・バッファ)を備えている
DSP特有のメモリ管理の手法である．サーキュラ・アドレッシングと呼ぶ

行ができるので，1クロックで解析信号(I/Q)の1タップぶんが計算できます．無線通信に使われる信号処理では，I/Qの処理は必須ですから，かなり高速化が望めます．

積和演算器では，メモリから係数と遅延タップのデータを読み出し，それらを掛け合わせて，アキュムレータに積算します．さらに，メモリからの読み出しポインタは自動的に次のアドレスへインクリメントされます．これらの一連の処理が1クロックで同時に実行されます．

遅延信号を得るためにバッファは，57タップだったら最低でも57個のメモリが必要です．新しいデータが入力されるたびに，新しいメモリ領域を使うわけにもいかないので，一般的には図5-16のようなリング・バッファ・メモリを構成して使用します．

DSPでは，アドレス・ポインタをインクリメントする際に，自動的に(ハードウェアで)リング・バッファの境界を検出し，それを超えるとラップ・アラウンド処理を行って高速化に寄与しています．このDSP特有のバッファ・メモリ領域管理をサーキュラ・アドレッシングといいます．

▶ハードウェア(FPGA)で作るFIRフィルタ

FPGAなどのハードウェアで信号処理を行う場合も，高速処理の場合と低速処理の場合で，回路設計方針が変わります．

FPGAやLSIでFIRフィルタを作る場合，一番の問題は使える掛け算器の数が限られていることです．そのため，実装に際しては使用する掛け算器の数をできるだけ減らさなければなりません．掛け算器のハ

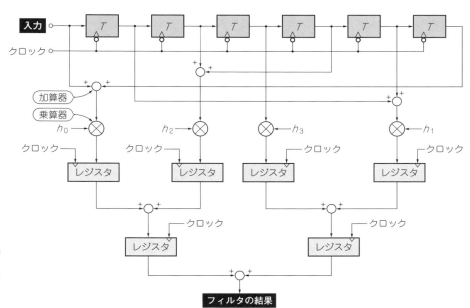

図5-17 乗算器と加算器を並べてパイプライン化しただけではFPGAのリソースを喰い高速動作も難しい

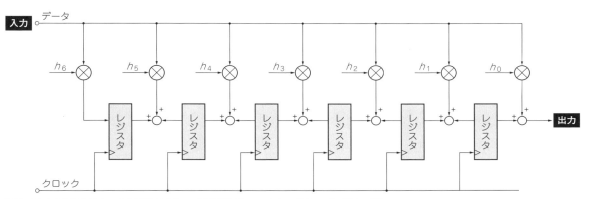

図5-18 FPGAのリソースの消費が少ない「転置型FIRフィルタ」(7タップの場合の例)

ードウェアはとても多くのロジックを使って実装するため，ICチップ上でかなり広い面積を占有し，決められた面積で使える数が限られます．そのため，さまざまな工夫が必要です．

(1) そのまま掛け算器と加算器を並べる

まずは，図5-12のように素直に掛け算器と加算器を並べてFIRフィルタを実現することです．このときのメリットは，なんといっても作るのが簡単なことです．欠点としては，下記の2点があげられます．

(A) 57タップだったら57個の掛け算器が必要

(B) 57個の積の結果を最後に足し合わせる処理を1クロックでは実行できない

(2) 直線位相特性を利用した回路削減

上記(B)の問題に関しては，図5-17のように加算をパイプライン処理で分散させないと実装できません．(A)の問題に関しては，直線位相フィルタの場合は左右のフィルタ係数が同じなので，図5-17のようにあらかじめ同じ係数のタップ・データを加算してから，掛け算器に通すと，掛け算器を一気に半分近くに減らすことが可能です．これでも

(A) 半分になったとはいえ，かなり多くの掛け算器が必要

(B) パイプラインとは言っても加算が最後に集中することは解消されていない

という問題が残ります．

(3) タップの演算結果を遅延させる

　最後に各係数の掛け算器の結果を1か所で加算する方法を改善しないと，(B)は解決しません．そこで発想を変えて，FIRの入力データを遅延させる代わりに図5-18のように各係数の掛け算結果をシフトレジスタで遅延させます．この手法は，LSIを使ったフィルタの設計では使われてきました．この構成では加算に関しては，見事に分散していて，高速な処理が可能です．しかしながら，欠点としては，下記の二つがあげられます．

　(A) 加算のたびに有効桁数が増えていくので，遅延用のレジスタ幅がどんどん広がる
　(B) 全面パイプライン処理なので，信号のレイテンシが大きい

(4) FPGA内にミニDSPを作る

　FIRフィルタ処理は，必ずしもすべてを1クロックで計算する必要はありません．もっと計算サイクルを下げることができるのが一般的です．計算サイクルを下げれば，1サイクルの間に多くのクロック・サイクルを使うことが可能です．その場合は図5-1のようなDSPの中にあるような積和回路(MAC)を作り，ミニDSPをFPGA内に作ります．1個の掛け算器をDSPのように回して結果を得るものです．これは，当然のことながら，高速な処理はできません．

(5) 動作クロックを上げる

　(4)の改良版です．同じ回路でも，与えるクロック周波数を上げれば，そのぶん掛け算器を使い回すことができるので，大きなフィルタの実装が可能です．最近のFPGAはPLLクロック発生器を搭載しているものが普通で，信号処理速度を2倍にすれば，計算力も2倍になります．

● FPGAでのFIRフィルタの有効桁数

　FPGAでのフィルタ実現での問題点は，なんといっても回路規模の大きさで，それが実装できるかどうかです．特に，無線通信では，信号のダイナミック・レンジが100 dBくらいは必要で，そうすると，信号の有効桁数としては最低でも24ビットが必要です．

　ところが，回路規模を決める組み込み掛け算器は一般的には，$18 \times 18 = 36$ ビットです．ですから倍精度にするとか，浮動小数点にするとか，何らかの工夫が必要です．何も考えないで，すべて32ビットの掛け算器を入れようとすると，すぐにハードウェア資源を使い果たしてしまいます．

第6章

ディジタル信号処理での演算の基礎
~組み込み処理ではさまざまな制約がある~

さまざまな数式で示されたディジタル信号処理のアルゴリズムは，FPGAもしくはDSPなどに具体的に組み込まれることになります．最初のアルゴリズム検証では，パソコンを使ったMatlabなどのシミュレーションによれば数式のままで設計が可能です．しかし，組み込みのディジタル信号処理では，いろいろな工夫が必要になります．

6-1　DSP/FPGAでの演算には制約が多い

Matlabなどのシミュレーションでは，一般的に倍精度浮動小数点を使って計算をしています．しかし組み込みの場合は，ハードウェアの制限があり，そのまま何も考えずに組み込めるのはまれです．表6-1に示すのはリアルタイム組み込みでの制約の一覧です．

DSPの場合は基本的に，積和演算を高速で実行できるユニットしか備わっていません．もちろん高級関数などはなく，割り算すらありません．またFPGAでは，回路規模の制約の観点から，浮動小数点ではなく固定小数点での組み込みが使われます．

ここでディジタル信号処理の実装に慣れていない人は，シミュレーションの結果を前にして，どのように実際に組み込みハードウェアに実装すればよいのか，途方に暮れることでしょう．

6-2　2進数を常に意識

DSPやFPGA内では，金銭の計算ではないので，基本は2進数のバイナリ・データです．シミュレーションでは，そんなことは気にしませんが，基本は表向き10進数で扱われているように見えます．DSPのソフトウェアでは10進数で記述しても，コンパイラやアセンブラが2進数によるオブジェクトに変換します．ただ，自動的にやってくれるので，あまり2進数を意識することはないかもしれません．

ところがFPGAやLSIの場合は，基本はロジック回路なので，2進数を意識して設計することが必要です．例えば1.23456×10^3という数値をディジタル信号処理で使う2進数で表すとどうなるでしょう．

表6-1　DSPやFPGAを使った演算の難しさ

処理時間の制約(サンプリング周波数) 商品コストからの制約 開発時間からの制約 商品の大きさからの制約 消費電力からの制約 各種法令，規格からの制約 開発マンパワーからの制約 特許からの制約	ハードウェア処理か ソフトウェア処理か 固定小数点か浮動小数点か 内部開発かIP購入か 内部設計か外注設計か …など

$$1.23456 \times 10^3 \fallingdotseq \frac{158024}{128}$$

10進数：158024＝2進数：0x26948＝100110100101001000

2進数→100110100101001000×2^{-7}

　　　＝1.00110100101001000×2^{10}

　2進数だと，慣れていないためか，数の大きさが直観としてわからないですね．ここで10進数を2進数に変換するときに「≒（約）」としたところに問題があります．10進数で表現したとき無理数でないぴったりの数値でも，2進数に変換すると近い数で表現できますが，誤差が発生するということです．

　そのため，コンピュータの計算でも，とくに金銭を扱う銀行などでは誤差などは許されません．したがって，コンピュータを使う計算でも2進数を使わないで，誤差のない10進数で計算しています．マイコンにも10進数をサポートする命令もあります．

　しかし，ディジタル信号処理では入ってくる計算対象の信号はA-Dコンバータなど，もともと誤差やノイズを含んだ信号があたりまえです．十分な計算桁があれば，10進→2進変換の際の誤差はほとんど影響ありません．

　それよりも10進数のまま扱うことによる，処理の煩雑さ，回路規模の拡大のほうが受け入れられません．そのため，ディジタル信号処理を行うDSPには10進計算をする命令はサポートされていません．

6-3　1サンプリング区間中に処理を終わらせる

　リアルタイム処理による処理時間の制限も組み込みでは常に考えなければなりません．シミュレーションではリアルタイム処理ではないので，処理時間はあまり問題になりませんから，式の中に出てくる三角関数のような高級関数を使っていくら時間を使って計算してもまったく問題ありません．

　ところが組み込み機器に入力されるのは，図6-1のように1定時間間隔でサンプリングされた信号です．計算に時間がかかっているうちに，次の新しいデータが入力されると，処理が間に合わなくなり，信号処理が破綻してしまいます．

　そのため，計算の対象となる関数の近似とか，すでに計算してある値を参照するなどして，計算速度を速くする工夫が必要です．

　特にハードウェアで実装する場合は，掛け算器などの回路面積を大食いしないようにするため，大胆な発想での近似アルゴリズムを使うなどして，工夫が必要になります．決して計算式のまま実装できるわけではないことは理解できるでしょう．

6-4　浮動小数点vs固定小数点

● ダイナミック・レンジが大きい浮動小数点

　電卓やコンピュータで数値計算をするときは，一般に浮動小数点を使っています．すなわち，図6-2のように，小数点の位置が一定の仮数と，本当の小数点位置を示すための指数とで数値を表現したものです．たとえば，わかりやすいように10進数で表すと，次のようになります．

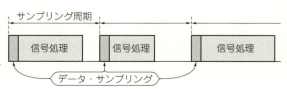

図6-1　マイコンやFPGAはA-Dコンバータによるサンプリング・データ化終了と次のサンプリング開始時までの間に信号処理をすべて終わらせてしまわなければ破綻する．パソコンでシミュレーションするときは，計算時間の制約はない．結果が出るまで人間が待てばいい
一定周期でサンプリング信号が入ってくる．次のサンプリング信号が来る前に演算を終わらせておかなければならない

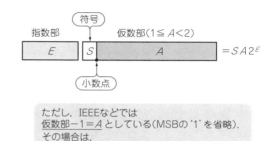

図6-2 電卓で計算するときに利用しているのは浮動小数点

1.23456E3 → 1.23456が仮数，E3＝10^3が指数（1.23456×10^3）
　　　　＝1234.56

　このように浮動小数点を使えば，大きな数と小さな数を同じ精度（有効桁数）で扱うことが可能です．したがって，広いダイナミック・レンジを必要とするディジタル信号処理にもってこいです．DSPのなかには，浮動小数点数の積和演算回路をもつものがあり，とても扱いやすいデバイスです．
　ただ最大の難点は，浮動小数点演算のハードウェアはかなり大きく，消費電力も大きくなります．電池駆動のポータブル機器には適さないことが多くあると思います．

● 有効桁数が数値によって変わる固定小数点
　計算においては，浮動小数点演算があたりまえだと考えられるかもしれませんが，そうでもありません．固定小数点の計算方法があります．
　一番身近で理解しやすいのが，「そろばん」です．そろばんでは，計算するときに桁どり（小数点の位置）が一定です．言い換えれば，小数点をそろばんのどこかの位置に頭で設定して計算しています．計算の精度はそろばんの幅（桁数）で決まり，浮動小数点のように，常に一定の有効桁数を確保することはできません．
　図6-3では，異なる二つの数を8ビットの固定小数点で表現した場合を示しています．このようにダイナミック・レンジが狭いため，入力される数値の大小で計算精度が変わってきてしまいます．
　それではなぜ固定小数点を使うのでしょうか？　それは，固定小数点の演算のハードウェアは軽いので，消費電力が小さく，LSIの内部でもシリコン面積の小さい部分のみを使って実装できるからです．実際の商品化の際には，コストや消費電力の問題は無視することはできません．
　また，DSPでは浮動小数点専用のものがありましたが，FPGAではそのような組み込みモジュールはなく，自分で回路を作る必要があります．そのような場合はあえて固定小数点を使います．

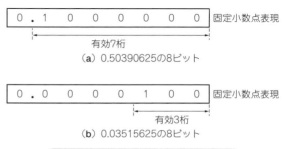

図6-3 ダイナミック・レンジの狭い固定小数点は入力される値によって精度が出ないことがある
異なる数を8ビットの固定小数点で表現した例

● **固定小数点演算の難しさ**

　浮動小数点の演算では，特に桁どりは気にしません．フィルタの係数にしても，計算値は浮動小数点数で出力されるので，設計した係数の値をそのまま入力できます．その意味で，ディジタル信号処理には，浮動小数点DSPはソフトウェアの開発時間がかからず，初心者向きともいえます．

　ところが固定小数点の場合は，数の大小で有効桁数が変わるので，演算した結果の誤差を極力減らすためには，数値の正規化（固定小数点の位置決め）が重要です．しかも計算全体にわたって正規化は行えないため，計算ごとに小数点を決める必要があります．なんと煩わしい作業でしょうか．

　そのためには，入力されるデータの統計的な性質を調べて，できるだけ精度よく，しかもオーバーフローを起こさないぎりぎりの追い込み作業が欠かせません．初心者には難しいかもしれません．これはかなり経験を積まないと難しいということです．

　したがって，設計条件が許せば，浮動小数点DSPを選んだほうが開発時間の短縮が図れると思います［第5章の図5-15に，16ビットの固定小数点DSPの積和演算（MAC）のブロック図を示してある］．

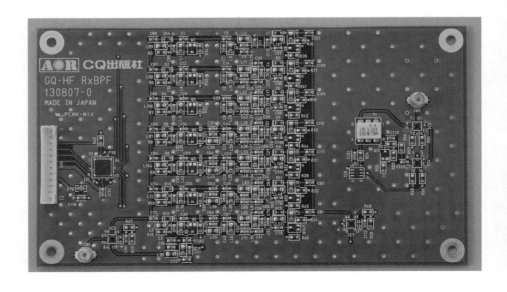

第7章
さまざまな関数の組み込み方法
~三角関数，CORDIC，対数の計算など~

C言語では，四則演算，三角関数などの高級関数は演算子やライブラリとして組み込まれており，気にしないで使っています．しかし，ディジタル信号処理の場合は，それらの処理時間が大きな問題になります．誤差のない精度の良い組み込み関数であっても，計算時間がかかってしまうのでは，組み込みのディジタル信号処理では使えないのです．

さまざまな演算処理をFPGAなどのハードウェアに組み込むことが必要になることがあります．そういうときは，自分で演算回路を組まないといけない場合があると思います．DSPでも，鍵になる処理（関数）を自分で作り直すことで，処理時間の短縮が図れます．そのためには，深く考えたことがなかった三角関数などの高級関数を，どのように計算するのかのアルゴリズムの理解が必要になります．

7-1　三角関数

● テーブル参照

もっとも簡単で，かつ高速に三角関数を求める方法は，あらかじめ時間をかけて良い精度で計算した値をメモリに置き，それをアクセスすることで結果を得る方法です．360°をメモリのアドレス幅に合わせて区切り，その値をパソコンなどで計算して，RAMやROMに格納する方法です．例えば10ビット幅のアドレスならば，360°÷1024≒0.352°ごとにsinの値を計算しておきます．

関数の計算はただ単に，角度のアドレスにアクセスし，そのデータを読み出すだけです．処理時間はメモリ・アクセス時間だけなので，超高速に計算ができます．また，複雑なアルゴリズムも必要ありません．特にFPGAの場合は，一般的にシリコン上にあらかじめ埋め込まれたRAMブロックがあり，それが使えます．

問題は，計算精度を上げようとすると，角度の刻みを狭くする必要があり，そのためには広いアドレス幅のRAMが必要になることです．FPGA内部のRAMは高速ですが，それほど大きな容量ではありません．

● 波形の対称性を利用

ちょっと処理速度は下がりますが，簡単な方法でメモリ容量を下げる方法があります．三角関数の周期性を利用して，サイズを小さくする方法です．

まず，sin波形の特徴として，0～180°と0～-180°は符号が反対になるだけで，まったく同じ関数の形をしています．奇対称です．0～180°の波形をメモリに用意すれば，0～-180°ではその絶対値に対応する0～180°のテーブルからアクセスして，符号反転すれば結果が得られます．これでメモリ・サイズを半分にできます．

さらに，0～90°のテーブルがあれば，偶対称性を利用することで90°～180°のテーブルの値を簡単に計算できます．結局，sin波形の奇対称性，偶対称性を利用して，簡単な計算で当初のメモリ・サイズを1/4

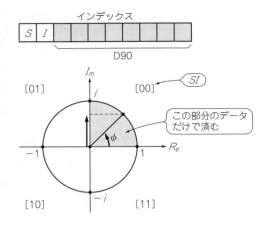

図7-1 テーブル参照でsin関数を処理する方法

までに圧縮することができます(**図7-1**).

● 四つの小さいテーブルを使う

さらにメモリ・サイズを劇的に減らす賢い方法があります.四つの小さいテーブルを使う優れた方法です.私の場合,最近のDSPへの実装の際には,ほとんどこの方法を使っています.

三角関数は次式で転記できます.

$$e^{j(\omega+\delta)} = e^{j\omega} \cdot e^{j\delta}$$

これを書き下すと(加法定理),

$$\cos(\omega+\delta) + j\sin(\omega+\delta)$$
$$= (\cos\omega \cdot \cos\delta - \sin\omega \cdot \sin\delta) + j(\cos\omega \cdot \sin\delta + \sin\omega \cdot \cos\delta)$$

上式を実数部と虚数部に分けて書くと,次のようになります.

$$\cos(\omega+\delta) = \cos\omega \cdot \cos\delta - \sin\omega \cdot \sin\delta$$
$$\sin(\omega+\delta) = \cos\omega \cdot \sin\delta + \sin\omega \cdot \cos\delta$$

この三角関数の加法定理を使います.

例えば,ωの360°を256分割したとします.要するに,ωを8ビットで表します.これだけでは,とても粗いテーブルで使いものになりません.そこで,360°/256の粗いテーブルの間をδで補間して精度を得るものです.

例えば,δは360°/256をさらに256分割して,8ビットで表すものです.三角関数の加法定理を使い,8ビットのωとδの四つのテーブルを使えば,360°を16ビット幅のアドレスで分割した精度で得ることができます.8ビット×4=2Kワードのメモリを用意するだけです.これは,容易にFPGA内の組み込みRAMでも使える方法となります.

単純に16ビットのアドレスのRAMを使うと,64KワードのRAMが必要になりますから,かなりの違いです.とても強力な組み込み方法だといえます.

例題として,

$$\sin\left(\frac{2\pi}{65536}\cdot 0\mathrm{x}1657\right)$$

を計算してみましょう．まずは，

$$\omega = \frac{2\pi}{65536}\cdot 0\mathrm{x}1600$$

$$\delta = \frac{2\pi}{65536}\cdot 0\mathrm{x}0057$$

と角度8ビットごとに分割します．テーブルから値を読み出します．

$\sin\omega = 0.5141027$

$\cos\omega = 0.8577286$

$\sin\delta = 0.0083409$

$\cos\delta = 0.9999652$

加法定理に代入すると，

$\sin(\omega+\delta) = \cos\omega\cdot\sin\delta + \sin\omega\cdot\cos\delta$

$= 0.8577286 \times 0.0083409 + 0.5141027 \times 0.9999652$

$= 0.5212390$

となります．

　掛け算を2回と加算を1回，追加で計算する必要がありますが，DSPにとってはとても軽い処理です．FPGAの場合は，掛け算器が余っている場合は使えます．高速に高精度の三角関数の計算が可能です．

● **正弦波発振**

　図7-2のようなIIRフィルタの構成で，ディジタル的に正弦波を発振させる方法です．こんな簡単な処理で結構安定に発振し，発振周波数を決める二つの初期値と簡単な回路(処理)で実現できる便利な方法です．

$\cos\omega + j\sin\omega = e^{j\omega}$

このオイラーの関係式を使って，

$e^{j(\omega+\delta)} + e^{j(\omega-\delta)} = e^{j\omega}(e^{j\delta} + e^{-j\delta}) = 2\cos\delta\cdot e^{j\omega}$

上式を変形すると，

$e^{j(\omega+\delta)} = 2\cos\delta\cdot e^{j\omega} - e^{j(\omega-\delta)}$

となります．これを実数部と虚数部に書き下すと，

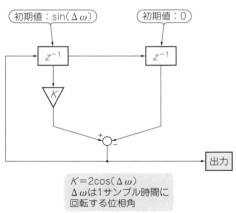

図7-2　ディジタル発振器のブロック図

$$\cos(\omega+\delta) = 2\cos\delta \cdot \cos\omega - \cos(\omega-\delta)$$
$$\sin(\omega+\delta) = 2\cos\delta \cdot \sin\omega - \sin(\omega-\delta)$$

上の式は漸化式になっていることがわかります．すなわちフィルタとして実装が可能です．

発振器の初期位相$(\omega-\delta)=0$とし，ディジタル信号処理のサンプリング時間間隔でδだけ位相回転する発振器とします．そのときのnサンプル目の発振器の出力を，

$$F(n\cdot\delta)$$

とします．そうすると，

$$F\{(n+1)\delta\} = 2\cos\delta \cdot F(n\cdot\delta) - F\{(n-1)\delta\}$$

$\sin$を使う展開式を使うと，

$$F(n\delta) = \sin(n\delta)$$

漸化式は，

$$\sin(2\delta) = 2\cos\delta \cdot \sin(1\cdot\delta) - \sin0 = 2\cos\delta \cdot \sin\delta$$
$$\sin(3\delta) = 2\cos\delta \cdot \sin(2\delta)$$

この計算を続けていけば，正弦波の波形を次々に得ることができます．最初に必要なのは$\cos\delta$と$\sin\delta$の二つの初期値だけです．

これをSH-2マイコンを使ってコーディングした例を**リスト7-1**に示します．δの値が適切な範囲ならば，とても安定して発振します．δが小さいときは，式を変形して精度を保つ工夫を加える必要があります．なんといっても，テーブル法のような大きなメモリも必要ないですし，軽い計算で実装が可能です．

● CORDICを使う

CORDIC（Coordinate Rotation Digital Computer）については，あとでもっと詳しく説明します．CORDICアルゴリズムを使えば三角関数を計算できます．必要な精度のビット数だけ計算を繰り返せば，答えが得られます．それと特徴的に，同時に$\sin$と$\cos$の値が計算できます．解析信号（I/Q）の信号処理では複素正弦波がたびたび必要になりますが，そのとき$\sin$と$\cos$が同時に計算できるのは大きな魅力です．

CORDICで$\sin$，$\cos$を計算するフローチャートを**図7-3**に示します．この方法は，ソフトウェア処理でもハードウェア処理でも，とても有効に使えます．あらかじめ必要なテーブルは$\tan^{-1}$だけです．16ビット精度の値が欲しければ，16回の繰り返し演算を行いますが，その際は繰り返しの16個の$\tan^{-1}$のテーブル値を用意する必要があります．これはハードウェアのFPGAにとっても重い負担にはなりません．

回路は重くなりますが，**図7-3**のフローチャートの繰り返しをやめて，パイプライン構造にすると1クロックで$\sin$，$\cos$が同時に計算できます．まさしくSDRにおける複素ローカル信号にぴったりで，私もよく使っています．

リスト7-1　漸化式によるsin関数発振器のプログラム
（SH-2のアセンブリ言語）

```
mov     R9, R1      ; R9 = sin(w)                        // 2^15
mov     R10, R0     ; R10 = [1-cos(d)]                   // 2^17
muls    R0, R1      ; [1-cos(d)]×sin(w)                  // 2^32
shll16  R1          ; ×2^16                              // 2^31
shll    R1          ; ×2^17                              // 2^32
sts     MACL, R0    ;
sub     R0, R1      ; sin(w) - [1-cos(d)]×sin(w)
shlr16  R1          ; 2×cos(d)×sin(w)                    // 2^15
exts.w  R1, R0
sub     R11, R0     ; 2×cos(d)×sin(w) - sin(w-d)
mov     R10, R11    ; R11 = new sin(w-d)
mov     R0, R10     ; R10 = new sin(w)
;------ サンプリング79.99kHzのとき，941Hzの発振の際のパラメータ
.DATA.W 708         ; 2^15×sin(2π×(941/79990))×0.45×0.65)
.DATA.W 358         ; 2^17×(1-cos(2π×(941/79990))
```

z(角度 $-\frac{\pi}{2} \leq z \leq \frac{\pi}{2}$)に対して，$\sin z$と$\cos z$を計算

リスト7-2　CORDICパイプライン処理の1段目のコーディング例(VHDL)

```
--------------------------------------------
--    CORDIC 1st step
--------------------------------------------
process(Hclk, Reset)
  variable Tempc : std_logic_vector(16 downto 0);

begin
  if Reset = '0' then
    Xa <= "000000000000000000"; Ya <= "000000000000000000";
    Za <= "00000000000000000"; Sa <= '0';
  elseif rising_edge(Hclk) then
    Sa <= Phase(17) xor Phase(16);
    if Phase(17) = Phase(16) then
      Tempc := Phase(16 downto 0);
    else
      Tempc := not Phase(16 downto 0);
    end if;
    Xa <= "010011011011101000";           -- 1/k
    if Tempc(16) = '0' then
      Ya <= "010011011011101000";
      Za <= Tempc + "01000000000000000";  -- -pi/4
    else
      Ya <= "101100100100011000";
      Za <= Tempc + "01000000000000000";  -- +pi/4
    end if;
  end if;
end process;
```

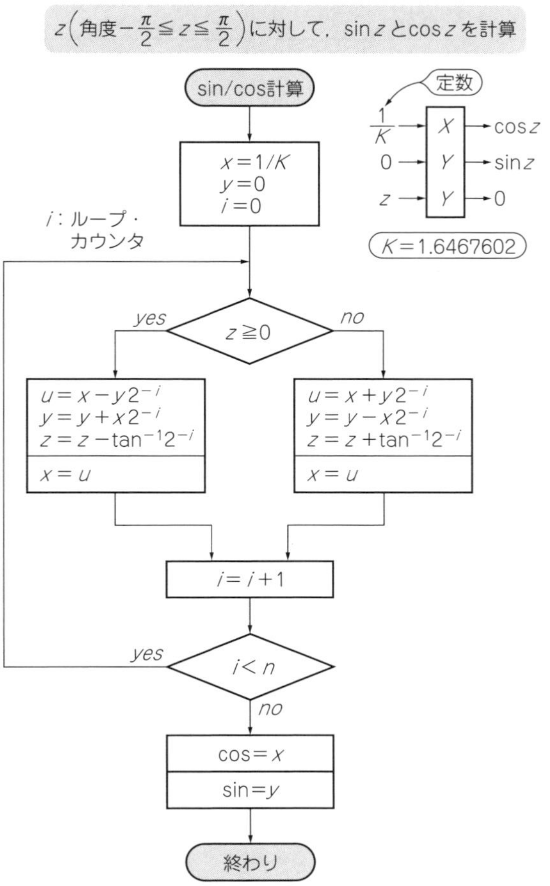

◀図7-3　CORDICアルゴリズムによるsin/cosの計算フロー

私がSDRを設計するとき，FPGAの複素ローカル発振器を必要とするときはたいていこの方法を使っています．回路規模はそれなりに大きくなりますが，何しろ，掛け算器を使わないのが何よりの魅力です．参考のために，私がFPGAに実装したVHDL記述の一部を**リスト7-2**に紹介します．DSP(ADSP2185)のソフトウェアで実装した例も**リスト7-3**に示します．

7-2　CORDIC

ディジタル無線機では，次の五つの信号処理をする際に関数の計算を必要とします．
(1) 複素ミキサ：sin, cos
(2) FFT：sin, cos
(3) 極座標変換：$\tan^{-1}$と平方根
(4) 信号強度の測定：対数
(5) AGC(Automatic Gain Contorol)：対数と指数

指数関数はめったに出てこない計算です．三角関数と対数がもっとも頻繁に使われる関数でしょう．これらのなかで三角関数，平方根，$\tan^{-1}$は，CORDICを使って計算するのに向いています．正弦波については，すでに前の節で解説しました．

CORDICの歴史は古く定番となっており，関数をコンピュータで計算するための汎用アルゴリズムです．

リスト7-3 CORDICアルゴリズムを処理するDSPプログラムの例（ADSP2185のアセンブリ言語）

```
CordicSin:
    i4 = AtanTab;                           // Tan-1 table
    si = ar;
    ena ar_sat;
    none = pass ar;
    if ge jump j58181;                      // If plus angle
        af = ar + 0x4000;
        if ge jump j58182;                  // if normal mode
        ar = 0x8000 - ar;
        jump j58182;
j58181:
        af = ar - 0x4000;
        if lt jump j58182;                  // if normal mode
        ar = 0x7FFF - ar;
j58182: sr = ashift ar by 1 (lo);
    mx0 = sr0;
    my0 = 0x6487;                           // 2^15*(pai/2)/2
    mr = mx0*my0(ss);
    ar = mr1;                               // Initial Z
    i5 = ListShift;
    af = pass ar, se = pm(i5,m4);           //af <= z
    mr0 = 0x4DBA;                           //x =1/K = 1/1.64676
    mr1 = 0;                                //y = 0
    cntr = 14;
    ay1 = 0x7FFF;
    do j58183 until ce;
        ay0 = mr0, sr = ashift mr1 (hi);    // ay0 = x
        ar = pass af, ax0 = pm (i4,m4);     // Test z >= 0;
        if lt jump j58184;
            ar = sr0 + ay1;
            ar = ay0 - sr1 + c-1;
            ay0 = mr1, sr = ashift mr0 (hi);
            mr0 = ar, ar = sr0 + ay1;
            ar = sr1 + ay0 + c;             // ay1: y
            af = af - ax0, se = pm(i5,m4);  // New Z
            jump j58183;
j58184:
            ar = sr0 + ay1;
            ar = sr1 + ay0 + c;
            ay0 = mr1, sr = ashift mr0 (hi);
            mr0 = ar, ar = sr0 + ay1;
            ar = ay0 - sr1 + c-1;
            af = ax0 + af, se = pm(i5,m4);
j58183:     mr1 = ar;
        ar = si;
        ar = abs ar;
        ax0 = mr0;      // Cosine
        ay0 = mr1;      // Sine
        ar = ar - 0x4000;
        if le jump j58185;
            ar = - mr0;
            ax0 = ar;
j58185: dis ar_sat;
    rts;
.var  AtanTab[16] = 12868, 7596, 4014, 2037,
                    1023, 512, 256, 128,
                    64, 32, 16, 8,
                    4, 2, 1, 0;
.var  ListShift[16] = 0, -1, -2, -3, -4, -5, -6, -7, -8,
                      -9, -10, -11, -12, -13, -14, -15;
```

古いアルゴリズムですが，ディジタル信号処理のなかで今でも実践で頻繁に使われています．アルゴリズムのなかで掛け算器を使わないということが大きなメリットで，昔の貧弱なハードウェア環境の電卓で使われていました．

ハードウェア，ソフトウェアを問わず広範囲の応用で使われています．処理速度も処理をパイプライン化するなどして，高速化も可能です．CORDICは図7-4のようなさまざまな曲線（円，直線，放物線）をもとにした，ベクトルの移動として計算します．円にかかわる関数として三角関数，平方根などが計算できます．そのほか，解析信号（I/Q）の直交座標データを極座標に変換するときなどに使う$\tan^{-1}$と平方根を同時に求めることができます．

● 計算の仕組み

CORDICの計算手順は，図7-5(b)，(c)に示すようなブロック図で説明できます．入力パラメータとして$P_i(x, y)$が与えられます．その後は，新しいベクトルP_{i+1}が計算されるたびに，z（位相角）に位相の変化が蓄積されます．三角関数のzには初期値が与えられます．$\tan^{-1}$の計算では，$z=0$を初期値として計算します．

$\tan^{-1}$の計算では，yの値ができるだけゼロに近づくように，繰り返し演算のなかでベクトルを移動します．そのとき結果として，図7-6のように初期値のベクトルの長さと，x軸からの角度が計算できます．すなわち，初期値の(x, y)を複素数$z=x+jy$とすると，それらの極座標変換を計算していることになります．

● 極座標変換

CORDICによる$\tan^{-1}(x, y)$と$\sqrt{x^2+y^2}$の計算手順を図7-7のフローチャートで示します．16ビット幅

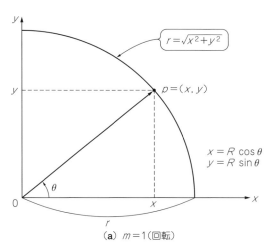
(a) $m=1$（回転）

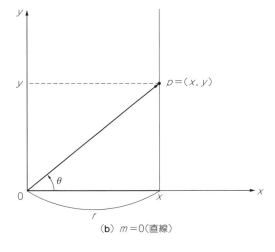
(b) $m=0$（直線）

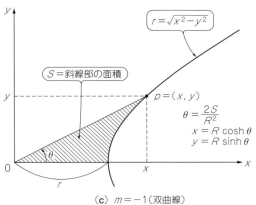
(c) $m=-1$（双曲線）

図7-4 円，直線，放物線のベクトル移動を利用して解を求める
コンピュータCORDICは三角関数や対数の計算が大得意

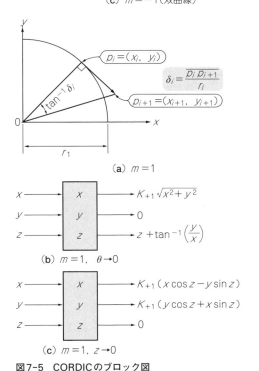
図7-5 CORDICのブロック図

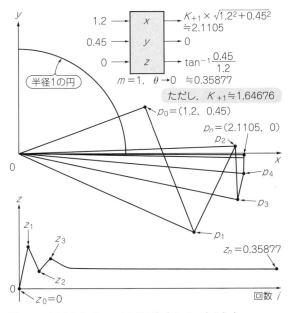
図7-6 CORDICが$\tan^{-1}$の解が収束していくようす

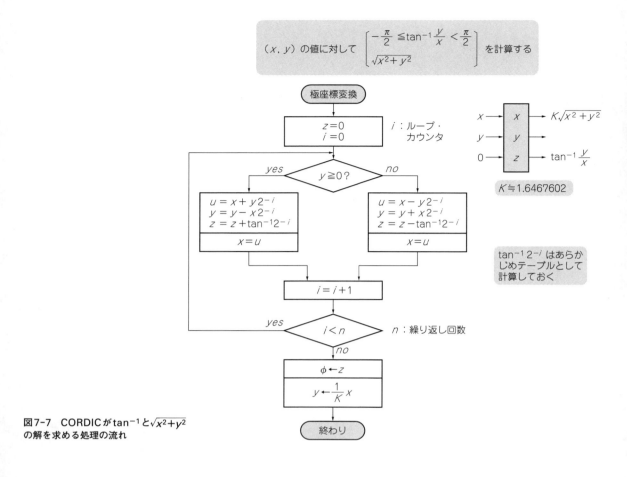

図7-7 CORDICが$\tan^{-1}$と$\sqrt{x^2+y^2}$の解を求める処理の流れ

の計算結果が必要な場合は，16回繰り返し演算をします．xとyは，zがゼロに近づくように図中に示す式に従って更新します．計算の回数が多いほど，結果の精度が高まります．

計算の中で，$\tan^{-1}$の定数が必要です．これは，入力値がどのような値でも同じ数値が使われる定数です．あらかじめ計算しておいた数値データ（テーブル）を使うことができます．その結果，単純な掛け算と加算だけで，高速に計算が可能です．

図7-7を見れば，$y=0$となるように収束していくようすがよくわかると思います．計算の中で，Kは$K=1.6467602$の定数です．

● sinとcos

三角関数に関しては，すでにCORDICを使ったフローチャートは説明しました．その計算の収束の様子を図7-8に示します．結果が16ビットの精度で必要ならば，16回の繰り返し演算が必要です．

7-3　対数計算

無線の信号強度（パワー）を表す場合，普通はdB（デシベル）を使います．dBで表現するためには，対数の計算を行わなければなりません．ディジタル信号処理では三角関数についで，よく用いられます．

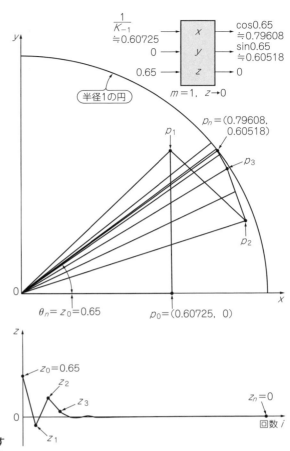

図7-8 CORDICがsinとcosの解を求めていくようす

● **自然対数**

対数には，dBなどに使われる10を底とする常用対数$\log_{10}$と，eを底とする自然対数$\log_e$があります．普通，関数で計算する場合は，微分可能な自然対数が使われ，常用対数を直接計算することはありません．そこで，自然対数を常用対数に変換することが必要になります．

$$\log_{10}x = \frac{\log_e x}{\log_e 10} \quad \cdots\cdots (7\text{-}1)$$

● **2を底とする対数**

ディジタル信号処理では，数値は2進数で表されます．浮動小数点でも指数部は2^xの形で表されます．そこで，自然対数を2を底とするする対数に変換することが必要です．

$$\log_2 x = \frac{\log_e x}{\log_e 2} \quad \cdots\cdots (7\text{-}2)$$

● **2進数のxの対数$\log_2 x$を求める**

（1）xを浮動小数点形式$A \cdot 2^E$で表す

式(7-2)の$\log_e x$を計算してみます．

$x > 0$でなければ計算できませんので，初めに条件判断が必要です．xを指数部E，仮数部Aの浮動小数点とします．

$$x = A \cdot 2^E \quad \cdots\cdots (7\text{-}3)$$

となります．この両辺を2を底とする対数にとると，次のようになります．

$$\log_2 x = \log_2(A \cdot 2^E) = \log_2 A + E \quad \cdots\cdots (7\text{-}4)$$

これを見ると，指数部は対数に関して，特別の計算は必要ないことがわかります．あとは仮数部の $\log_2 A$ を計算すればよいだけです．

全体が固定小数点演算のディジタル信号処理でも，対数だけは計算の前に浮動小数点化が必要です．対数の計算では，正規化された数値でなければ汎用的に計算できないためです．

(2) 加算と乗算だけで対数を求める

1を中心とする次のテーラー展開で近似すると，$\log_e x$ を加算と乗算で計算することができます．自然対数は微分可能ですから，簡単にテーラー展開ができます．

$$\log_e x = \log_e(1+h)$$
$$= h - \frac{h^2}{2} + \frac{h^3}{3} - \frac{h^4}{4} + \cdots \quad \cdots\cdots (7\text{-}5)$$

ただし，h の範囲は $-1 < h \leq 1$ となるので，x の範囲は $0 < x \leq 2$ となります．

この計算式は，h の絶対値が1に近いときには収束が極端に悪くなります．また，全体的に収束が遅いため一般には次の式で計算します．

$$\log_e x = \log_e\left(\frac{1+h}{1-h}\right) = \log_e(1+h) - \log_e(1-h)$$
$$= 2\left(h + \frac{h^3}{3} + \frac{h^5}{5} + \frac{h^7}{7} + \cdots\right) \quad \cdots\cdots (7\text{-}6)$$

これでも $h=1$ 付近は収束が悪いので，$0 \leq h \leq 0.5$ の範囲で計算したほうがよいでしょう．その場合には，$1 \leq x \leq 3$ となり，事前に $1 \leq x < 2$ に正規化しておけば範囲に入ります．

計算手順を**図7-9**にまとめます．繰り返しの回数としては，展開後の項が7くらいで，だいたい単精度くらいの結果が得られます．

● **乗算を使わない方法**

図7-9からわかるように，上記の(2)の計算を実行するためには，多くの掛け算を計算しなければなりません．ハードウェアで実装するためには，掛け算器の実装が問題になります．

加減算とシフトのみを使って，掛け算器を使わずに計算する方法があります．

$$\log_e x = \log_e\left(\frac{xA}{A}\right) = \log_e(xA) - \log_e A \quad \cdots\cdots (7\text{-}7)$$

上式の (xA) が1を超えないようにして，できるだけ結果を1に近づけるように順次変化させると，結局は，

$$\log_e x = \log_e 1 - \log_e A = -\log_e A \quad \cdots\cdots (7\text{-}8)$$

となります．$-\log_e A$ の収束結果から $\log_e x$ を計算します．

繰り返し演算の中で，A の i 番目の推測値を A_i とします．ただし，$x<1$ に正規化されているとし，$A_0=1$ とします．xA_i が1を超えず，かつ1に限りなく近づくように収束させます．

$A_{i+1} = A_i(1+\beta_i) = A_i + A_i\beta_i$
→ $xA_i(1+\beta_i) < 1$ のとき $\quad \cdots\cdots (7\text{-}9)$
$A_i + 1 = A_i$
→ $xA_i(1+\beta_i) \geq 1$ のとき $\quad \cdots\cdots (7\text{-}10)$
ただし，$\beta_i = 2^{-i}$

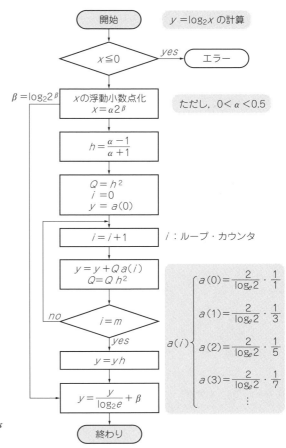

図7-9 $\log_e x$を求める$\log_e\{(1+h)/(1-h)\}$の計算は掛け算器が多すぎてFPGAへの実装が難しい

2のべき乗で収束させますから，n回繰り返せばnビットの解を得ることができます．$A_i \beta_i$を求めるためには掛け算が必要と思われますが，$\beta_i = 2^{-i}$と2のべき乗なので，掛け算の代わりにシフト演算だけで計算できます．

x_iの変化とともに$\log_e A_i$の推定値も変化します．n番目の$-\log_e A_i$の推測値をy_iとして，上のA_{i+1}を$y_{i+1} = -\log_e(A_i+1)$に代入すると次のようになります．

$y_i + 1 = y_i - \log_e(1 + \beta_i)$
→$x(A_i + \beta_i) < 1$のとき ･･･(7-11)
$y_i + 1 = y_i$
→$x(A_i + \beta_i) \geq 1$のとき ･･･(7-12)

最終的に計算したy_iの符号を反転したものが，求める$\log_e x$となります．ただし，$A_0 = 1$でしたので，$y_0 = 0$の初期値からのスタートとなります．上式の中に$\log_e(1 + \beta_i)$が使われていますが，xの値によらず一定の定数なので，あらかじめ計算しておいてテーブルにしておきます．

以上，加減算とシフト操作だけで対数を計算する方法をまとめると，**図7-10**に示すフローチャートにまとめることができます．このアルゴリズムを使う場合のxの範囲は

$0.42 < x < 1$ ･･･(7-13)

となります．xは2進数で表されますから，$0.5 \leq x < 1$の範囲に収まるように，あらかじめxを正規化して

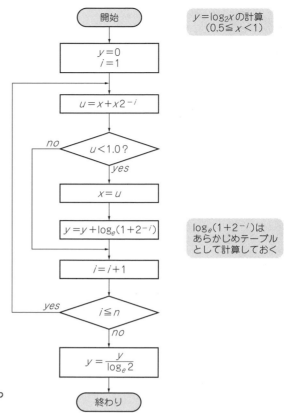

図7-10 $\log_e x$を求める$\log_e\{(1+h)/(1-h)\}$の計算を掛け算器を使わずに加算とシフトだけで実現する方法

おきます（固定小数点の場合はあらかじめ浮動小数点化が必要）．

また，結果は自然対数で計算されます．結果を2を底とする対数に変換する必要がありますので，変換定数$(1/\log_e 2)$をかけます．浮動小数点で先に計算した指数部と合算して，最終的な対数の値が計算できます．

第8章

サンプリング・レート変換
~歪みをなくして効率的な処理を実現するために~

アナログ回路では信号のレベルとインピーダンスがわかれば，異なるシステムでも簡単に接続できます．ところがディジタル信号の場合は，あるサンプリング周波数でサンプリングされた離散データです．異なるサンプリング周波数の信号をつなぐことは，原則的にできません．そこで多用されるのがサンプリング・レート変換です．

「異なるサンプリング周波数の信号をつなぐことはできない」というのは正しくなくて，つなぐことによって信号が大きく歪むため使いものにならない信号となってしまうからです（**写真8-1**）．そこで，ディジタル信号処理では至るところでサンプリング・レート変換が使われます．**写真8-1**の信号の接続にサンプリング・レート変換を挿入したときのスペクトルが**写真8-2**です．**写真8-1**でいっぱい出ているスプリアスの周波数間隔は，ちょうど接続したサンプリング周波数間の差の周波数になっています．

8-1　　　　　　　　　　　ダウン・サンプリング

アナログ方式の受信機の場合は，通常は第4章の図4-4に示したスーパーヘテロダイン方式で中間周波という信号を作成するために周波数変換を使います．ところが，周波数変換のためにはアナログの掛け算器（ミキサ）を通さなければなりません．ミキサは基本的に非線形の回路，しかも理想的な掛け算とは程遠いものです．すなわち，その非線形回路に信号を通すことで，多くの副次的な歪み信号を生み出します．それをスプリアス（spurious）と呼びます．

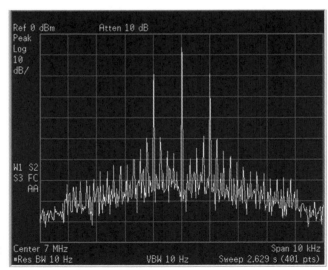

写真8-1　異なるサンプリング周波数の信号をつないだときのスペクトラム例

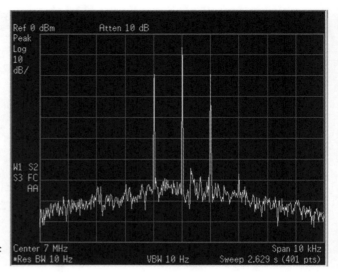

写真8-2 サンプリング・レート変換を行って信号をつないだときのスペクトラム例

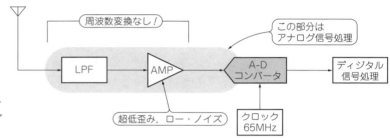

図8-1 フルディジタル無線機は電波をダイレクトにA-D変換する(ダイレクト・サンプリング方式)

そのような副作用を防ぐためには，ミキサを使わないようにすることです．そこで，0〜30 MHzくらいの受信機では，アンプを通したあと，図8-1のように，いきなりA-D変換器に通して，あとはディジタル信号処理で受信機能を実現する方法があります．これをダイレクト・サンプリング(direct sampling)と呼びます．その場合，サンプリング周波数は80 MHzくらいを選びます．

80 Mサンプリングで取り込んだデータは，なにもしなければ，そのあとの処理も80 Mサンプルのままでの高速な信号処理が必要です．いくら高速で処理できるFPGAでも，回路資源が限られていますので，この速度では簡単な処理しかできません．

しかしよく考えてみると，例えば一般的なAM信号を受信する場合なら6 kHz程度の帯域が必要なだけです．この信号を80 Mサンプルで処理するのは効率的とはいえません．6 kHzの帯域であれば，解析信号(I/Q)では，サンプリング周波数は8 kHzもあれば十分です．

そこで，いったんゼロIFに変換して解析信号(I/Q)にしたあとで，必要な帯域までサンプリング・レートを落とすのが一般的です．このようにサンプリング・レートを落とすことを，ダウン・サンプリング(down sampling)またはサブサンプリング(sub-sampling)と呼んでいます．

8-2　オーバーサンプリング

受信の場合とは逆に，送信ではマイクロフォンなどからの信号のサンプリングはせいぜい8 kサンプル程度です．音声通信では3 kHz程度の帯域の信号しか必要ないからです．これを，例えばTRX-305(第11章で解説)のように直接ディジタル直交変調をするためには，最終的なD-A変換のサンプリング・クロッ

クである1GHzのような，とても高い周波数までサンプリング・レートを上げなければなりません．

このように，低いサンプリング周波数から高いサンプリング周波数にサンプリング・レート変換することをオーバーサンプリング（oversampling）といいます．

8-3　　サンプリング・レート変換

● サンプリング後も離散データではない

アナログ信号のディジタル化は，連続のアナログ量を時間等間隔にならんだインパルス列に変換する作業です．インパルス自体が連続関数であるので，当然サンプリングされてインパルス列に変換されたあとのサンプリング信号も連続信号であることを覚えておく必要があります．

しかし，インパルスとインパルスの間はほとんどがゼロです．連続量として扱うのは意味がありません．そこで省略して，信号とインパルスを畳み込み積分した値をサンプリングされた離散データとして扱っているだけです．

これを元のアナログ量に戻すには，元のインパルス列に変換する必要があります．そのときインパルスとインパルスの間にゼロをいくら挿入しようとも，信号に歪みを与えません．

● 信号の間引き（ダウン・サンプリング）

ダウン・サンプリングでサンプリング周波数を落とすのは，単にサンプリング間のサンプル値を間引く作業です．

ただし，この作業を行うためには元の信号の帯域が必ずシャノンのサンプリング定理を満たすことが必要です．例えば，80 MHzでサンプリングされた信号で15 kHzの帯域があるとします．もちろんこれは，シャノンの定理を満たします．ところがこれを1/10000にダウンサンプリング（80 MHz/10000＝8 kHz）しようとして，10000個に1個の割合で間引くとどうなるでしょうか？　信号の帯域は15 kHzのままで，ナイキスト周波数4 kHz（8 kHz/2）を超え，エイリアシング（偽雑音）が発生してしまいます．すなわち，元の15 kHzの信号ではなくなってしまいます．

そこで，間引くまえに，下げたあとのサンプリング周波数でもサンプリング定理を満たすようにしてから，間引くことをダウン・サンプリングといいます．ここで，サンプリング周波数f_Sのインパルス信号列のスペクトルは図8-2（a）のようになります．これを単純に1/2に間引いてダウン・サンプリングすると，図8-2（b）のようにスペクトルの重なりが発生し，間引いたあとでは元の信号とは異なる信号になります．この重なりの信号をエイリアシング（aliasing）といいます．

そこで，間引いたあとにスペクトルの重なり（エイリアシング）が出ないように，間引くまえにその信号成分を取り除くフィルタリングをしておきます．このフィルタをデシメーション・フィルタ（decimation

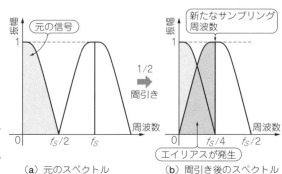

図8-2　データを抜き取るだけのサンプリング・レート・ダウンをすると雑音スペクトルが発生して元の信号に混じって大きく歪む
デシメーション・フィルタ（後述のハードウェア実装に向くCIC型がいい）による前処理が欠かせない

（a）元のスペクトル　　（b）間引き後のスペクトル

filter)と呼んでいます．

● アップ・サンプリング

　同じようにオーバーサンプリングを考えてみます．オーバーサンプリングでは，インパルス間はゼロであることを利用します．インパルス列の波形を，新しい間隔のインパルス列で畳み込み積分をします．当然，元のサンプリングの位置にあるインパルスのところの畳み込みはそのままのサンプル値になります．元のサンプル位置の間にあるインパルスの畳み込み積分は，ゼロを畳み込むので当然ゼロです．したがって，オーバーサンプリングは，新しいサンプリング周波数に合わせて，ゼロをサンプル間に等間隔に挿入することです．

　ただし，それだけではダウン・サンプリングと同じく，そのままでは新しいサンプリング周波数ではサンプリング定理を満たしません．具体的な例題で考えてみます．図8-3のようなサンプリング信号を2倍にオーバーサンプリングする場合を考えます．このとき，元のサンプリングでのスペクトルを図8-3(b)に示します．次に，サンプル間にゼロを一つ挿入します［同図(a)］．そうすると2倍のサンプリング周波数になります．ただし，先に述べたようにこれだけでは歪みが発生します．このゼロを挿入したスペクトルは，元のスペクトルのサンプリング周波数を単に変えただけです．それを図8-3(c)に示します．スペクトルの形は同じですか，新しいサンプリング周波数としたことで，サンプリング定理を満たさなくなり，歪みが発生します．

　図8-3(c)の中央の部分がスペクトル的に見たときの歪み成分です．ゼロを挿入するオーバーサンプリ

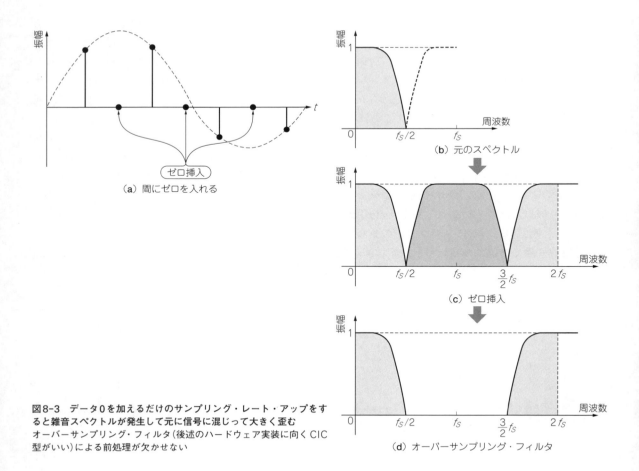

図8-3　データ0を加えるだけのサンプリング・レート・アップをすると雑音スペクトルが発生して元に信号に混じって大きく歪む
オーバーサンプリング・フィルタ（後述のハードウェア実装に向くCIC型がいい）による前処理が欠かせない

ングによって，この歪み成分が表れてしまいます．そこで，オーバーサンプリングしたあとで，この余計な歪み成分を取り除くことが必要です．これがオーバーサンプリング・フィルタです．オーバーサンプリングは，新しいサンプリング周波数に合わせてゼロを挿入することと，挿入したゼロにより発生した歪みを取り除くオーバーサンプリング・フィルタからなります．

8-4　サンプリング位置を変える

● ノーブル・アイデンティティ

インパルス列でサンプリングされた信号は，z変換をすると，サンプリング・クロック間隔の遅延素子z^{-1}のべき関数(多項式)として数学的に扱うことができます．

信号処理の途中にサンプリング・レート変換が入るシステムでは，システムをz変換形式で表現した場合，便利な式の変換を利用することができます．その一つがノーブル・アイデンティティ変換(norble identities)です．

図8-4に示すように，途中にサンプリング・レート変換をはさみこんだ信号処理は頻繁に利用されます．例えば，前に説明したオーバーサンプリング・フィルタです．図8-4ではz変換された関数の形で説明していますが，z変換自体を知らなくても，z^{-1}が1サンプリング・クロックの遅延だと考えれば簡単に理解できると思います．つまり，z^{-2}は2クロック遅延，z^{-n}はnクロックの遅延です．

これまでz関数を使いませんでしたが，フィルタを表すのがzの多項式$H(z)$で表される伝達関数となります．フィルタを1クロックの遅延単位ではなく，nクロックの遅延で考える場合，その伝達関数は$H(z^n)$で表されます．

ここでダウン・サンプリング・フィルタを$H(z^M)$とすると，1/Mのダウン・サンプリングは図8-4(a)の左図のように表せます．図8-4の中で↓Mは，単純にサンプリングを1/Mに間引き，サンプリング周波数を1/Mにするという意味です．

これをノーブル・アイデンティティを使って変換すると，図8-4(a)の右図のように変形できます．これは，このディジタル信号処理が線形処理だからです．単に↓Mをフィルタの前にもってきただけですが，効果は絶大です．

フィルタはz^{-M}の遅延がz^{-1}に変わります．言い換えれば，Mクロックぶん信号を遅延させるために，M段のシフトレジスタが必要だったものが，1クロックぶんで済みます．これはシステムに組み込む場合に大きなメリットを生みます．特に，FPGAの回路規模を劇的に減らすことができます．

今度はオーバーサンプリング・フィルタを考えます[図8-4(b)]．サンプル間にゼロを挿入したあと，$H(z^L)$のオーバーサンプリング・フィルタに通す場合を考えます．↑Lはオーバーサンプリングのためにゼロを挿入して，サンプリング周波数をL倍にすることです．

これもノーブル・アイデンティティを使って↑Lの位置を$H(z^L)$の後ろに移動します．こうすると，フィルタの処理は元の1/Lの間隔になりますから，オーバーサンプリングするまえの遅いサンプリングで動

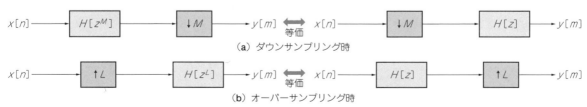

(a) ダウンサンプリング時

(b) オーバーサンプリング時

図8-4　複数クロック遅延(z^{-n})で構成されるフィルタは1クロック遅延器(z^{-1})だけで構成しなおすことができる
フィルタ・システムの伝達関数をzで表してノーブル・アイデンティティと呼ばれる変換を施せばいい

作すればよく，L個の遅延素子が必要であったところが，1クロックぶんの遅延素子で済ますことができるようになります．

これは2重に大きな意味をもちます．一つは，サンプリング周波数の速いL段のレジスタがh個必要だったのが，1段のレジスタで済ますことができるということです．つまり回路規模を劇的に減らすことができます．また，遅いクロックでレジスタを動作させますので，そのぶん消費電力を下げることができます．

8-5　CICフィルタ（ダウン・サンプリング）

サンプリング・レート変換では，歪み成分を取り除くために，ダウン・サンプリング・フィルタやオーバーサンプリング・フィルタなどのエイリアシングを取り除く処理が欠かせません．しかも急峻なフィルタが必要になり，FIRフィルタなどで，まともに実装すると多くの掛け算器が必要になります．

先に説明したダイレクト・サンプリングで，80MHzのクロックのA-D変換で信号を取り込んだ場合，ダウン・サンプリング・フィルタは80MHzのクロックで動作する必要があります．もちろん，そのような高速な処理はFPGAなどのハードウェアに頼るしかありません．しかし，FPGA内の埋め込み掛け算器の数は，それほど多くはありません．そこで，掛け算器を使わないで，フィルタにかけてサンプリング変換する方法があります．その一つがCICフィルタ（Cascaded Integral Comb filter）です．

CICフィルタはSincフィルタ，移動平均フィルタとも言われます．一般的に，

$$H(z) = \frac{1}{M} \cdot \frac{1-z^{-M}}{1-z^{-1}} \quad \cdots\cdots (8\text{-}1)$$

ただし，M：サンプリング・レート変換率

のような伝達関数をしており（z変換がわからなくてもz^{-1}は1サンプリング・クロック遅延した信号と考えれば理解しやすい），加算器だけを使い，掛け算器を使わないフィルタが大きな特徴です．

その性能は，きちんと設計された掛け算器を使ったFIRフィルタと比べるとかなり見劣りしますが，オーバーサンプリング率が高い（80MHzサンプルのような）応用では，まさしくハードウェアの実装にぴったりです．

● ダウン・サンプリング用のCICフィルタ

図8-5に示すのは$M=8$のときのCICフィルタの周波数特性です．一定間隔にゼロになるヌル点があるような，いわば櫛形フィルタの特性をしています．ゼロIFのようなDC付近だけをゲイン1で信号を通すロー・パス・フィルタ特性をしています．

$1/M$に信号を間引くと，図8-5に示すちょうどヌル点に相当する周波数が，有効なDC付近信号を妨害するエイリアシング成分になります．すなわち，これをヌル・フィルタで落とすことで必要なDC付近だけ歪みがないダウン・サンプリングが可能となります．

一般的なFIRフィルタ型のダウン・サンプリング・フィルタとは異なり，本来ならば，帯域外で信号と

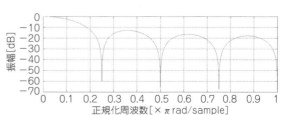

図8-5　加算器だけで構成したCICフィルタの周波数特性（ダウンサンプリングの場合）
Matlabを使って式(1)を計算（$M=8$とした）．一定間隔でヌル点のあるくし状の特性で，信号のあるDC付近のゲインは1倍である

して使わない取り去るべき信号周波数帯域はエイリアスだらけの信号になります．このままだと使えません．そこで，図8-6のように最終的にサンプリング・レート変換をして，CICに通したあとは，CICで取り切れなかったエイリアスのノイズ成分をFIRなどの普通のディジタル・フィルタに通して落とします．ただ，すでにダウン・サンプリングでサンプリング・レートは下がっていますので，FIRフィルタといっても，80 MHzといった高速である必要はなく，1回のフィルタ計算に多くのクロック・サイクルを使えますので，ハードウェアを軽く実装することができます．

このように，CICフィルタはものすごく割り切ったフィルタです．信号として使う必要な帯域の信号には確かにエイリアスはなく，歪みはありません．たとえばサンプリング周波数を10 kHz，必要な信号帯域を1 kHzとすると，1 kHzの帯域内にはCICによりダウン・サンプリングの際のエイリアシングはありません．特性がゼロ・ディップする以外のところの1 kHz～5 kHzは，ダウン・サンプリングの際に折り重なるエイリアシング成分が残っており，本来はないノイズを発生させます．そのため，ダウン・サンプリングしたあとで，これらのノイズを取り去るためのフィルタが必要になるのです．CICフィルタ単独では一般的には使われることはありません．

● 多段カスケード接続

以上，CICフィルタでは周期的にゼロ・ヌルする特性が重要であることはご理解いただけたと思います．ここで，信号帯域とダイナミック・レンジに関して考えなければなりません．エイリアシングが発生しないのは，あくまで折り重なる信号成分が，あらかじめCICのゼロ・ヌル特性で削除されていることが条件です．

たとえば最終的な信号の帯域幅が1 kHzであれば，そのヌル点の特性が1 kHzの帯域で十分に減衰していなければなりません．また，この減衰量は最終的な信号のダイナミック・レンジを決めます．

そのため多くの場合，1段のフィルタで使われることはなく，式(8-1)をカスケードに何段かつないだ形で設計します．その様子を図8-7に示します．重ねる段数は，必要な信号帯域と，必要なダイナミック・レンジで決めます．実際の設計に際してはMatlabなどのシミュレーション・ソフトウェアを使い，特性を事前に確認しながら，段数を決めて使うことが必要です．

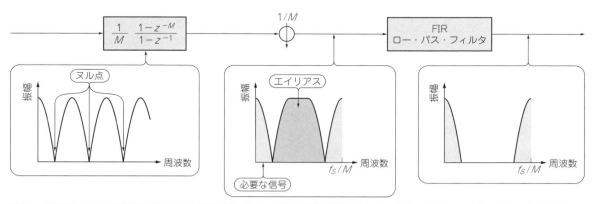

図8-6 CICフィルタだけでは取りきれない雑音が多いため，通常は後段に通常のLPF（FIR）をつなぐ（ダウンサンプリングの場合）

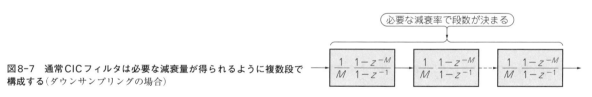

図8-7 通常CICフィルタは必要な減衰量が得られるように複数段で構成する（ダウンサンプリングの場合）

● コンパクトなCICフィルタ

　名前の由来でもありますが，CICフィルタは基本的に積分器と微分器からなります．特に微分器の場合，そのままでは多くの段数のメモリ素子が必要になります．たくさんのメモリ素子を使うことは，半導体上で大きな面積を占めますので，得策ではありません．

　図8-8のようにして，積分器と微分器の位置を変えて，初めに積分器だけを集めます．後半は逆に微分器だけを集めます．ここで，前に説明したノーブル・アイデンティティを使います．そうすると，ノーブル・アイデンティティのところでも説明しましたが，回路的にかなり軽く作ることができます．

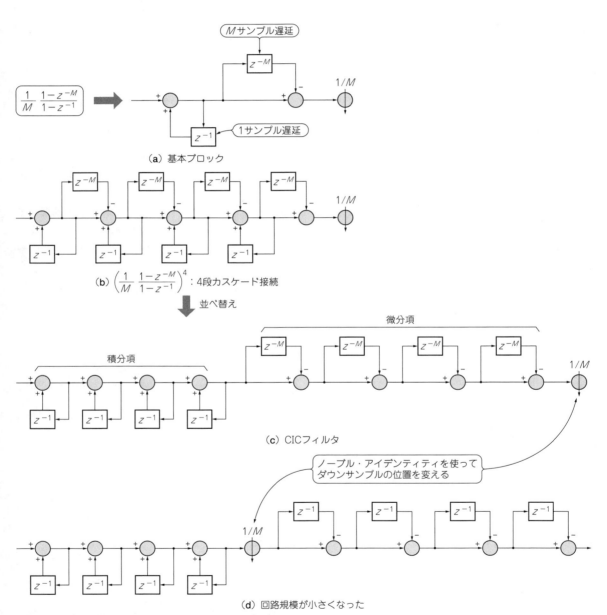

図8-8　FPGAに実装しやすいように遅延器（メモリ）の使用量を少なくした改良版CICフィルタ（ダウンサンプリングの場合）
ノーブル・アイデンティティを利用して伝達関数を変換し，1クロック遅延（z^{-1}）だけで構成

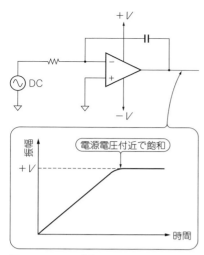

図8-9 アナログ積分器はDCが入力されると飽和するが，CICフィルタは飽和しないようにできる

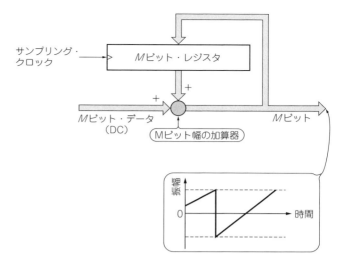

図8-10 飽和処理をしない2の補数表現を使うアキュムレータを使って積分器を組めば，DCが入力しても飽和することがない

● 積分器があってもDCまで安定して動作する

　この最終形のCICフィルタは，式のとおりDCまで安定して動作します．ここで皆さんは不思議に思うかもしれません．積分器にDCを加え続けると，いずれは無限大に発散します．式のうえではうまくいっても，DCは動作しないのではないかと当然考えます．たとえばイメージ的に，図8-9のようなアナログ積分器の場合は，OPアンプの電源電圧によって完全に信号が飽和します．そのあとは，もはや積分器の働きをしません．積分器とDCの入力は本来とても相性が悪いものです．

　積分器のアキュムレータとして図8-10のような飽和処理のない，2の補数表現を使えば，不思議なことにまったく問題は発生しないのです．ただし，アキュムレータのビット幅は，CICフィルタをかけることによって増殖するビット数をカバーできるだけの十分な幅が必要です．

　ダウン・サンプリングのCICの構成は，まず積分器が並びます．そこで，積分器がDCを入れてもあふれないように，この積分器のビット幅を仮想的に無限ビット幅のアキュムレータと仮定します．次に，微分器を通ります．そうして最終的に得られるフィルタの出力は，有限ダイナミック・レンジ，有限ビット幅のデータです．無限幅のアキュムレータであっても，実際に微分計算に使っているのは下側の有限ビット幅だけです．上位の無限幅のビットは微分の操作で，せっかく計算しても結局使われることはありません．そこで，上位の無限ビット幅のデータはあっても意味がないので，省略することができます．そのため，アキュムレータは有限長のビット幅で問題ないのです．

　ただし，これが成り立つためには，下記の二つが必要になります．
(1) 最終的に得られるCICの出力の有効最大桁数だけの幅のアキュムレータ
(2) 加算では，飽和処理をしないこと

　多くのDSPでは，アキュムレータがあふれると，最大値もしくは最小値に飽和処理が行われます．これはアナログの処理をシミュレートしたもので，通常はこれが結果に良い影響を与えます．ところがCICでこれを使うと，うまく結果を得ることができなくなりますので，DSPのプログラムの際は特に注意が必要です．

リスト8-1　CICフィルタ（図8-12）のコーディング例（VHDL）

```vhdl
-- ************************************************************
-- This is 1/16times CIC filter        R=16 M=1
--                 2014,5,31 by Y. Nishimura
-- ************************************************************
LIBRARY ieee;
use ieee.std_logic_1164.all;
use ieee.std_logic_unsigned.all;

entity CICfilI is
    port
    (
        Hclk    : in  std_logic;             -- Master 4fsc clock
        Reset   : in  std_logic;             -- Master Reset
        IBuf    : in  std_logic_vector(15 downto 0); -- I data
        QBuf    : in  std_logic_vector(15 downto 0); -- Q data
        Cgate   : out std_logic;             -- 1/16 timing
        Bgate   : out std_logic;             -- 1/8 timing
        Scnt    : out std_logic_vector(3 downto 0);
        IOut    : out std_logic_vector(31 downto 0);
                                             -- I filter out
        QOut    : out std_logic_vector(31 downto 0)
                                             -- Q filter out
    );
end CICfilI;

architecture comb of CICfilI is
    signal InteA,InteB,InteC    : std_logic_vector(35 downto 0);
    signal InteD,InteE,InteG    : std_logic_vector(35 downto 0);
    signal DifA,DifB,DifC,DifD  : std_logic_vector(35 downto 0);
    signal DifE                 : std_logic_vector(35 downto 0);
    signal DifF                 : std_logic_vector(31 downto 0);
    signal Stat                 : std_logic_vector(3 downto 0);
    signal Rtim,Tia,Tib,Tic     : std_logic;
    signal Tid,Tiaa,Tibb,Ticc   : std_logic;

    component CICfilIQ port
    (
        Hclk    : in  std_logic;             -- Master 4fsc clock
        Reset   : in  std_logic;             -- Master Reset
        IBuf    : in  std_logic_vector(15 downto 0);
                                             -- I/Q data
        Rtim    : in  std_logic;             -- 1/8 timing
        Tia     : in  std_logic;             -- Dif A timing
        Tib     : in  std_logic;             -- Dif B timing
        Tic     : in  std_logic;             -- Dif C timing
        Tid     : in  std_logic;             -- Dif D timing
        DaOut   : out std_logic_vector(31 downto 0)
                                             -- Comb filter out
    );
    end component;

begin
    IOut <= DifF;
    Scnt <= Stat;
-------------------------------------------------------------
--     Q data process
-------------------------------------------------------------
                                        -- Qチャネルの処理
    U1: CICfilIQ port map
    (
        Hclk    => Hclk,    -- Master 4fsc clock
        Reset   => Reset,   -- Master Reset
        IBuf    => QBuf,    -- I/Q data
        Rtim    => Rtim,    -- 1/8 timing
        Tia     => Tia,     -- Dif A timing
        Tib     => Tib,     -- Dif B timing
        Tic     => Tic,     -- Dif C timing
        Tid     => Tid,     -- Dif D timing
        DaOut   => QOut     -- Comb filter out
    );
-------------------------------------------------------------
--     1/16 status counter    Rtim:sub-sample  She:bit slice
-------------------------------------------------------------
    process(Hclk,Reset)              -- 1/16のタイミング作成
    begin
        if Reset = '0' then
            Stat <= "0000"; Rtim <= '0'; Cgate <= '0'; Bgate <= '0';
        elsif rising_edge(Hclk) then
            Stat <= Stat + 1;
            if Stat = "1111"        then Rtim <= '1';
                                    else Rtim <= '0';
            end if;
            if Stat = "1110"        then Cgate <= '1';
                                    else Cgate <= '0';
            end if;
            if Stat(2 downto 0) = "110" then Bgate <= '1';
                                        else Bgate <= '0';
            end if;
        end if;
    end process;

-------------------------------------------------------------
--  Timings
-------------------------------------------------------------
    process(Hclk,Reset)              -- 各種タイミング生成
    begin
        if Reset = '0' then
            Tia  <= '0'; Tib  <= '0'; Tic  <= '0'; Tid <= '0';
            Tiaa <= '0'; Tibb <= '0'; Ticc <= '0';
        elsif rising_edge(Hclk) then
            Tia <= Rtim; Tiaa <= Tia; Tib <= Tiaa; Tibb <= Tib;
            Tic <= Tibb; Ticc <= Tic; Tid <= Ticc;
        end if;
    end process;

-------------------------------------------------------------
--  First Integral                                    積分1
-------------------------------------------------------------
    process(Hclk,Reset)
        variable  Tempa : std_logic_vector(35 downto 0);
    begin
        if Reset = '0' then
            InteA <= "000000000000000000000000000000000000";
        elsif rising_edge(Hclk) then
            if IBuf(15) = '1'    then Tempa(35 downto 16)
                                      := "11111111111111111111";
                                            -- 符号拡張
                                 else Tempa(35 downto 16)
                                      := "00000000000000000000";
            end if;
            Tempa(15 downto 0) := IBuf;
            InteA <= InteA + Tempa;        -- 積分項の計算
        end if;
    end process;

-------------------------------------------------------------
--  Second Integral                                   積分2
-------------------------------------------------------------
    process(Hclk,Reset)
    begin
        if Reset = '0' then
            InteB <= "000000000000000000000000000000000000";
        elsif rising_edge(Hclk) then
            InteB <= InteB + InteA;
        end if;
    end process;

-------------------------------------------------------------
--  Third Integral                                    積分3
-------------------------------------------------------------
    process(Hclk,Reset)
```

```vhdl
    begin
        if Reset = '0' then
            InteC <= "000000000000000000000000000000000000";
        elsif rising_edge(Hclk) then
            InteC <= InteC + InteB;
        end if;
    end process;

----------------------------------------------------
-- Fourth Integral                          積分4
----------------------------------------------------
    process(Hclk,Reset)
    begin
        if Reset = '0' then
            InteD <= "000000000000000000000000000000000000";
        elsif rising_edge(Hclk) then
            InteD <= InteD + InteC;
        end if;
    end process;

----------------------------------------------------
-- Fifith Integral                          積分5
----------------------------------------------------
    process(Hclk,Reset)
    begin
        if Reset = '0' then
            InteE <= "000000000000000000000000000000000000";
        elsif rising_edge(Hclk) then
            InteE <= InteE + InteD;
        end if;
    end process;

----------------------------------------------------
-- 1/16 decimation and 1st differential     微分1
----------------------------------------------------
    process(Hclk,Reset)                      1/16に間引く
    begin
        if Reset = '0' then
            DifA  <= "000000000000000000000000000000000000";
            InteG <= "000000000000000000000000000000000000";
        elsif rising_edge(Hclk) then
            if Rtim = '1'      then DifA <= InteE - InteG;
                                    InteG <= InteE;
                               else DifA <= DifA; InteG <= InteG;
            end if;
        end if;
    end process;

----------------------------------------------------
-- 2nd Differential                         微分2
----------------------------------------------------
    process(Hclk,Reset)
    begin
        if Reset = '0' then
            DifB  <= "000000000000000000000000000000000000";
        elsif rising_edge(Hclk) then
            if Rtim = '1'      then DifB <= DifA;
            else
                if Tia = '1'   then DifB <= DifA - DifB;
                               else DifB <= DifB;
                end if;
            end if;
        end if;
    end process;

----------------------------------------------------
-- Third Differential                       微分3
----------------------------------------------------
    process(Hclk,Reset)
    begin
        if Reset = '0' then
            DifC  <= "000000000000000000000000000000000000";
        elsif rising_edge(Hclk) then
            if Rtim = '1'      then DifC <= DifB;
            else
                if Tib = '1'   then DifC <= DifB - DifC;
                               else DifC <= DifC;
                end if;
            end if;
        end if;
    end process;

----------------------------------------------------
-- Forth Differential                       微分4
----------------------------------------------------
    process(Hclk,Reset)
    begin
        if Reset = '0' then
            DifD  <= "000000000000000000000000000000000000";
        elsif rising_edge(Hclk) then
            if Rtim = '1'      then DifD <= DifC;
            else
                if Tic = '1'   then DifD <= DifC - DifD;
                               else DifD <= DifD;
                end if;
            end if;
        end if;
    end process;

----------------------------------------------------
-- Fifth Differential                       微分5
----------------------------------------------------
    process(Hclk,Reset)
    begin
        if Reset = '0' then
            DifE  <= "000000000000000000000000000000000000";
            DifF  <= "00000000000000000000000000000000";
        elsif rising_edge(Hclk) then
            if Rtim = '1'      then DifE <= DifD;
            else
                if Tid = '1'   then DifE <= DifD - DifE;
                               else DifE <= DifE;
                end if;
            end if;
            if Rtim = '1'      then DifF <= DifE(35 downto 4);
                               else DifF <= DifF;
            end if;
        end if;
    end process;

end comb;
```

〔1/16間引き〕 〔微分項の計算〕

8-6　CICフィルタ（オーバーサンプリング）

　CICフィルタは**図8-11**の積分器と微分器の位置を入れ換えれば，オーバーサンプリングの処理にも使えます．

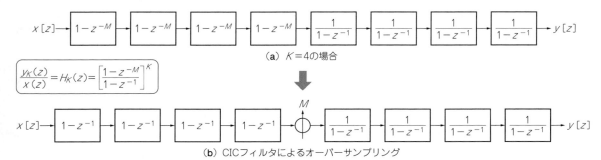

(a) $K=4$の場合

$$\frac{y_K(z)}{x(z)} = H_K(z) = \left[\frac{1-z^{-M}}{1-z^{-1}}\right]^K$$

(b) CICフィルタによるオーバーサンプリング

図8-11 オーバーサンプリング用のCICフィルタ（図7の積分器と微分器を入れ替えただけ）

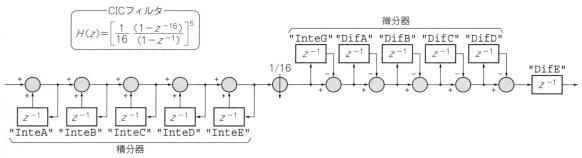

$$H(z) = \left[\frac{1}{16}\frac{(1-z^{-16})}{(1-z^{-1})}\right]^5$$

図8-12 フルディジタル無線信号処理メイン・ボード TRX-305MB 用のCICフィルタ（ダウンサンプリング用）

ここでも，ノーブル・アイデンティティが活躍します．たとえば，フルデジタル無線キット TRX-305の中で使われているディジタル直交変調器AD9957のD-Aコンバータのクロックはなんと1 GHzです．一方，マイクロフォンの音声をA-D変換するときは31 kHzといった低い周波数です．そのため，この低いサンプリング周波数を1 GHzまでオーバーサンプリングする必要があります．実際に，AD9957やFPGAの中で，CICフィルタ（AD9957のデータシートではCCIフィルタと書かれている）を使ってオーバーサンプリングが行われています．CICフィルタなしには実現は無理でしょう．

ダウン・サンプリングCICフィルタは，最後は微分（差分）器が入り，DC的にとても安定して動作します．しかし，オーバーサンプリング用のCICフィルタは，最後のステージが積分器なので，DC的には難しい問題を抱えています．もしDCが何らかの原因で積分器に蓄積されると，信号がないにも関わらず，ずっとそのDCが保存されて歪みの成分になる可能性があります．

そこで，一般的には，CICを使い始めるまえに，積分器のアキュムレータをすべてゼロにリセットします．AD9957でもその操作が必要です．

8-7　ダウン・サンプリング用のCICフィルタのVHDL記述

リスト8-1に，VHDLで記述したCICフィルタ（ダウン・サンプリング用）のコーディング例を示します．

図8-12にその処理概要を示します．A-Dコンバータからの信号（2の補数）を，ゼロIFに落として直交ミキサに通すと，16ビット幅のI/Q信号が得られます．それがCICフィルタの入力です．CICは5段のカスケード・フィルタで，このCICフィルタで1/16にダウン・サンプリングが行われ，32ビット幅のI/Q（2の補数）で出力されます．

第9章

ノイズ・シェイピングの手法
~ディジタル演算の無効桁を切り捨てずに利用する~

❖

S/Nの高い（ノイズが少ない）アナログ信号でも，A-D変換をして量子化されると，元のアナログ信号にはなかった量子化ノイズが新たに加わってS/Nが劣化します．これは，A-D変換ビットの解像度で決まります．たとえば無線通信では，必要なダイナミック・レンジは100 dBを超えます．これを満足するためには，量子化ノイズの影響を抑えるため，少なくとも21ビット以上のA-Dコンバータが必要となってしまいます．

❖

ディジタル信号処理のなかで，計算結果を16ビットくらいに丸め，残りの桁を切り捨てていくと（四捨五入でも同じ），この捨てたデータが量子化ノイズになります．このノイズは100 dBのダイナミック・レンジの世界では，大きな問題です．しかも，この量子化ノイズは非線形です．これを何とかしないと，ダイナミック・レンジ100 dBの信号処理はとうてい達成できません．そこで使われるのが，ノイズ・シェイピング（noise shaping）の手法です．

9-1　18×18＝36ビットの掛け算器の場合

たとえば，解析信号（I/Q信号）を得るために直交ミキサにかける場合を考えます．A-Dコンバータからの信号は14ビット，ミキサのための掛け算をした結果を18ビットだとします．これをFPGAの組み込み掛け算器を使って実現する場合，18ビット×18ビットの組み込み掛け算器を使います．この掛け算器の演算結果は36ビットです．

この36ビットから18ビットを得るために，図9-1(a)のように，単に有効桁18ビットを取り出して，あとは切り捨てるという処理をすると，その切り捨てたぶんがそのまま量子化ノイズになり，せっかくの掛け算の結果を全部使い切っていないことになります．

このような場合，18ビットのデータ出力のまま，せっかく計算した36ビットの計算精度を確保し，量子化ノイズを減らす方法にノイズ・シェイピングという手法があります．

80 Mspsのような高速サンプリングでも，信号として必要なのは，無線通信の場合はわずかに数十kHzの帯域です．そこで，数十kHzの長いスパンで平均して，30ビット程度の精度を確保するように誤差拡散します．

そのためには，36ビットの演算結果から18ビットを取り出して，あとの18ビットを単純に切り捨てるのではなく，図9-1(c)のように切り捨てる部分をアキュムレータに積分していきます．その結果，やがてはそのアキュムレータがオーバーフローを起こし，桁上げのキャリ・ビットが立ちます．そのときに，切り取る18ビットにそのキャリ・ビットを加えて，切り捨てる情報を加算する方法です．

切り捨てる18ビットが，いつもゼロに近い場合は取り出す18ビットへの桁上げはめったに発生しません．一方，切り捨てる18ビットが常に大きい数の場合は，頻繁に桁上げが発生します．すなわち，18ビットの結果を時間平均で見た場合，切り捨てる18ビットの違いによって，平均値に違いが現れます．これによって，実質切り捨てた18ビットの精度も確保でき，実効精度を高く保てます．この方法は，誤差拡散

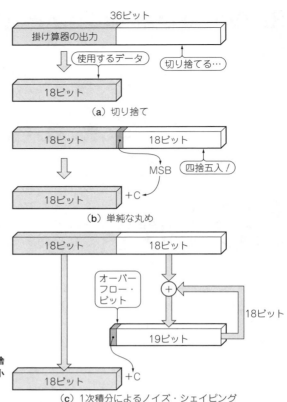

図9-1 18ビット幅どうしの乗算結果のうちの無効桁18ビットを捨てずに積算して桁上げをチェックし時間平均をとれば量子化雑音を小さくできる
(a)や(b)の処理では量子化ノイズが多くなる

法と呼ばれます．また，このように処理に1次の積分器を使いますので，1次積分によるノイズ・シェイピングとも呼ばれます．

9-2　電子ボリュームの場合

　音声をスピーカなどに出す場合，出力レベルを調整するボリュームが必要です．これには一般的にはアナログの可変抵抗器を使った従来の方法もありますが，近年のディジタル化の流れで，電子ボリュームを使うことも多いでしょう．たとえば，FPGA内の掛け算器で実装するなどです．

　音声出力のD-Aコンバータが16ビットだとすると，ボリュームを絞った小さい音の場合は，掛け算した結果をとても少ない有効桁で出力しなければなりません．

　ここで，電子ボリュームの掛け算器の結果を単に16ビットのD-Aコンバータの出力に合わせて切り捨ててしまうと，小さい音のときの量子化ノイズがかなり気になるようになります．このとき，先に説明したノイズ・シェイピングを使い，切り捨てるビットの情報を取り込めば，音の解像度を上げ，量子化ノイズを減らすことができます．

第10章

変調/復調を行う信号処理の基礎
～無線通信で使用されるAM，SSB，FMの信号処理を中心に～

❖

　昔ながらの技術であるAM，SSB，FMなどの変調/復調処理をアナログ回路ではなくて，ディジタル信号処理で行うのは新しいチャレンジです．興味深い信号処理方式が，アナログ回路特有のばらつきや温度特性などで実現が難しく，あきらめていた場合があります．それをディジタル信号処理で実現すると，ばらつきの問題，温度ドリフトの問題であきらめていた処理も，ディジタル演算だけの理想的な処理によってよみがえらせることも可能です．いろいろな可能性が広がります．

❖

　まずは，従来より利用されている変調方式を表10-1にまとめてみました．これらのうち，音声通信で使用される代表的なものをディジタル信号処理で実現することを考えてみます．

10-1　ディジタル変調の長所

　短波帯のアマチュア無線通信で一般的に利用されているSSB変調の現在の主流は，アナログ無線機ではほぼ100 %が，平衡変調で両サイドバンドの信号(DSB)を発生させたあと，その片方のサイドバンドをクリスタル・フィルタで取り出して，SSB変調信号を得る「フィルタ方式」です．

　図10-1に示すように，PSN(Phase Shift Network)を利用したよりスマートなアナログSSB無線機もあり，マイクロホンなどのアナログ信号から全帯域で位相が90°違う二つのI/Q信号を作り出しています．アナログ回路では一度に90°の移相した信号を作るのが難しかったため，PSNでいったん±45°の信号を作って相対的に90°位相差のI/Q信号を作っていました．PSNはこの無線機としての性能を左右する心臓部で，送信の場合は−60 dB以上のサンドバンド抑圧特性を得るために，±45°のそれぞれの振幅特性の誤差が0.1 %以下でなければなりません．ところが，これをアナログ回路で実現するのは至難の業です．環境温度が変わると，素子特性の温度ドリフトにより，すぐにずれてしまいます．

　ディジタル信号処理では，完全な計算の世界です．±45°とは言わずに完全な90°移相器が簡単にしかも安定的にばらつきなく得ることができます(ヒルベルト・フィルタ)．リプルを0.01dB以下にするのも

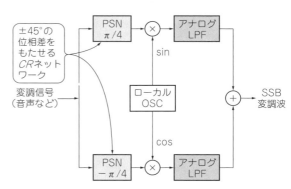

図10-1　図1　アナログ回路によるI/Q直交方式のSSB変調回路
音声の全帯域成分に対して±45°の位相差をキープしたり，直交度やI/Qのレベルを安定させたりするのが至難

表10-1 従来より利用されているアナログ変調方式はいろいろあるがいずれもディジタル変調で実現できる

方式	スペクトルの形	特 徴	おもな用途
AM	(スペクトル図、f_c)	● エンベロープ検波が使え受信機が簡単 ● 電力効率が悪い ● 帯域が倍に広がる	● 中波，短波ラジオ放送 〔ディジタル変調では〕 ASK
DSB	(スペクトル図、f_c)	● キャリアを送らない分電力効率が良い ● 検波のためのキャリア情報を別に送る必要がある ● 帯域が倍に広がる	● NTSCの色信号多重 ● FMステレオ放送 〔ディジタル変調では〕 BPSK，QPSK，QAMなど
RZSSB	(スペクトル図、f_c)	● 半分の帯域で送れる ● FM検波が使えてフェージングに強い ● リニア・アナライザなど受信機が複雑 ● 電力効率は比較的良い	● 移動体無線 〔ディジタル変調では〕 ASK
SSB	(スペクトル図、f_c)	● 電力効率が良く，同じパワーで遠くまで良く飛ぶ ● 帯域が狭い ● キャリアを送らないので周波数オフセットが問題 ● 送受信機とも回路が複雑	● HF帯での無線機 〔ディジタル変調では〕 なし
VSB	(スペクトル図、f_c)	● 狭い帯域で送れる ● SSBのような急しゅんなフィルタが不要 ● 高域の特性が劣化 ● SSBより帯域が広がる	● テレビ（アナログ）の変調方式 〔ディジタル変調では〕 USAの地上波ディジタル・テレビ放送（8値VSB）
FM	(スペクトル図、f_c)	● 送信波形が一定振幅なため電力効率が良い ● リミッタが使える 　→フェージングに強い ● 広い伝送帯域を必要とする	● FMラジオ放送 ● 簡易無線機など UHF/VHFトランシーバ 〔ディジタル変調では〕 FSK，QMSK
PM	(スペクトル図、f_c)	● 安定したキャリア発振器が使える ● 広い伝送帯域を必要とする	● FM変調器として使われる 〔ディジタル変調では〕 なし

簡単で，しかも環境温度の変化，経年変化の影響を受けません．直線位相特性でフィルタを設計すれば，群遅延特性歪みもなく，ディジタル・データ伝送にも使えます．

アナログ回路では，方式としては美しいものの，実現性の問題があったPSN方式のSSB発生方式が，ディジタル信号処理ではよみがえりました．

10-2　変調方式の分類

● **線形変調**

変調前のベースバンドのアナログ信号を解析信号（I/Q）に変換して考えると，周波数軸をマイナスの周波数に拡大できることを説明しました．それらの特性は正負の二つの共役複素数スペクトルの合成と考えます．別の言いかたをすれば，プラスの周波数成分USBとマイナスの周波数成分LSBからなります．

この信号をAM変調するということは，図10-2のようにUSBとLSBの中心の周波数がゼロだったのを，キャリア周波数f_Cにするだけで，USBとLSBの形は変わらず単に周波数軸上を平行に移動した形をしています．すなわち，周波数スペクトルで見ると線形です．線形とは，変復調が容易に可逆的であるという意味です．復調処理は，AMのキャリア周波数f_Cを周波数軸で平行移動して，ゼロにすることです．

そのほか表10-1にあるように，DSB，SSB，RZSSB，VSBなども線形変調で，元のスペクトルの形を保持します．元のスペクトルをそのまま平行移動しますので，変調後の帯域幅は元の信号の帯域幅に比例します．

● 非線形変調（Exponential Modulation；指数変調）

線形変調と違い，変調後のスペクトルの形がまったく異なる変調方式を非線形変調と呼びます．たとえば，FM変調は変調をかけるとサイドバンドの形が非線形のベッセル関数となります．いったん変調をかけると，簡単に周波数軸の平行移動だけでは，元の形に戻りません．すなわち非線形です．

Exponential変調とは，FM（Frequency Modulation）やPM（Phase Modulation）のことを示す表現です．数式で表現すると下記のようになります．

$Ae^{j\phi(t)}$

$\phi(t)$：変調信号

すなわち，変調信号が指数関数となっています．一方，線形変調ではAが変調信号となります．

直感的にFM変調やPM変調を理解するために，AM変調波形との比較を図10-3に示します．図10-3（a）のようなランプ信号の変調波形の場合でも，非線形変調の振幅は一定です．位相変調では位相の変化率が一定，すなわち一定の周波数変調がかかったのと同じです［図10-3（d）］．

変調後のスペクトルは線形変調の場合とはまったく異なり，変調度（デビエーション）によってその形が大きく変わります．ベッセル関数で計算されるスペクトルに変換されます．先にも説明しましたが，元のベースバンドのスペクトルとは異なる形のサイドバンドが現れます．

FMとPMは，いずれも変調波の位相のみに変調をかけることが共通です．言い換えれば仲間といえます．表10-2にPMとFMのそれぞれの関係をまとめてあります．最終的にFM波が欲しい場合でも，PMを使

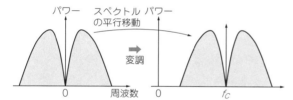

図10-2　線型変調の代表「振幅変調」のスペクトラム
線型変調はベースバンドのスペクトラムがキャリア周辺に平行移動する

表10-2　非線型変調の代表FMとPMの変調波の時間変化$x_C(t)$を表す数式
どちらも振幅は一定で，位相$\theta_C(t)$が信号$x(t)$で変調されている

$$x_C(t) = R_e\{A_C e^{j\theta_C(t)}\} = A_C \cos\theta_C(t)$$
$$\theta_C(t) = 2\pi f_C t + \phi(t)$$

変調するもの	$\phi(t)$	変調度
位相（PM）	$\phi_\Delta x(t)$	$\dfrac{\phi_\Delta}{2\pi}\dfrac{dx(t)}{dt}$
周波数（FM）	$2\pi f_\Delta \displaystyle\int_{-\infty}^{0} x(\lambda)d\lambda$	$f_\Delta x(t)$

R_e：複素数の実部（Real Part），A_C：キャリアの振幅（Amp. of Carrier），$\theta_C(t)$：キャリア位相の時間的関数，ϕ_Δ：位相変調の変調度，$\phi(t)$：位相変調部分の時間関数（変調信号），f_Δ：周波数変調の変調度

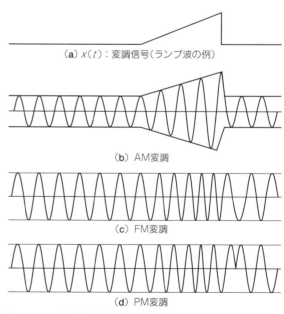

図10-3　2大非線型変調FMとPMの変調波形の違い

ってFM波を得ることもできます．また逆もあります．たとえば，ディジタル変調でよく使われるGMSK (Gaussian Minimum Shift Keying)があります．GMSK変調はFMでも発生できますが，位相変調を使っても発生できます．

● 位相と周波数の関係

位相を時間で微分すると周波数(角周波数)になります．逆に言えば，周波数(角周波数)を時間積分すれば位相になります．図10-4のように変調信号を積分し，その信号で位相変調をかければFM波になります．見かたを変えれば，FMも位相変調の仲間と考えることもできます．位相変調を使ってFM変調をかけることも，実際には使われています．

FMの位相変調方式は，水晶振動子で発生させる安定した固定周波数(キャリア)を利用し，位相ベクトル合成によって位相変調を掛けます．周波数的にとても安定していて，キャリアの周波数も安定します．

ほかに，FM変調のVCO(Voltage Controlled Oscilator)方式は，周波数コントロール端子に変調信号を加えることで，直接FM信号を発生させる長所がありますが，温度変化にともなう周波数ドリフトの直接の影響を受けて，キャリア周波数を安定させることは難しいといえます．そこで，一般的にはVCOにPLLをかけて周波数を安定させる方法をとりますが，せっかくFM変調を掛けようとVCOの入力を変えても，PLLは逆にそれを吸収するように働くため，うまく変調がかからなくなります．このままでは難しいので，工夫が必要です．PLLループの中でのFM変調は，相容れない特性をもっています．PLLの基準周波数も同時FM変調を掛けるなどして，苦労しているのが現状です．

● FMの雑音対策

受信機でのFM復調では，位相を微分することによって検波します．微分すると高い周波数成分のゲインが大きくなり，高域のノイズが強められます．しかし，先ほどの図10-4のように変調側で積分されているので，微分することで元のフラットな復調信号が得られます．

ところが，直接伝送路で加わったホワイト・ノイズは積分器を通っていません．そのため，復調の微分処理によって高域のノイズ成分が強調されてS/Nが悪くなります．これをFMの三角ノイズと呼びます．

三角ノイズを減らすためには，送信機のプリエンファシス(高域強調)と受信側でのディエンファシス(プリエンファシスの逆特性)で対策します．プリエンファシスで変調信号の高域をブーストし，受信側では高域になるほど周波数特性を抑える逆特性に通します．送受信の総合特性として二つのフィルタを通ってフラットな特性になります．

一方，伝送回線で乗るノイズはディエンファシスのみがかかるので，高域の信号が落ちます．すなわち

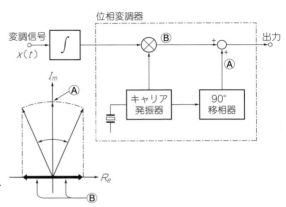

図10-4　FM変調波の作り方その①…音声信号を積分して，その信号で位相を変調すればいい

三角ノイズを抑えることができるのです．このエンファシスという方法は，見かたを変えれば図10-4の積分器の前に微分器を入れることですから，高域信号の変調は周波数変調というより位相変調に近い状態といえます．

10-3　ディジタル信号処理によるAMの変復調

● AM波のスペクトル

変調方式のなかで最も古くからあるものがAM（Amplitude Modulation；振幅変調）です．図10-2に示したように，もともとスペクトル分布を平行移動させて，中心周波数をゼロからf_Cに変えるものです．信号のスペクトルがそのままの形で残る線形変調の代表です．

通常のAM変調は図10-5に示すように，キャリアとその両側に偶対称の信号スペクトルがあります．その信号スペクトルをサイドバンド（Side Band；側波帯）と言います．負のサイドバンドを下側波帯（Lower Side Band；LSB），正のサイドバンドを上側波帯（Upper Side Band；USB）と呼んでいます．このように二つのLSB/USBのサイドバンドがあるものを両側波帯（Double Side Band；DSB）と呼んでいます．AMは，DSBにキャリアが加わった信号です．

● AMの変調

AM波は，図10-6のような掛け算を行うことで生成します．アナログ音声のAM変調では，100％以上の変調度はありません．変調によるキャリアの位相反転（100％以上の変調）もありません．

簡単な受信回路で復調するには，一般的な変調度は50％以下です．そのため，キャリアと掛け合わせる信号は常にプラスになるように，図10-6に示すようにDCオフセットが付けられます．どれくらいのDCオフセットを付けるかで，変調度をコントロールできます．

● AMの復調

ディジタル信号処理でのAMの復調方式としては，2通りの方法があります．

一つ目は，いわゆるエンベロープ検波です．アナログ方式では，ダイオードやトランジスタを使った図10-7のような簡単な検波方式が1例です．

ディジタル信号処理では，図10-8のように，キャリア周波数をゼロとするようなゼロIF変換をして得た解析信号（I/Q）を直交座標変換します．そうすると，解析信号の位相成分と振幅成分に分離できます．この振幅成分が変調波のエンベロープ，すなわち復調信号となります．これを具体的に計算するには，前

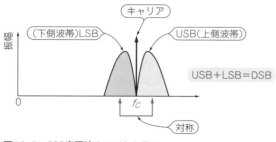

図10-5　AM変調波のスペクトラム

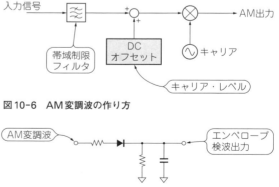

図10-6　AM変調波の作り方

図10-7　アナログ回路で作ったAM復調回路の例

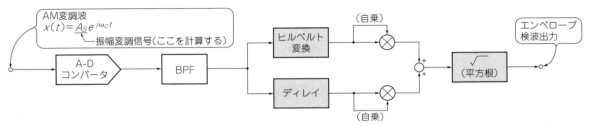

図10-8 ディジタル信号処理でAM変調波を復調する方法（I/Q信号を極座標変換して振幅成分だけを取り出す．計算はCORDICで行う）

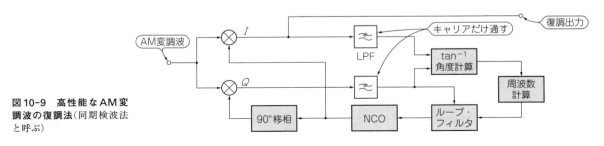

図10-9 高性能なAM変調波の復調法（同期検波法と呼ぶ）

に説明したCORDICによる方法がぴったりです．

● 同期検波による方法

もっと高性能のAM受信の方法として，同期検波があります．図10-9のように，受信した信号をゼロIF変換して，解析信号（I/Q）にします．さらにキャリア周波数のずれを補正するために，複素ミキサにかけて周波数変換します．複素ミキサは，複素正弦波発生器NCO（Numerical Controlled Oscillator）につながっています．

キャリア成分だけを抜き出すために，その信号を狭帯域のロー・パス・フィルタLPFにかけます．次に，そのI/Q信号を極座標変換し，キャリア信号の周波数ずれを検出します．キャリア信号のQ信号（虚軸）の信号がゼロとなるように，NCOをコントロールするようなPLLを形成します．PLLが引き込むと，ゼロIFの周波数ゼロは正確にキャリア周波数/位相に同期します．

さらに，位相差が大きい場合は，PLLだけで周波数ずれを引き込むことはできないので，先ほど計算した周波数ずれを使って，PLLがロックする範囲まで変化させます．PLLがロックすると常にQ信号はゼロです．復調信号はI信号そのものになります．

10-4　ディジタル信号処理によるSSBの変復調

AMの場合はキャリア付きのDSB信号でした．3 kHzの帯域の音声信号を送る場合でも，変調すると2倍の6 kHzの帯域が必要です．しかもLSBとUSBは偶対称の信号で，同じ情報を多重で送っていて，なんとも周波数の使用効率が悪いといえます．さらに送信パワーの大部分は，変調の情報とは関係のないキャリアの成分です．

そこで，もっと狭い帯域で効率よく送る方法が，SSB（Single Side Band；単側波帯）です．3 kHzの音声信号の帯域幅はそのまま，変調後の帯域幅となります．すなわち，AMのLSBもしくはUSBのどちらか一方のみを送る方法です．さらに電力効率を考えて，キャリアも送りません（抑圧搬送波）．アナログ変調のなかでは最もすぐれた変調方式です．しかし，それを変復調するにはかなり複雑な信号処理が必要です．

● **SSBの変調**

(1) アナログ方式の場合

　アナログ回路でのSSB変調では，図10-10(a)に示す，フィルタ方式がほとんどです．信号に，ある中間周波数(IF)で平衡変調を掛けます．そうすると，キャリアなしのDSB信号が得られます．それを3kHz帯域の急峻なクリスタル・フィルタに通し，LSBもしくはUSBだけの信号を得るものです．そのIF信号をさらに周波数変換して，目的の送信周波数に変換します．

　信号特性を決めるのは，クリスタル・フィルタの特性です．クリスタル・フィルタは，その中心周波数を自由に変えることはできませんから，必然的に事前にIF周波数変換が必要になります．また，クリスタル・フィルタの群遅延特性はあまり良くありませんから，音声では問題なくても，データ伝送向きではありません．

(2) ディジタル信号処理の場合

　ディジタル信号処理による変調方式では図10-10(b)，(c)の二つの方法を使います．アナログと同じようにフィルタ方式も使えますが，高い周波数でのフィルタリングは高次のフィルタ処理が必要になり，ディジタルでは実現が難しいといえます．

　そこで，アナログ回路によるSSB生成では安定性の問題で避けられてきたPSN方式が復活してきた感じです．一つの方法は，マイクロホンからの信号をヒルベルト変換を使って解析信号(I/Q)に変換する方法です．そうすると，信号は複素数になり，

$$A(t) \cdot e^{(j\omega t + \phi)}$$

となります．ここに複素ローカル信号

$$e^{j\theta t}$$

を掛けるだけです．そうすると，

$$A(t) \cdot e^{[j(\omega+\theta)t + \phi]}$$

となって，SSB変調できたことになります．すなわち，マイクロホンの信号を複素数の解析信号にした段

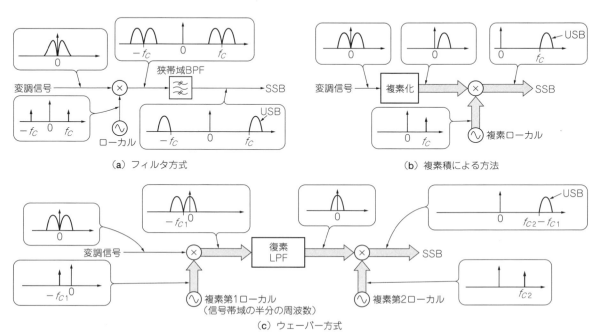

(a) フィルタ方式　　(b) 複素積による方法

(c) ウェーバー方式

図10-10　AMより狭い帯域を使って同じ情報量を送れるSSB変調波の作り方

階でSSBの発生はすでに終わっているといっていいと思います．したがってSSB信号の性能は，解析信号を作るときのヒルベルト・フィルタの特性によることになります．

後述するフルディジタル無線機TRX-305では，ここで説明している複素周波数変換は，DDS-IC(AD9957)の中で行っています．IF周波数を経由することなく，直接変調信号を発生しています．ここで問題になるのは，AD9957は1GHzのクロックで動作しているので，31kHzくらいのサンプリング周波数である解析信号(I/Q)をいかに1GHzまでオーバーサンプリングするかの処理です．

もう一つの方法は，図10-10(c)に示すウェーバー方式です．ベースバンドのマイクロホンの信号を信号帯域の半分(ここでは1.5kHz)で複素周波数変換を行い，解析信号を得ます．そうすると，解析信号にはUSBとLSBの両方の信号が含まれます．そこで，その解析信号を片側だけ通すような複素フィルタに通します．

それを先ほどと同じように，目的の周波数まで複素周波数変換をして目的のSSB信号を得るものです．これはアナログのフィルタ方式と同じといえます．IF信号がゼロになっただけで，片側のサイドバンドだけを通すようなフィルタにかける操作は同じです．ただIF周波数がゼロですから，ディジタル回路でも簡単にそのフィルタを作ることが可能となります．

二つの方法はほぼ同じくらいの信号処理の量になります．しかし，図10-10(b)の方式のほうが，よりディジタル信号ならではの変調方式だと思います．TRX-305でもこの方式を使っています．

● SSBの復調

SSB信号を復調するときは，変調と同じように直接法とウェーバー法があります．これからの説明では，USB信号を復調する場合を考えます．

まずは，図10-11に示す直接復調法ですが，片側の信号だけを通す複素バンド・パス・フィルタの設計が大変になります．これを汎用に設計するソフトウェアはありません．自分でフィルタを設計する必要があります．しかもFIRフィルタですと，完全に係数は複素数となり，1タップで4回の掛け算が必要になり，結構重い処理になります．これもアナログ方式のフィルタ法をゼロIFで行ったようなものです．ゼロIFでUSBもしくはLSBだけを通す複素フィルタに通すだけです．

一方，図10-12に示すウェーバー方式は，複素フィルタは必要ありません．そこで，TRX-305ではこの方法を採用しています．信号のキャリア角周波数をθとしたとき，信号はすでにゼロIFで解析信号化(I/Q)されているとします．信号のスペクトルは図10-12に示すようになっています．I/Q信号はダウンサンプリングされて，最適な最低限の低い周波数まで落とされます．

信号帯域の半分の角周波数をωとしたとき，$e^{-j\omega t}$をI/Qに掛けて周波数変換をします．そうすると，USBのスペクトルはUSBの帯域のゼロを中心に均等に±の帯域に広がります．そこで，I/Qをそれぞれ信号帯域の半分のロー・パス・フィルタに通します．そうするとLSB側の信号は取り除かれます．それ

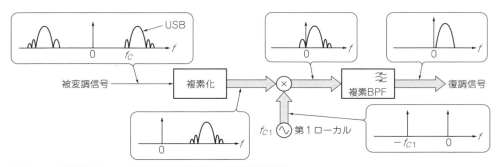

図10-11 複素数バンド・パス・フィルタを使ったSSB復調回路

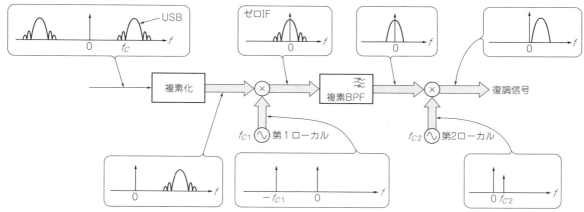

図10-12 SSBの復調回路（ウェーバー方式）

から，さらに$e^{j\omega t}$を掛けて複素周波数変換を行い，ωだけずれていた信号を元の信号スペクトルに戻します．そうすればSSBの復調波形が得られます．

もちろん，I/Q信号のゼロIFの段階で$e^{-j(\theta+\omega)t}$として，$-\omega$の周波数変換をまとめてやることもできます．そうすると，複素周波数変換の処理が一か所省略できます．

10-5　ディジタル信号処理によるFMの変復調

非線形変調の代表であるFMは，今でも無線通信の変調方式における主流です．ディジタル変調であっても，4値FSK（C4FM）などのように，ベースにFM変調を使っているものはたくさん存在します．出力の変調波の振幅が一定であるため，効率の良い電力増幅を行うことが可能です．そのため電池運用のポータブル移動体無線機では好んで使われます．

● FMの変調

FM変調では，アナログの変調方式がそのまま使えます．**図10-13**にアナログでの代表的な変調方式を示します．

もっとも簡単なのは**図10-13(a)**の直接VCO（Voltage Controlled Oscillator）の周波数コントロール端子に変調信号をつなぐ方法です．ディジタルではVCOの変わりに，正弦波を計算で発生させるNCOになります．入力のデータを変化させると周波数が変化するものです．

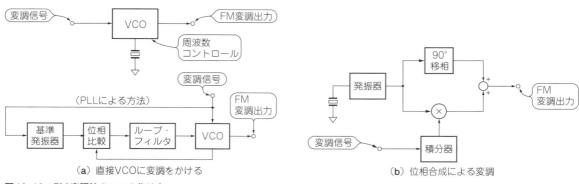

図10-13　FM変調波の二つの作り方

前にも述べましたが，この方法をそのままアナログ回路で実施すると，温度ドリフトの深刻な問題に遭遇します．そこで図10-13(a)に示すように，周波数を安定化させるために，VCOをPLLでコントロールし，中心周波数が常に一定の周波数になるようにコントロールします．この方式が現在の主流になっています．しかし先ほど述べたように，PLLの中に変調信号を入れるというのは相容れないものです．特に変調信号成分でDC付近の信号はPLLに周波数の揺らぎと判断されるため消えてしまいます．そのため図10-13に示すように，低域の信号を直接PLLの基準信号発生器の周波数コントロール端子にも接続して，合成特性としてFM変調を得ています．

　しかし，ディジタル信号処理でこれを実現する場合，NCOが温度ドリフトによって周波数変化する心配はまったくありません．計算で発振しているため温度依存性がないからです．ですから，PLLのときのような工夫は必要なく，原理に則ったシンプルな構成で変調がかけられます．そのため，変調信号とFMの周波数偏移はとても直線性が優れています．アナログのVCOでは可変容量ダイオードなどの電圧を変化させて周波数を変えますが，それらは線形な素子ではありません．変調のまえには，変調後の帯域を広げないために，変調信号の帯域制限が必要です．

　もう一つの方法は，位相合成によるものです．解析信号のI/Q複素平面で考えた場合，キャリアは決まった周波数でベクトル回転していると考えられます．回転速度に変調を与えれば位相変調になります．話を簡単にするために，キャリア周波数をゼロにするようなゼロIFの解析信号(I/Q)を考えます．I/Qの複素平面で，キャリアだけでしたら，信号ベクトルは静止しています．ここでは，Q軸(虚軸)の上90°の角度のところで静止しているとします．ここで，I軸に変調信号を与えます．そうすると，出力の信号はQ軸のキャリアのベクトルとI軸の変調信号とのベクトル合成になります．もちろんそうすると，I信号によって出力振幅は変わります．しかし，I軸の信号がQ軸のキャリアに比べて十分に小さければ振幅の変化は無視できます．しかしこれでは位相変調です．これを使ってFMにするためには，変調信号を積分してから，この位相変調器にかければよいことになります．先に話しましたが，角周波数の積分が位相になります．

　図10-13(b)に示すように，水晶発振器の信号をもとにして変調信号を作れるので，周波数安定度はVCOと比較にならないほど安定しています．

　大きな問題としては，PMを使ったFM変調器では，DCを送ることができないことです．それは変調のまえに積分器を使っているからです．DCを積分器に与え続けると，いずれ無限大に発散します．アナログ回路ですと，OPアンプが完全飽和します．そこで，信号はあらかじめハイ・パス・フィルタに通してDC成分を取り除いておく必要があります．また，大きな変調度を得ることも難しいので，後ろに逓倍回路を付けて変調度を上げる必要があります．

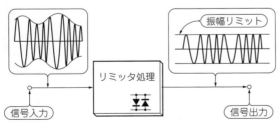

図10-14　アナログではFMを復調するとき変動したキャリアの振幅をリミッタで抑える

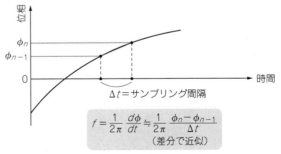

$$f = \frac{1}{2\pi}\frac{d\phi}{dt} \fallingdotseq \frac{1}{2\pi}\frac{\phi_n - \phi_{n-1}}{\Delta t}$$
（差分で近似）

図10-15　FMを復調するときは位相情報さえあればOK！
振幅情報は不要．信号処理でリミッタ機能を実現できないからといって問題にはならない

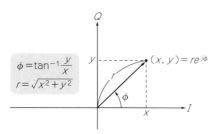

図10-16 FM変調波から位相情報を抽出する方法
I/Q直交座標信号をCORDICで極座標変換する．AGCを使う必要もない理想的なFM復調が可能

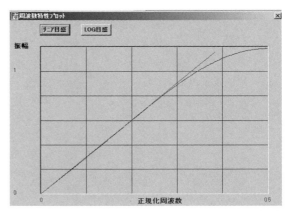

図10-17 位相の差分を計算する簡易的な復調方法の誤差を補正すると高い直線性が得られる

● **FMの復調**

　FM変調波は本来，振幅が一定なのが大きな特徴です．FM変調波が空間を伝搬すると，伝送路の状態によって，この一定の振幅ではなくなります．FM信号を復調するときに最も考慮しなければならないことは，この振幅の変動の影響をいかに少なくするかです．

　アナログ処理では，事前に**図10-14**のようリミッタに通し，波形のゼロ・クロスの情報だけを取り出して強制的に振幅を一定に戻します．このあと，PLLクワドラチャ検波回路などでFM復調します．

　しかし，このアナログ・リミッタを直接ディジタル信号処理に持ち込むことはできません．サンプリングされた信号ですので，非線形の信号処理は偽信号を発生させてしまうからです．

　ディジタル処理では，まずは線形処理で振幅の変動の影響を取り除くことを考えます．FMの基本的なことですが，角周波数は信号の位相の微分から得られます（**図10-15**）．すなわち，FM信号を復調するためには，位相情報さえあれば十分です．

　入ってくる解析信号（I/Q）を振幅情報と位相情報に分離できれば，FM復調に有害な振幅情報は捨てて，位相情報だけを使って理想的なFM復調ができます．そのためには，I/Qの直交座標信号をCORDICなどを使って，極座標に変換します（**図10-16**）．振幅情報は，フェージングなどによって変動する有害な成分を含むためFM復調には使いませんが，完全に捨てるのではなく，信号強度メータの情報として使えます．

　位相の微分を計算してFM復調ができます．このように位相情報だけを使ってFM復調するということは，FMの受信に関してはAGCは不要ですし，究極のリミッタ処理といえるでしょう．

　位相がわかれば，周波数を計算することはたやすいことです．位相の時間微分が周波数（角周波数）です．ディジタル信号処理では実際に時間微分を計算することはできませんが，その代わりに**図10-15**のような差分を計算します．

　周波数のこのような直接計算は，PLL回路と違ってループ・フィルタに相当する時定数がなく，瞬時の正確な周波数を得ることができます．最もディジタル信号処理に向いていて，多くの応用例があります．あとは復調した信号を目的に合わせたロー・パス・フィルタに通せば，目的のFM復調信号が得られます．

　ただし，微分を差分に置き換えて近似して処理していますので，誤差が発生します．高域の信号になればなるほど，微分と差分の結果はずれてきます．差分の計算のあとで，これを補正する処理が必要となる場合があります．実際に補償を行った結果を**図10-17**に示します．

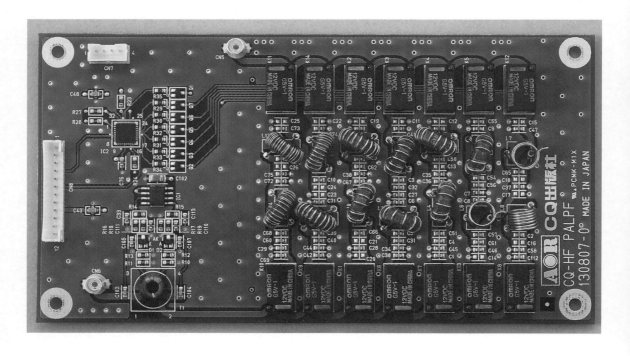

実践編

第11章
フルディジタル無線機実験キット TRX-305
～ダイレクト・サンプリングとFPGA＋DSPによる変復調の実験を可能とする～

❖

　本書の元となっている『トランジスタ技術』誌2014年9月号の特集記事「全開！フルディジタル無線」を執筆する際に，読者の手元で実際にディジタル信号処理による無線通信の実験ができるようにと考え，「フルディジタル無線機キットTRX-305」を開発しました．このキットは信号処理ボード・キットの「TRX-305A」，送受信用フィルタ基板や送信用パワー・アンプ，コントロール・パネルなどの周辺キット「TRX-305B」に分かれており，双方を組み合わせることでスタンドアロンのアマチュア無線機が構成できるものです．ここでは，信号処理ボードTRX-305MBのハードウェアと信号処理の概要を説明します．

❖

　スタンドアロンの無線機として組み合わせた場合のブロック構成を図11-1に示します．この図で「オプション」となっている部分がTRX-305Bキットに含まれるモジュールです．おもな仕様を表11-1に示します．詳細な回路図はキットに添付されています（本書付属CD-ROMにも収録してある）．

11-1　メイン・ボードのハードウェア概要

　図11-2にキットの中心となるディジタル信号処理を担うメイン・ボード（写真11-1）の回路構成を示します．

● ダイレクト・サンプリング

　アンテナからの入力信号は，A-Dコンバータ・ドライバLTC6409（リニアテクノロジー）で増幅したあと，そのままA-DコンバータLTC2205-14（リニアテクノロジー）によってA-D変換する「ダイレクト・サンプリング」の構成をとっています．

　信号処理のほとんどはFPGAを含むSDRで行います．本書で説明している多くの信号処理を体験できるようにしています．AGC（Automatic Gain Control；自動利得制御）などの回路は入っていませんので，AGCの処理もすべてSDRとして実装します．

● オートアッテネータ

　過大なアンテナ信号入力があったときに，信号がひずまないようにPINダイオードによるアッテネータ回路が装着されています．

　この動作はA-Dコンバータの入力を常にモニタし，それが一定以上のレベルにならないように自動的にフィードバックをかけています．この動作は完全にハードウェアで実装されています．

● 16ビットのオーディオ・コーディック

　音声信号帯域のアナログ信号とインターフェースするために，16ビットのA-DコンバータAD73311（ア

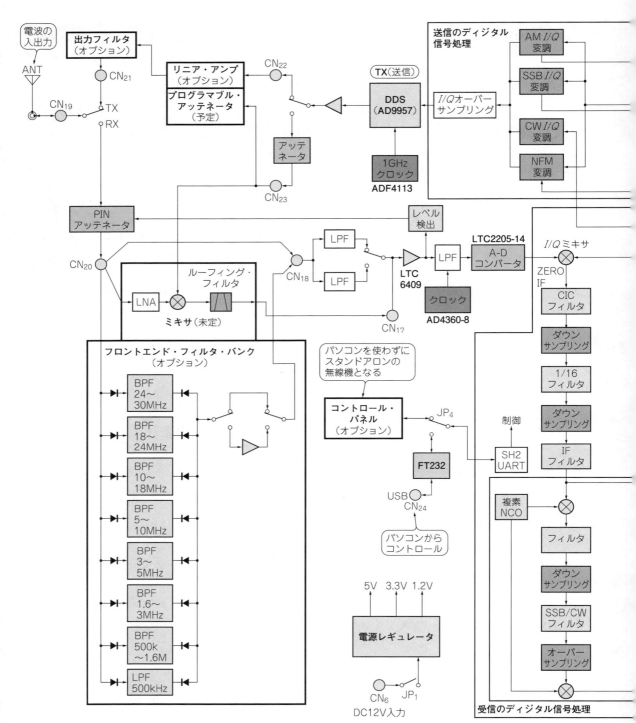

図11-1 フルディジタル無線実験キットの全体構成

ナログ・デバイセズ），ならびに16ビットのD-AコンバータBU9480F（ローム）を実装しています．

　復調した信号をアナログにして，スピーカを鳴らすことができます．2.5 W出力のオーディオ・アンプも実装されています．一方，送信側で信号に変調をかけたいときには，A-Dコンバータを使ってマイクなどのオーディオ信号を取り込んで変調をかけられるようになっています．A-Dコンバータの入力には，

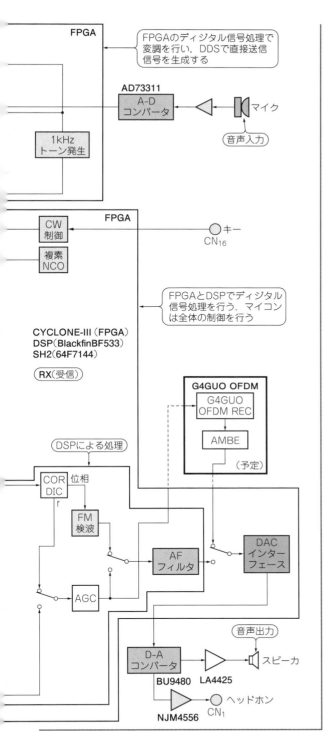

(c) 送信部

表1 フルディジタル無線実験キットの信号処理メイン・ボードの仕様

外形寸法	140×195 mm, 1.6 mm厚, FR4, 6層基板
電源電圧	10.7 ～ 16 V_{DC}（先バラ・ケーブル）
消費電力	約500 mA@12 V
DC-DCコンバータ	12 V→6 V, 6 V→3.3 V, 3.3 V→1.2 V
シリーズ・レギュレータ	6 V→5 V, 5 V→3.3 V, 3.3 V→1.8 V, 3.3 V→2.5 V
アンテナ端子	BNCコネクタ
USBインターフェース	FT232によるシリアル-USB変換
外部スピーカ出力	3.5 φジャック, 8 Ω, 1 W以上
ヘッドホン出力	3.5 φジャック, 47 Ω
CWキー入力	3.5 φジャック
メモリ・カード	SD, SDHCカード・ソケット
周波数精度	10 MHz TCXO（±2.5 ppm）
サージ保護	アンテナ入力にマイクロギャップ保護素子, ダイオードによる過大入力保護
電源保護	ダイオードによる±逆接続保護
オーディオ	1 W以上, 最大2.5 W@8 Ω
付属スピーカ	8 Ω, 5 W
マイクロホン	エレクトレット・コンデンサ・マイク, プレストーク・ボタン付き, スピーカ内蔵
コネクタ	5 Wパワー・アンプ接続用電源コネクタ B3P-VH(CN10), 5 Wパワー・アンプならびにLPF基板制御コネクタ B12B-PH-S-K(CN2), コントロール・パネル接続コネクタ B8B-PH-S-K(PANEL1), マイク・コネクタ（丸ピン, 8端子コネクタ）, ミキサ基板接続用コネクタ B3B-PH-S-K(CN13), 受信用プリセレクタ接続コネクタ B12B-PH-S-K(CN3)
DDSクロック	1 GHz同軸型誘電体発振器VCO+ADF4113によるPLL
ADCクロック	65 MHz VCO+AD4360-8によるPLL

(a) 全体

ADCまでの利得	アンテナから約20 dB
最大入力レベル	+25 dBm
ADC	LTC2205-14（14ビット, 65 MHzクロック, ディザ付き）
DAC	BU9480F（16ビット, ステレオ）
復調モード	WFM, NFM, AM, 同期AM, LSB, USB, CW
IF帯域幅	300 Hz, 2.8 kHz, 6 kHz, 15 kHz, 30 kHz, 100 kHz, 200 kHz
入力感度	10 dB S/N時, SSB：0.5 μV以下
周波数範囲	100 kHz ～ 30 MHz, 70 MHz ～ 120 MHz（フィルタを再設計すると他の周波数も受信可能）
フィルタ機能	可変オーディオ・フィルタ, オートディノイザ（適応フィルタ）, オート・ノッチ（適応フィルタ）, ノイズ・ブランカ
AGC	FAST/MID/SLOWの3段階切り替え, マニュアルRFゲイン・モード（FM系にはAGCは入らない）
Sメータ	アンテナ入力直読式(dBm)
周波数設定	1 Hz単位分解能
IP_3	+15 dBm以上

(b) 受信部

ADC	AD73311（16ビット）
RF出力	AD9957（14ビット, 1 GHz DAC）, 6 dBのアンプ（最大出力：3 dBm）
変調	NFM, AM, LSB, USB, CW
CWキーイング	セミブレークイン方式

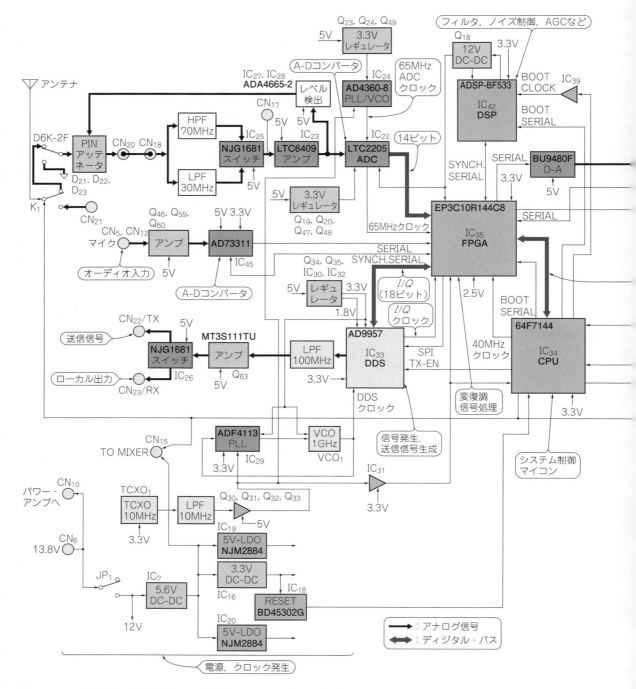

図11-2 フルディジタル無線実験キットの信号処理メイン・ボードの構成（TRX-305MB）

マイク・アンプも実装されています．

● 完全なディジタル信号発生器

ディジタル信号発生IC AD9957（アナログ・デバイセズ）を使って，すべてディジタル信号処理で変調信号を発生することができます．

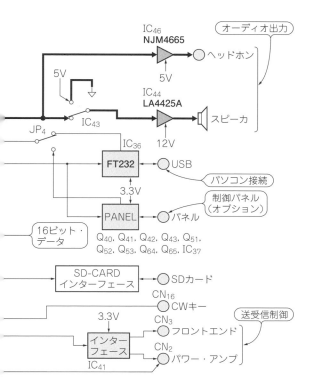

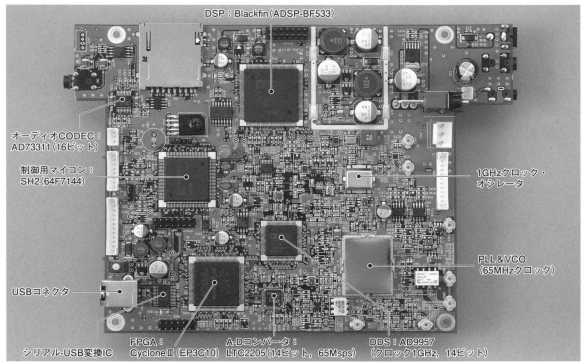

写真11-1 フルディジタル無線実験キットの信号処理メイン・ボード（TRX-305MB，部品面，試作段階）

11-1 メイン・ボードのハードウェア概要

AD9957には1 GHzのクロックが供給されており，450 MHz付近までの信号を発生させることができます．無線変調ばかりではなく，いろいろな高周波信号発生源としても使うことが可能です．
　例えば，この信号発生源を使って受信側のテスト信号を発生させることが可能です．この基板の出力レベルはおおよそ＋2 dBmであり，実験室で使うには十分です．

● あらゆるディジタル信号処理を体験できる
　このキットのメイン・ボードには，アルテラ社のFPGA Cyclone Ⅲ（EP3C10R144C8）をはじめ，アナログ・デバイセズ社のDSP Blackfin（ADSP-BF533），並びにルネサス社のマイコンSH-2（64F7144）など，いろいろとSDRを実装できる環境を供給しています．
　DSPの開発には高価な開発ツールが必要なため，フリーで開発できるFPGAを中心に信号処理の実装を行い，そのソース・コードを公開します．それを参考に皆さんで勉強していっていただければと思います．もちろん，DSPの開発を行いたい方も開発は可能です（Appendix A参照）．

● 簡単な組み立て
　面実装部品はあらかじめ実装されています．そのほかのアキシャル部品やコネクタ類をはんだ付けするだけです．簡単に仕上げることが可能です．

● パソコンを使った制御
　メイン・ボードでは，すべての設定はパソコンとUSBで接続して行います（**写真11-2**）．パソコンのターミナル・ソフトウェアを介したコマンド・ベースのインターフェースです．

写真11-2 信号処理メイン・ボード（TRX-305MB）とパソコンをUSB接続して，パソコンからコマンドを送り込んでいるところ

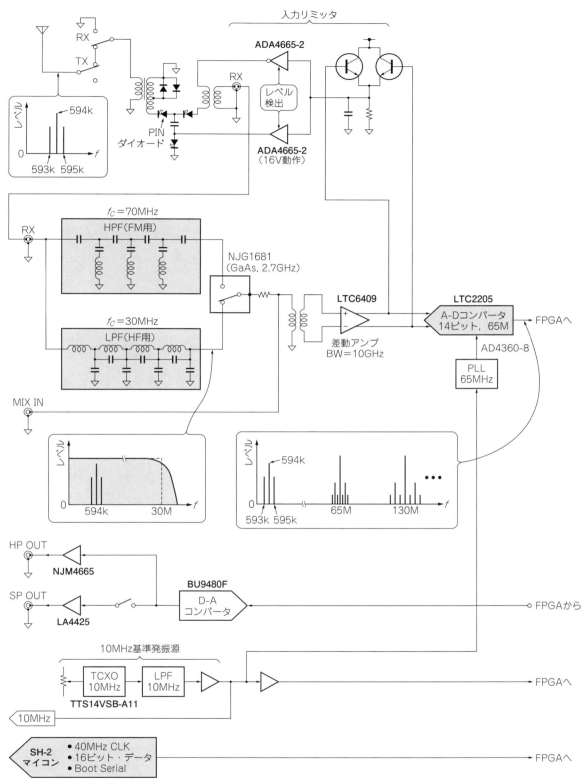

図11-3 メイン・ボード（TRX-305MB）でAMラジオ信号が復調されるまで

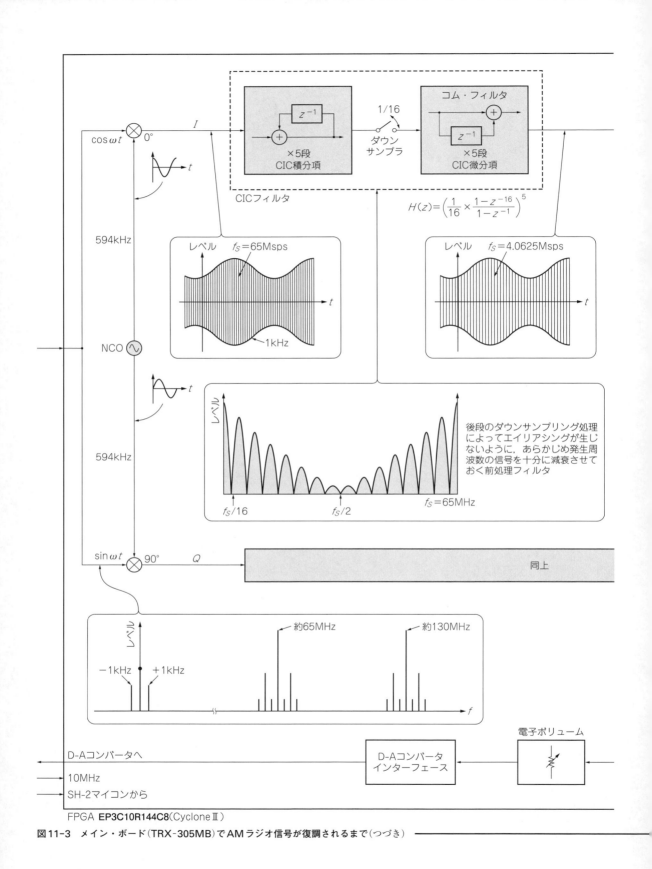

図11-3 メイン・ボード（TRX-305MB）でAMラジオ信号が復調されるまで（つづき）

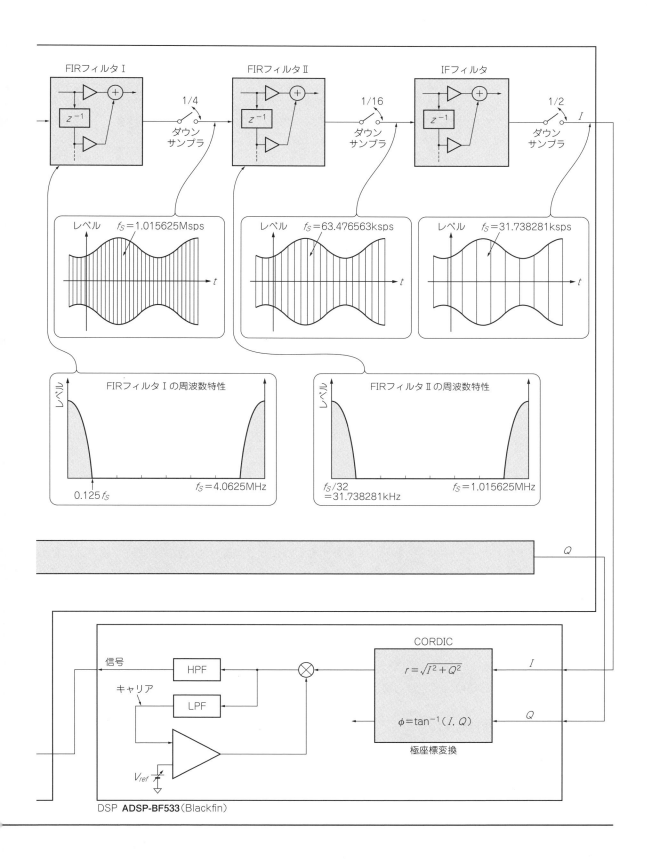

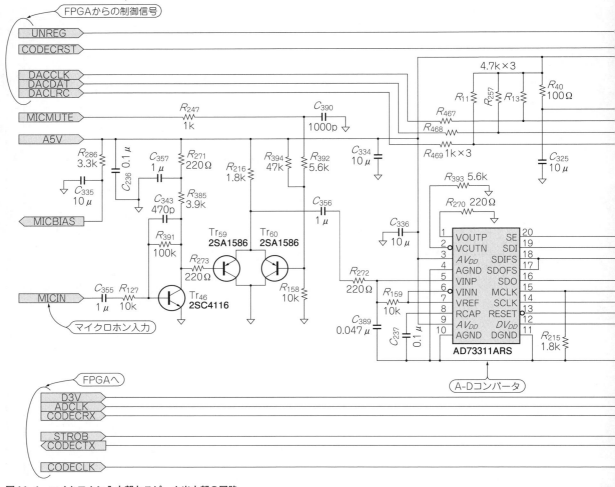

図11-4 マイクロホン入力部とスピーカ出力部の回路

パソコン上のアプリケーション・ソフトウェアを作成することで,より美しいインターフェースに仕上げることも可能です.また,皆さんが作ったディジタル信号処理のファームウェアは,パソコンからダウンロードすることで,簡単に書き換えが可能です.

11-2　受信時のディジタル信号処理

図11-3にメイン・ボード(TRX-305MB)でAMラジオ信号(594 kHz,1 kHz変調)が復調されスピーカで音が出るまでの信号処理の流れを示します.

● 電波をディジタル信号に変換

アンテナから入った信号はまず,後段のA-Dコンバータが飽和しないようにオートアッテネータ回路に入ります.次に,アンチエリアス用のロー・パス・フィルタに入り,30 MHz以上の信号を落とします.信号は微弱なので,ロー・ノイズの超低歪アンプを通します.65 MHzのクロックのA-Dコンバータで14ビットのディジタル信号に変換します.

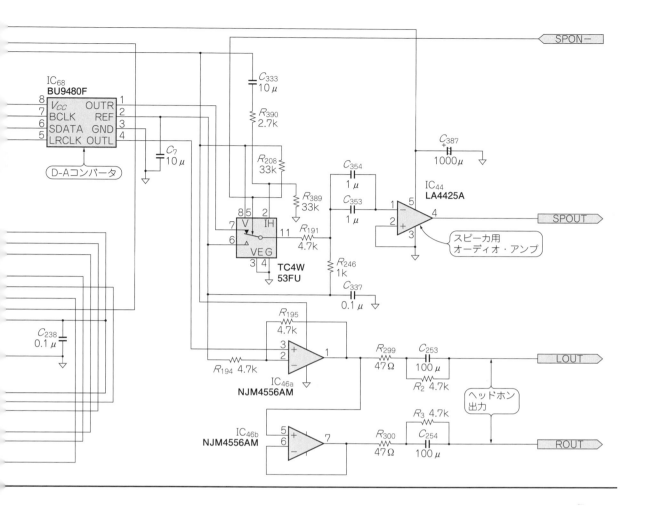

● **FPGA内部のディジタル信号処理**

　ディジタル化された電波信号はFPGAのなかで，目的のAMのキャリア周波数で直交周波数変換されて，I/Q信号になります．

　この後は，信号帯域に対して高すぎるサンプリング信号を間引いていくのですが，間引くときに発生してしまうエイリアス雑音が出ないように，フィルタで前処理をします．このフィルタは高速に動作しなければならないので，加算器だけで構成したCIC(Cascaded Integrator Comb)ディジタル・フィルタを利用します．

　CICフィルタでサンプリング・レートを1/16に落とします．CICの出力には余分なノイズが多く含まれているので，FIRフィルタにかけて，さらに1/4にサンプリング・レートを下げます．実効的なサンプリング・レートにするにはまだ高すぎるので，再びエイリアスが発生しないようにFIRフィルタにかけて1/16にレートを下げます．

　一般的にAMの信号帯域は6 kHzなので，それに合うように，6 kHzのIFフィルタに通します．そこで最後に1/2にダウン・サンプルして，最終的に約31 kHzのサンプリング速度に落とします．

● **DSP内部の信号処理**

　31 kHzにサンプリング速度が落ちたI/Q信号はDSPに送られ，I/Qの直交軸信号から，マルチな演算

回路CORDIC(COordinate Rotation DIgital Computer)を使って極座標信号に変換されます．

その振幅成分はAM信号のエンベロープ信号です．すなわちAM検波が行われています．この信号は変調信号とキャリア信号の合計なので，ロー・パス・フィルタでキャリア，ハイ・パス・フィルタで信号に分離されます．

キャリアの信号レベルが常に一定レベルになるように，CORDICの入力レベルをコントロールしてAGC(Auto Gain Controller)を形成します．AGCで適正なレベルに整えられたハイ・パス・フィルタの復調信号は音量を決めるため掛け算器からなる電子ボリュームを通り，D-A変換に送られます．D-Aの出力でスピーカを鳴らせるように2.5 Wのオーディオ・アンプで増幅されAM放送がスピーカから聞こます．

11-3　送信系のハードウェア

● マイクロホン入力

信号処理メイン・ボードの音声入出力部の回路を図11-4に示します．

入力はAD73311(アナログ・デバイセズ)につながっているマイクロホンから信号が取れるようになっています．AD73311は音声用のA-D/D-Aコンバータで，分解能は16ビット，最大サンプリング・レートは64 kspsです．

サンプリング周波数は数十kHz(プログラム可能)です．AD73311からの信号はFPGAの中に取り込まれます．取り込まれた信号は，SSB，AMなどの変調の種類に合わせてI/Q(解析信号)変換されます．これをAD9957のI/Q直交変調器とインターフェースします．この信号処理はDSPでもできますが，ここではFPGAですべて行っています．

いろいろな信号発生器を作る場合は，パソコンからダウンロードした信号や，内部で発生させた正弦波なども使えます．

● FPGAでの処理

I/Q信号のサンプリング周波数も同じく数10 kHzです．これを数MHzまでサンプリング周波数変換しないと，AD9957とインターフェースできません．そのために，オーバーサンプリング(サンプリング周波数変換)がFPGAの回路で行われます．サンプリング変換されたI/Q信号はAD9957のICに入力されます．オーバーサンプリングは，前に説明したCICフィルタとFIRフィルタを使っています．

図11-5にAD9957の内部ブロックを示します．AD9957のクロック周波数はピッタリ1 GHzです．信号発生に際しては，最後に1 GHzクロックのD-Aコンバータでアナログ信号に戻されます．すなわち，入力したサンプリング周波数が数MHzのI/Q信号を，サンプリング周波数変換で1 GHzまで上げないといけないわけです．この処理は幸いにも，AD9957の内部回路が担当してくれます．さすがにスピードは上がったとは言っても，1 GHzの回路をFPGAでは実現できません．

そのためこれまでは，このような処理ではいったん低い周波数(中間周波数)でD-A変換され，その後でアナログ回路によって周波数変換を行い，目的の信号を作り出していました．このように，このメイン・ボードは最後の信号発生まで，がんばってすべてディジタルで行うユニークな構成となっています．これは，このAD9957の機能によるところが大きいといえます．

● DDS出力部

DDSの出力は，図11-6のように，LCフィルタを通って約2 dBmのレベルで出力されます．また，切り替えスイッチがあり，これを受信部の第1ローカル信号として使うこともできます．

受信部のところで説明しますが，受信部の基本はダイレクト・サンプリングで，スーパーヘテロダイン

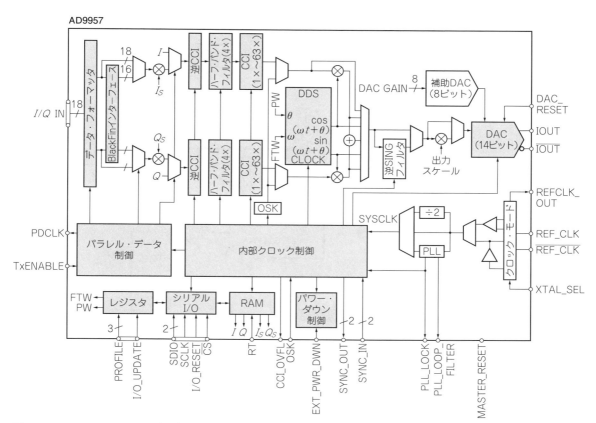

図11-5　クロック1GHz動作のディジタル周波数シンセサイザAD9957を搭載

ではありません．しかし，読者のなかにはスーパーへテロダインとルーフィング・フィルタの組み合わせを実験したいと思う方もいると思います．そのような実験のために，AD9957のDDSを利用して第1ローカル信号として使えるようにしています．

11-4　受信系のハードウェア

● アンテナ入力からアッテネータまで

　まずは，A-Dコンバータまでの回路を図11-7に示します．アンテナは，まずリレーにつながっています．送信と受信を共通アンテナのトランシーバとして使う場合の切り替え回路です．送信の間は，受信の入力はリレーによって接地され，送信電力から保護されます．

　アンテナからの入力は，まず過大入力のときにA-Dが飽和しないように，PINダイオードからなるオートアッテネータに入力されます．このアッテネータはA-Dの入力がある一定のレベル以上になると，それを超えないように自動的に回路によりフィードバック・コントロールされてAGCのような働きをします．これにより，アンテナに0dBmを超えるようなレベルが入っても受信できるようにしました．ただこれは通常のAGCとは違って，普通のレベルでは動作しません．言い換えれば，普通の入力レベルだとこのアッテネータがないのと同じです．この出力からA-Dコンバータの入力までは固定ゲインです．

　この固定ゲインを利用して，アンテナに入る入力信号レベルを正確に測定できます．パワー・メータと同じような測定器として使うこともできます．後ほど説明しますが，AMやSSBといった振幅変調のAGCはハードウェアではなく，DSPのソフトウェアによって行っています．

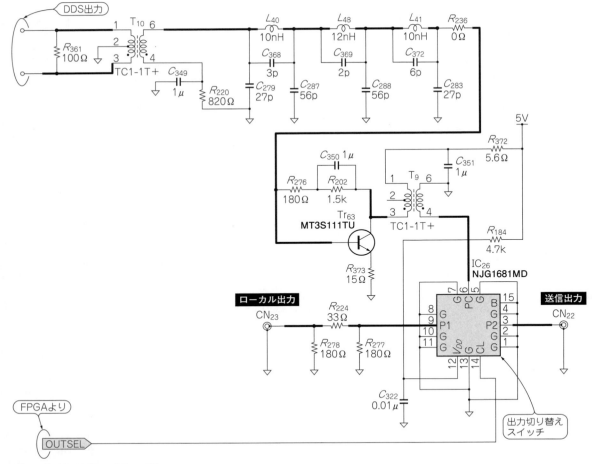

図11-6 送信信号の出力部の回路

● HPFとLPFの切り替え

　アッテネータの出力は，ロー・パス・フィルタ(LPF)とハイ・パス・フィルタ(HPF)に入ります．どちらかを切り替えて使うようにしています．

　LPF(HF)は30 MHzまでのHF信号を受信する場合に選び，そのアンチエリアシング・フィルタとして働きます．

　HPFを選ぶと，FM放送波を受信できるようになります．受信のテストにおいて信号源の確保が難しい場合，FM放送は一般的にどこでも常に受信可能ですから，まずはそれでハードウェアがちゃんと動作しているかを確認できます．もちろんFMステレオの復調信号処理も実験できます．

　A-Dコンバータのサンプリング周波数は65 MHzですが，これでなぜ80 MHzといったサンプリング周波数を超えるFM放送波を受信できるのか不思議に思われるかもしれません．しかし，A-Dコンバータの入力の周波数応答範囲は意外に広く，高次サンプリングを利用するとサンプリング周波数以上の信号を直接A-D変換することが可能です．

● 高次サンプリング

　高次サンプリングとは図11-8のように，A-Dコンバータを使って周波数変換をしているようなものです．例えば80 MHzの信号をA-D変換すると，80 MHz − 65 MHz = 15 MHzの信号として変換されます．

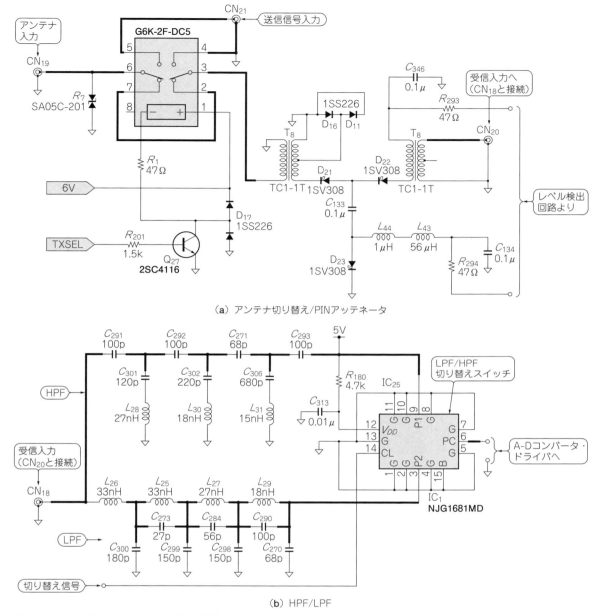

図11-7 アンテナ入力からLPF/HPFまでの回路

しかし，もしA-Dコンバータの入力に15 MHzの信号成分があると，それらが重なって見分けができなくなります．そのためA-Dコンバータの前にハイ・パス・フィルタを入れて，その信号を取り除いているのです．

正直にサンプリング定理を当てはめると，80 MHzを受信するためには200 MHz近くのサンプリング周波数がA-Dコンバータにとって必要になりますから，とても重要な考えかたです．ただし，高次サンプリングの場合は，A-Dコンバータのサンプリング・クロックのジッタ（位相ノイズ）の影響をより強く受けます．したがって，低ジッタのクロック源を使う必要があります．

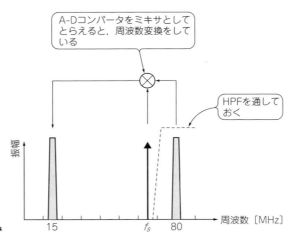

図11-8 高次サンプリングのしくみ

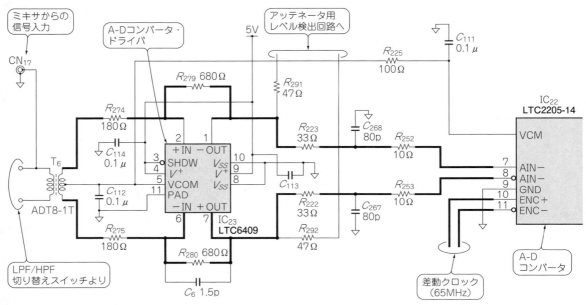

図11-9 A-Dコンバータの入力部までの回路

● A-Dコンバータ周辺

A-Dコンバータの入力までの回路を**図11-9**に示します．A-DコンバータにはLTC2205-14（リニアテクノロジー）を採用しました．14ビット分解能で，クロック周波数は65 MHzです．

フィルタのあとはA-Dコンバータをドライブする超低歪み広帯域OPアンプLTC6409（リニアテクノロジー）で信号を増幅します．ここで重要なパラメータは，*NF*と*SFDR*（スプリアス・フリー・ダイナミック・レンジ）です．選んだLTC6409はきわめてロー・ノイズで，かつHF帯域なら*SFDR*が100 dBくらいある優れものです．

このアンプの出力はトラジスタ回路でレベル検波されます．これを積分して，先に説明したオートアッテネータをコントロールして，ある一定レベルを超えないようにします．ここで注意しないといけないのは，受信したい目的波のレベルを検出しているわけではないことです．

0～30 MHzのなかで，一番強い信号源のレベルを検出していることになります（**図11-10**）．目的外のきわめて強い信号と目的の信号が同時にアンテナに入ると，オートアッテネータが働いて目的信号も減衰

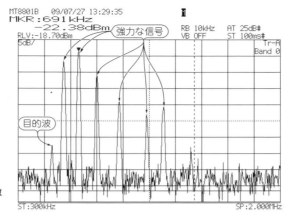

図11-10 目的信号より強力な複数の信号がある場合のスペクトラム例

するためS/Nが悪化します．その場合は，オートアッテネータの出力にフィルタ・バンク回路を設け，目的以外の信号を取り除いてからA-D変換に掛けるようにすると解決します．そのフィルタ・バンクのことをプリセレクタともいいます．自作も可能ですが，これもTRX-305Bキットに含まれています．

11-5 応用例…スタンドアロンの本格的な無線機

● パワー・アンプ

メイン・ボードTRX-305MBの機能を拡張するキットです．このメイン・ボードを使って，もっと大きなRF出力を得たい場合，5WのRFアンプをキットとして用意しています．メイン・ボードでの出力は約2dBmくらいです．これを5W(37dBm)まで増幅するものです．ごくありふれたプッシュプルの広帯域FETアンプです．ここでは主題からずれますので，その動作説明を省きます．

さらに，パワー・アンプの出力はアンプの非直線性により，不要な周波数成分(スプリアス)を含みます．そこでパワー・アンプの出力にロー・パス・フィルタを通します．

もちろん，この部分は読者が各自で作っても楽しめます．これで，高出力を必要とする応用に使うことが可能です．

● プリセレクタ

先ほどちょっと説明しましたが，ダイレクト・サンプリングで問題なのは，**図11-10**のように複数の信号を同時に受けた場合です．目的の信号は小さいにもかかわらず，大きな目的外の信号にあわせてオートアッテネータが働き，目的の信号を受信するときに感度が抑圧されます．

また，2次や3次の相互変調歪み(Inter-Modulation Distortion；*IMD*)で，ないはずの信号が現れたりします．これらは，IP_3(3rd order Intercept Point；3次インターセプト・ポイント)などのパラメータで表されます．ダイレクト・サンプリングの場合は，入力の広帯域アンプの*SFDR*やA-Dコンバータの*SFDR*で決まります．ここで使っているアンプやA-Dコンバータは悪くない性能をしていますが，それでも*IMD*は避けられません．

これらの影響は，*IMD*の発生源である目的外の周波数成分の信号をあらかじめフィルタで落としたあとにオートアッテネータを掛け，A-D変換すると緩和されます．そこで，8バンドからなるフィルタ・バンク基板もBキットに含めました．この回路はとても簡単で，単なる複数のバンド・パス・フィルタを目的の周波数に合わせて切り替えているだけです．

● トランシーバ用コントローラ＆ケース

　信号処理メイン・ボード，パワー・アンプ，フィルタ基板など，それらを一つにまとめて，トランシーバとして組み立てるためのケース・キットです．

　基本的に信号処理メイン・ボードは，パソコンを使ってコントロールするものですが，このトランシーバ・キットでは，専用の操作パネル（TRX-305CP）を取り付けることができ，本当の無線機のように仕上げることができます．

● スーパーヘテロダイン構成にアレンジすることもできる

　受信部をダイレクト・サンプリングではなく，スーパーヘテロダイン構成で作ることも可能です．そのための第1ローカルをDDSから作れるようにしています．このスーパーヘテロダインに関するキットはありません．興味のある方は，自分で設計してみてください．

Column

オプション基板（TRX-305Bキットの内容）

● プリセレクタ

　より高性能の受信を望まれる方のために，A-Dコンバータの前に周波数帯ごとにバンド・パス・フィルタを選んで挿入できるオプション基板です（**写真11-A**）．

　もちろん，皆さんが自分で作ったバンド・パス・フィルタを挿入されてもかまいませんが，簡単に実装できるように別売の基板キットとして用意しました．

● RFパワー・アンプ

　メイン・ボードの2dBmの出力では物足りない方のために，出力5WのRFリニア・アンプを準備しました．プッシュプルのFETによるアンプです（**写真11-B**）．

● 出力フィルタ

　RFパワー・アンプを使った場合は，スプリアスの輻射が問題になります．そこで，RFパワー・アンプの後に付ける，周波数ごとに切り替えるフィルタ・バンク基板です（**写真11-C**）．

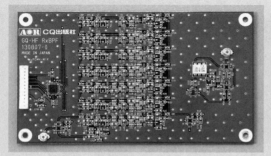

写真11-A　フルディジタル無線実験キット（TRX-305B）に同梱の受信用バンド・パス・フィルタ基板（TRX-305BP）

写真11-B　フルディジタル無線実験キット（TRX-305B）に同梱のパワー・アンプ基板（TRX-305PA）

11-6　キットの設計で考慮したこと

● 送信信号までディジタル処理で生成する

　これまで，受信側に関するディジタル信号処理を実現するハードウェアはいくつもありますが，送信の変調信号まですべてディジタル信号処理で発生できるものはほとんど見かけません．もちろん，プロ用のLabVIEWや高価なものにはありますが，個人的に手に入るような金額ではありません．このAD9957を使えば，それが簡単にできてしまうのです．

　私自身もAD9957を気軽に体験したくて，これを使った基板キットがどこから入手できないか，インターネットを探し回りました．ちょっとだけイタリアでそれに近いものはありましたが，基板を入手できそうにもありません．私のモチベーションはここで一気に上がったわけです．「AD9957を今回のキットに使おう！」

　しかもAD5597のクロックは，このICに許容される最大の1 GHzに決めました．したがって，AD9957

● スーパーヘテロダイン化

　高性能受信機のようなルーフィング・フィルタを使いたい人のために，スーパーヘテロダインの構成も実験できるようにしています．ミキサ用のローカル信号を基板上のAD9957から発生できるようにしています．

　ただし，このミキサなどの回路はキットとしては頒布する予定はありません．読者の実験に委ねたいと思います．

● トランシーバ

　メイン・ボードだけで，さまざまなディジタル信号処理を勉強するには十分ですが，上述のいろいろな別売基板をつなぎ合わせて，**写真11-D**のような実用的な5 W出力のトランシーバを作ることができます．

　それらの基板を格納するシャーシのキットも含みます．このケースにはコントロール・パネル(TRX-305CP)が付属しており，大型のアナログ式の受信信号強度メータ(Sメータ)も装備されています．

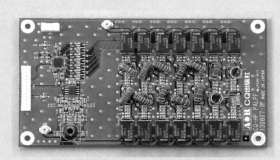

写真11-C　フルディジタル無線実験キット(TRX-305B)に同梱の出力フィルタ基板(TRX-305LP)

写真11-D　信号処理メイン・ボードTRX-305MBの応用
5 W出力のHF帯アマチュア無線機としての構成例．コントロール・パネルを取り付けた専用ケースに組み込んだ状態

のDDSのD-Aコンバータのクロックは1 GHzで動作することになります．そうすると，工夫次第では，最高800 MHzくらいまで直接信号発生が可能です．信号発生源としての応用もかなり広がります．

● トランシーバとしての完成度を上げる

最終的にトランシーバとして動作させることも考えると，実験レベルにとどまらない本格的な回路構成が必要だと感じました．

まずは，正確な周波数が発生できるように，PLLの基準信号となる10 MHzは±2.5 ppm精度のTCXOを使いました．また受信部では，ロング・ワイヤなどの大きなアンテナがつながれる可能性があります．そうすると，－20 dBmを超えるような強力な信号がアンテナ端子に入ってくることは十分に考えないといけません．

そこで，0 dBm以上の信号が入っても大丈夫なように，入力にはPINダイオードによるオートアッテネータ回路を入れました．また，誘導雷によるサージは多分避けられません．そこで，アンテナ端子にはマイクロギャップのサージ・アブソーバを入れてあります．これは本当のところ，ディジタル信号処理の実験基板としては必要ないのかもしれませんが，本格的な回路として搭載したものです．

関東地方のNHK第二ラジオ放送は，巨大な出力の電波が送信されています．これをフロントエンド・フィルタなしでダイレクト・サンプリング回路に通すと，その強力な電波でオートアッテネータが働き，目的の微弱な電波はマスキングされて受信しにくくなることが予想されます．

このようなことを避けるために，市販の受信機では各受信バンドごとのバンド・パス・フィルタを挿入して，目的外の強力な信号の影響をできるだけ受けないようにしています．今回のキットは実験目的だけならば，このフィルタ・バンクは必要ないものだと思われます．しかし，本格的トランシーバには必要だと思われますので，オプションとして基板キットを用意することにしました．もちろん，皆さんの独自設計のフィルタ・バンクを入れても問題ありません．そのほうがより楽しめるでしょう．

メイン・ボードの送信出力は実験用としては十分な2 dBmあります．しかし，トランシーバとして組んだ場合，2 dBmではアンテナをつないだとして，ほぼ近距離通信しかできません．そこで，これもオプション・キットですが，5 WのFETリニア・アンプと出力のスプリアスを落とす出力フィルタ・バンク基板もTRX-305Bキットに含まれます．これも本来の機能とは直接は関係ないものです．

● はんだ付けは必要

このメイン・ボードには面実装部品を大量に使っています．これをすべてキットにすると，完成まで辿りつける方が少なくなります．それに，AD9957をはじめとする最近の面実装ICはチップの底にサーマル電極がついており，それを手はんだすることは不可能に近いことです．

そこで，チップ抵抗／コンデンサ，面実装ICなどはすべてあらかじめリフローで流し，基板に付いた状態になっています．コネクタだとかスイッチだといった，手はんだのやりやすいものだけ，部品のままでキットとして供給することになりました．

したがって，基板ですべての動作確認をして出荷することはできません．その辺のリスクはありますが，あくまでキットとしてはんだ付けを楽しんでいただこうとの編集部の情熱で決まりました．

● 動作確認

受信側を動作確認するのに信号源は必要です．ふつうの人が，高価なRF信号発生源やスペクトラム・アナライザをもっていることはまれでしょう．動作確認が難しい問題となることが予想されます．

そこで，まずはどこにいても電波を受信できるFM放送を受信できるように考えてあります．また，AD9957で試験信号を作り，それを受信部に加えることで，信号源とすることができるように考えました．

この場合，外部にアッテネータ回路を挿入する必要はあります．

● **DSPのプログラミング**

　メイン・ボードでの信号処理は，ほとんどがFPGAのハードウェアによりますが，受信機能の一部にはDSPによるソフトウェア処理が含まれます．DSPのソフトウェアについては，本格的な無線機として利用できるようにするため，さまざまな機能を盛り込みました．それには，一部に私の所属する会社のIP（Intellectual Property）が含まれています．そのため，現在のところはDSPのソース・プログラムを完全公開することはできません．

　そこで，第3者の専門家によるDSPプログラミングのためのフレームワークが提供されます．詳細はAppendixAを参照してください．私はDSPのプログラムをアセンブリ言語で書きましたが，このフレームワークではC言語を使って，安価な書き込み器で実験できるように配慮されています．

● **サポート・サイトの開設**

　FPGAのVHDLコードやDSPのソフトウェアの最新版がダウンロードで利用できるように，特設のサポート・サイトをインターネットから利用できるようにしています．

　詳細については，「トランジスタ技術」のサイトを参照ください（図11-11）．

http://toragi.cqpub.co.jp/

　信号処理メイン・ボードの応用範囲は，無線通信にとどまりません．信号発生器やディジタル・オシロスコープなどへの応用も可能です．

　読者の皆さんからの，新しい応用事例がたくさん寄せられることを，楽しみに待ちたいと思います．

図11-11　サポート・サイトのバナー

第12章 ディジタル信号処理による変復調機能の実現
～フルディジタル無線機実験キットTRX-305での実装を例にして～

AM，FM，SSBなどの各種変調方式について，ディジタル信号処理による実装例を解説していきます．具体的な事例を示すために，前章で解説した「フルディジタル無線機実験キットTRX-305」での実装を例としています．FPGAのソース・コードは，本章で掲載しているもの以外についても，すべて付属CD-ROMに収録してあります．

はじめに，TRX-305の信号処理メイン・ボード(型名：TRX-305MB)でのファームウェアの書き込み処理について説明します．そのあと，送信のためのディジタル信号処理(アップサンプリング)，受信のためのディジタル信号処理(ダウン・サンプリング)，各種変調信号の復調処理のアルゴリズムについて解説していきます．

12-1　SH-2からFPGAとDSPに実行コードを書き込む

■ FPGAのコンフィギュレーション手順

FPGAは設計したネット情報をダウンロードして初めて，目的の動作をします．この作業をコンフィギュレーションと言います．普通は，シリアル・インターフェースのフラッシュ・メモリを接続し，アクティブ・シリアル・ブートという手順を使います．

● パッシブ・シリアル・ブートでコンフィギュレーション

TRX-305MBでは，図12-1のような接続のパッシブ・シリアル・ブートでコンフィギュレーションします．FPGAのコンフィギュレーション・データはSH-2内のフラッシュ・メモリに書き込まれており，それをSH-2の同期シリアル通信を使ってダウンロードします．

SH-2は，USBインターフェースでパソコンにつながっています．そのため，FPGAを新しく設計したデータで書き換えるには，USBからSH-2にダウンロードすることで書き換えができるようにしてあります．専用のFPGA書き込み器は不要です．

● コンフィギュレーション・データの圧縮

SH-2のフラッシュ・メモリは256Kバイトありますが，手の込んだFPGAやDSPの設計をすると，コードが膨らみ，その領域では足りなくなる可能性があります．そこで，Cyclone独自の圧縮アルゴリズムに加えて，独自にデータ圧縮をしたあとでダウンロードしています．

圧縮アルゴリズムは，図12-2に示すように2パスになっています．

最初のパスで，バイト単位に256個の数値のうち，最も少なく出現する数と，その次に少ない出現確率の数を調べます．

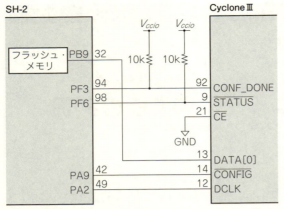

図12-1 パッシブ・シリアル・ブートでコンフィギュレーションするときの接続

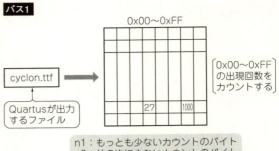

図12-2 FPGAコンフィギュレーション・データの圧縮方法

2番目のパスで，最も出現確率の少ない数をフラグとして，連続するゼロをランレングス・コードとして図のように圧縮します．次に少ない数をフラグとして，ゼロ以外の連続する数をランレングス・コードで圧縮します．FPGAのコードは同じバイトが続く場合が結構あり，かなり圧縮できます．

■ DSPコードのロード手順

TRX-305MBで使用しているDSP Blackfinの内部メモリはすべてRAMになっており，DSPを動作させるコードをまずブートしてから，動作させる必要があります．

FPGAと同じように，DSPに接続したシリアル・インターフェースのフラッシュ・メモリからDSP自体がブートする，アクティブ・シリアル・ブートが一般的です．

● パッシブ・シリアル・ブートで立ち上げる

TRX-305MBではFPGAと同じく，図12-3のようにSH-2の内蔵フラッシュ・メモリに書かれたDSPのコードをダウンロードするパッシブ・シリアル・ブートで立ち上げます．

したがって，FPGAと同じようにUSBを通してパソコンから，SH-2の内蔵フラッシュ・メモリを書き

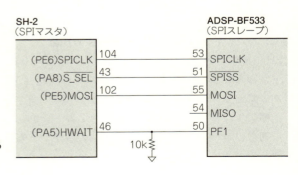

図12-3 パッシブ・シリアル・ブートでプログラムをロードするときの接続

換えることにより，新しいDSPのコードを簡単にロードして実行が可能です．DSP専用の書き込み器は不要です．

● DSPのコードも簡易的に圧縮

DSPのコードもFPGAと同じく，そのままではサイズが大きくなる可能性があります．そこで簡単な圧縮をかけてから，ダウンロードするようにしています．

DSPの場合は命令単位で考えるともっと圧縮率が高くなる可能性がありますが，そこまではやっていません．ただ単に連続するゼロを圧縮する，ランレングス・コードで圧縮しています．SH-2のメモリ上にはこの圧縮状態で書き込まれるので，実際にDSPにダウンロードするときは，元のデータに解凍しながらダウンロードします．

■ シリアル・コマンドの受信と解析

パソコンとTRX-305MBの間は図12-4に示すように，FT232のシリアル-USB変換を使って接続しています．SH-2とこのUSB変換ICとの間は，56.7 kbpsの非同期通信を行っています．

したがって，パソコン側は図12-5のようにターミナル・ソフトウェアを使ってTRX-305MBをコントロールします．ターミナル・ソフトウェアは56.7 kbpsに設定する必要があります．筆者はフリーのター

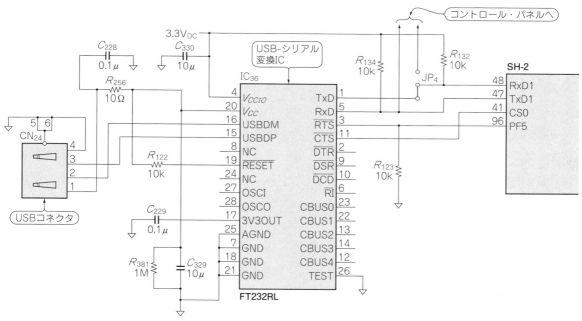

図12-4 SH-2とUSB-シリアル変換ICの接続

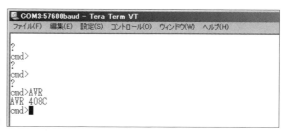

図12-5 パソコン側のターミナル・ソフトウェアでコマンド操作

ミナル・プログラム"TeraTerm"を利用しています．

● コントロール・コマンド

TRX-305MBのコマンドは基本的に"A"から始まる3文字です．もしコマンドにパラメータが必要なときは，スペース(0x20)のあとで，それぞれのパラメータを送ります．例えば，図のように入力すると，現在のファームウェアのバージョン番号を表示します．

```
cmd>AVR
AVR 410A
cmd>
```

さまざまなコマンドがあり，これで目的のパラメータを設定します．また，現在の状態を送り返してきます．

SH-2は，このシリアルで送られてくるコマンドを解釈して，それぞれの命令に従って処理を実行するのが大きな仕事の一つです．パソコンからのコマンド・キャラクタは，SH-2の内部では1文字ずつ割り込み処理され，リング・バッファ上に蓄えられます．送られてくる文字が0x0D，すなわちキャリッジ・リターンだと，コマンドが確定されたとみなします．それで新しく受けた文字列を解釈して，実行します．

● コントロール・パネル

前章で紹介したスタンドアロンのトランシーバ・キットには，普通の無線機のようにコントロール・パネルが付いています．周波数を変えるときは，メイン・ダイアルを回せば変わります．

TRX-305MBのメイン基板とコントロール・パネル基板とはシリアル・インターフェースで接続されています．そのコマンドはUSBインターフェースを介してパソコンと接続して制御するときと同じものです．コントロール・パネルのマイコンは，パネル上のダイアルやスイッチ操作によって，コマンドを発行しているだけです．

したがって，皆さんのオリジナルのコントロール・パネルを作るのも難しくはありません．

■ SH-2への書き込み操作

最初のフラッシュ・メモリへの書き込みは，SH-2が元からもっているブート機能を使います．SH-2には，最初のフラッシュ書き込みのための簡単なブートローダ・プログラムが組み込まれています．シリアル・ポート1を使って，SH-2内部のフラッシュ・メモリに書き込むことができます．そのプロセスを説明します．

① ブートローダとパソコンとの通信速度の自動設定

パソコンから決められた文字をSH-2に送ることで，SH-2は自動的にボーレートを判断し，通信速度を確定します．

② フラッシュ・メモリのクリア

SH-2ではブート・モードが確立すると，まず最初にSH-2の内部フラッシュ・メモリを全部クリアします．

③ ブートロード

パソコンから送られるフラッシュ書き込みソフトウェア(SH-2のコード)をSH-2の所定のアドレスの

RAM上に書いていきます．

④ ロードされたプログラムの実行

書き込みが完了すると，RAM上の所定のアドレスにプログラム・カウンタを設定し，書き込んだソフトウェアを走らせます．

⑤ フラッシュ書き込み

ロードされたプログラムとパソコンが通信をしながら，フラッシュ・メモリにコードを書き込んでいきます．

● **ユーティリティ・ソフトウェアを添付**

これらをユーティリティとして作ったのが**図12-6**のソフトウェアです．このソフトウェアはキットに標準で添付します．書き込みたいSH-2のオブジェクト・ファイル（モトローラ・フォーマット）を指定して走らせれば，自動的に書き込みを行います．

この操作は，キットを購入したユーザが，それぞれのパソコンを利用して行う必要があります．

図12-6 最終的なロード・モジュールをTRX-305MBのSH-2に書き込むユーティリティ（Windowsアプリケーション）

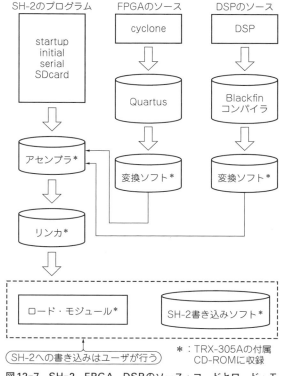

図12-7 SH-2，FPGA，DSPのソース・コードとロード・モジュールの関係

12-1 SH-2からFPGAとDSPに実行コードを書き込む

● **ソフトウェアの構成と書き込み手順**

現在，SH-2のコードはすべてアセンブリ言語で書かれています．コードは，下記の6本に分かれます．

(1) startup
(2) intial
(3) serial
(4) SDcard
(5) DSP
(6) cyclon

この6個のアセンブルされたオブジェクトをリンクして，最終的なロード・モジュールを作ります（図12-7）．それぞれのアセンブルされたオブジェクト・ファイルは，キット付属のCD-ROMに添付されます．また，これらをリンクするバッチ・ファイルも添付します．コマンド・ラインからバッチ・ファイルを実行すれば，自動的にリンクが行われます．

Cycloneの新しい設計をして，そこの部分を変えたい場合は，CycloneをQuartusでコンパイルしたオブジェクトを，SH-2のアセンブラに通るようなファイル形式に変換します．この変換ソフトウェアも標準で添付します．なお，その際に前に説明したコード圧縮も行います．

そのようにして作成されたCYCLON.SRCというソース・ファイルをSH-2のアセンブラにかけてオブジェクト・ファイルを作ります．それをSH-2のリンカでリンクしてロード・モジュールを作ります．

一連のSH-2のアセンブラ，リンカのソフトウェアはキット付属のCD-ROMに添付されます．また，CycloneのコードをSH-2のアセンブリ言語ソース・ファイルに書き換えるユーティリティも付属します．同様に，DSPのコードを圧縮してSH-2のアセンブリ言語ソース・ファイルに変換するソフトウェアも添付します．

このようにして作成したロード・モジュールを，先ほどの書き込みソフトウェアを使ってSH-2のフラッシュ・メモリに書き込みます．DSPも同じようにしてリンクします．

12-2　音声信号のアップ・サンプリング処理

受信処理のSDRは，最近では当たり前のように見られるようになってきました．しかし，送信処理に関しては，IFまでのディジタル処理で，それ以降はアナログ・ミキサなどで周波数変換を行って目的の変調信号を得るのが一般的です．受信の信号処理に比べて，ちょっと出遅れている感があります．以下の2節で，TRX-305MBにおける送信のディジタル信号処理について解説していきます．

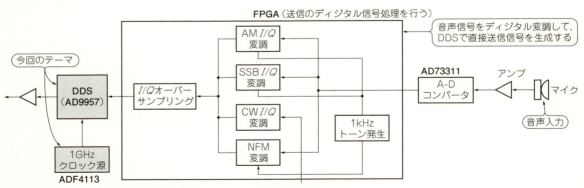

図12-8　RFディジタル信号処理ボードTRX-305MBの送信信号処理部のブロック図

■ DDS ICの周辺回路設計

● 1 GHzのクロック源

TRX-305MBでは，図12-8に示すように，マイクロフォンで取り込まれた音声を増幅して，AD73311でA-D変換します．その後，ディジタル化された信号は，FPGAで各種の処理を施して，DDS IC(AD9957)に取り込みます．

AD9957の中では，最後の最後の1 GHzクロックのD-Aコンバータの手前までは，すべての処理はディジタルで行われます．D-Aコンバータの出力はそのまま変調波として出てきます．簡単なエイリアスを取るようなフィルタを通すことで，純度の高い信号を発生することが可能です．

D-Aコンバータの出力信号は，1 GHzのクロックの位相ノイズに大きく影響を受けます．そこで，TRX-305MBでは，とてもC/Nが高い発振器である同軸型誘電体発振子を使ったVCO(写真12-1)で1 GHzクロックを作っています．1 GHzのVCOは，水晶発振器TCXOで発生した10 MHzを使ったPLLを構成し，安定化させています．1 GHzクロックのスペクトルを図12-9に示します．

AD9957は1 GHzの発振器を内蔵しており，内蔵のPLL回路を使って外付けVCOなしで1 GHzクロックを発生させることができます．しかし，同軸型誘電体発振器にはC/Nはかなわないでしょう．オフセット10 kHzで-110 dBc/Hzの低位相雑音性能があります．

DDSの出力は，ロー・パス・フィルタによってエイリアスを取り除いたあと，トランジスタ1段のアンプで増幅して出力します．出力レベルは，約2 dBmです．

● スプリアス対策

▶ DDSはアナログ・フィルタとセット

DDSを使うことに起因する最大の問題は，それが発生するスプリアスです．PLLなどでは基本は整数倍の高調波ですが，それに比べてはるかに複雑なふるまいでスプリアスが発生します．

そこで，まずはDDSが発生するスプリアスに関して，そのメカニズムを理解しておく必要があります．スプリアスがあるために，DDSの出力は適切なアナログ・フィルタを通さないと使いものになりません．

▶ 出力信号の周波数近傍にやっかいなスプリアスが出る

図12-10に，DDSを使って350 MHzを発生させたときのスペクトルを示します．300 MHzのところに強い

写真12-1 同軸型誘電体発振子を使ったVCOで1 GHzのクロック信号を生成しDDS IC(AD9957)に供給する

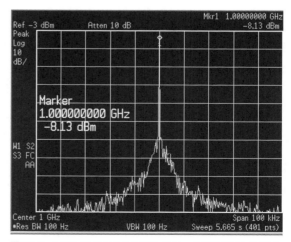

図12-9 DDS ICに加える1 GHzクロックのスペクトル(センタ：1 GHz，スパン：100 kHz，10 dB/div)

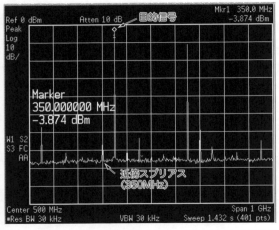

図12-10 クロック1GHzで350MHzを出力したときのスペクトラム（センタ：500MHz，スパン：1GHz，10dB/div）

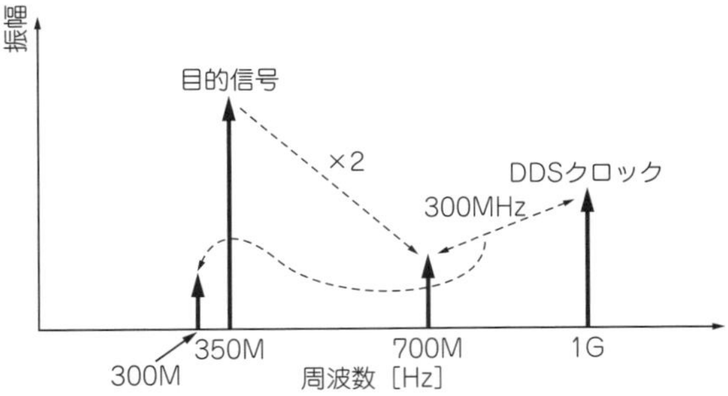

図12-11 300MHzのスプリアスが発生するメカニズム
1GHz−（350MHz×2）＝300MHz

スプリアスが見えます．必要な信号350MHzに対して，その差はわずか50MHzという深刻なものです．これを取るためには，とても急峻なバンド・パス・フィルタに通さなければなりませんが，あまり現実的ではありません．

それではなぜ，350MHzを発生させると厄介な300MHzが出てくるのでしょうか？

それは，DDSがサンプリング・システムの中で動作していることがミソです．スプリアスの元凶は，D−Aコンバータなどの回路の非線形性による歪みで発生しているのです．歪みで発生するというと2倍，3倍といった整数倍の周波数は，よく経験しているので納得できるものです．しかし，300MHzはそうではありません．

この300MHzが発生するメカニズムを図12-11に示します．発生させる350MHzの2倍の高調波が，回路の歪みで発生することは容易に想像できるでしょう．一方，D−Aコンバータは1GHzのクロックで動作しています．D−Aコンバータの中で，回路の非線形性などにより，この1GHzと350×2＝700MHzとの掛け算が発生することも容易に想像できます．

すなわち，その結果として，1GHz−700MHz＝300MHzのスプリアスが発生するのです．実に厄介で，簡単には取れないような気がします．

▶高いクロック周波数を選ぶ

TRX−305MBのように，使われる周波数が1GHzのはるか下のHF帯の場合はどうでしょう．1GHzとの掛け算でHF帯までスプリアスが落ちるためには，相当高次の高調波が必要です．しかし，そのような高調波は2倍とか3倍の成分とは違って，そのパワーはかなり小さくなります．

すなわち，HF帯域の信号を制し得るために，1GHzのDDSクロックを用いる意味は大いにあるのです．決してオーバースペックではありません．

■ DDS ICのオーバーサンプリング

1GHzのD−Aコンバータということは，1GHzサンプリングのI/Qのデータ列が必要です．この1GHzをFPGAで処理することは多分無理です．しかし，図12-12に示すように，幸いなことにAD9957はオーバーサンプリング回路を内蔵しています．

最大のオーバーサンプリング率は，63×4＝252です．AD9957のクロックを1GHzとすると3.79MHzとなり，かなり扱いやすいサンプリング周波数まで落としてくれます．FPGAでこの低いサンプリング周波数のI/Qデータを生成するのは，それほど難しくありません．

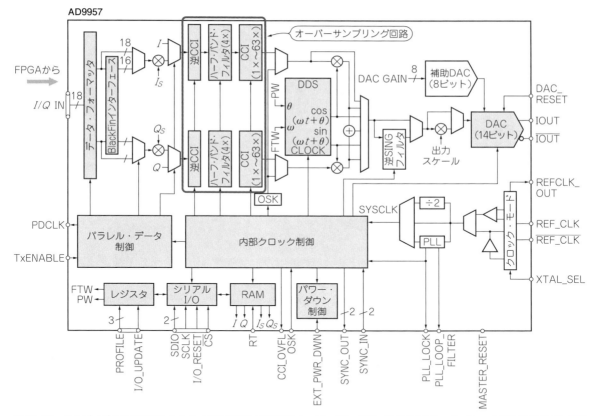

図12-12 フルディジタル周波数シンセサイザAD9957は内蔵のオーバーサンプリング回路でクロック・アップするのでFPGAが出力するサンプリング周波数は低くていい

　AD9957の中では，図12-12のようにCICフィルタ（図ではCCIフィルタと表記されている）とFIRフィルタでオーバーサンプリング・フィルタを形成しています．CICのオーバーサンプリング率を変えることでさまざまなレートを設定できます．さらに，CICフィルタは通過域でも周波数特性が劣化するため，図12-12に示すように"逆CCI"という通過域の補正フィルタが入っています．

　これはオーソドックスな形です．CICは加算器だけの構成のフィルタですから，1 GHzで動作するCICフィルタでも，AD9957に内蔵されていることは理解できます．

■ FPGAのオーバーサンプリング

● [1段目] 4倍オーバーサンプリング
▶ FPGAに作り込むオーバーサンプリング回路

　DDS ICと同じような構成で，FPGAの中でもオーディオの31 kHzを4 MHzくらいまでオーバーサンプリングする回路，つまり図12-13に示すFIRとCICフィルタの組み合わせ回路を作る必要があります．

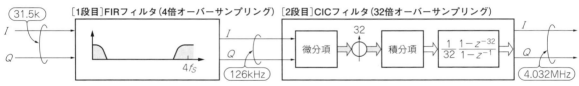

図12-13 FPGAに作り込むオーバーサンプリング回路

まずは，FIRフィルタで4倍にオーバーサンプリングします．オーディオのサンプリング周波数は1 GHz/62/4/128＝31.5 kHzです．これを4倍の126 kHzまでオーバーサンプリングします．

後段のCICフィルタはとてもシンプルですが，そのかわり性能はあまりよくありません．基本的に図12-14に示すように，信号がある付近だけノッチするようなフィルタです．

それ以外の領域の減衰性能は芳しくありません．例えば，4段のCICで－100 dBの減衰特性を得たい場合は，1段あたり25 dB稼げばよいので，図12-14の斜線のエリアの信号を事前に落とす必要があります．これが，このFIRフィルタの役目です．

FPGAに作り込む1段目のオーバーサンプリング回路は123×4タップのFIRフィルタです．オーバーサンプリングの原理は，図12-15のようにもともとのサンプルの間に，ゼロのサンプル値を3個追加します．入力データはインパルスで規定されているため，もともとゼロの場所にゼロのサンプル値を挿入しても歪みません．しかし，ゼロを挿入することにより，スペクトルが元の形と変わります．したがって，図12-15のように不要なスペクトルを取るのがオーバーサンプリングの実態です．123×4＝492タップのフィルタを設計することになります．

このフィルタに先ほどのゼロを3個追加した4倍のサンプリング・レートの信号を挿入すると，計算する1/4か所のサンプル・タイミングに合わせてゼロ以外の掛け算の結果になります．すなわち図12-16のように，四つごとに係数を抜き出した123タップの異なる4種類のフィルタで，四つのサンプル値を計算します．言い換えれば，4倍のオーバーサンプリングは，入ってくるサンプルを使って，4種類のフィルタ・

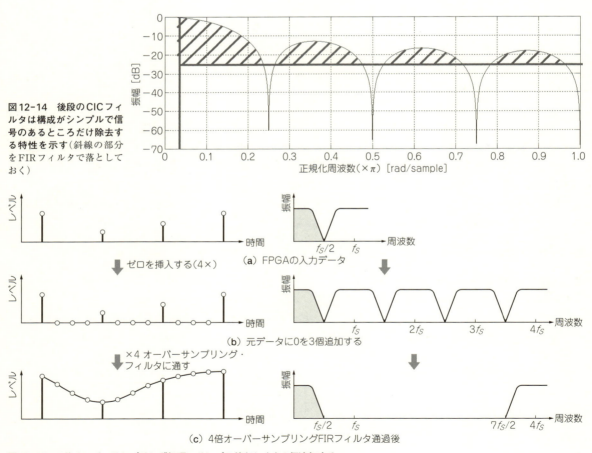

図12-14 後段のCICフィルタは構成がシンプルで信号のあるところだけ除去する特性を示す（斜線の部分をFIRフィルタで落としておく）

図12-15 4倍オーバーサンプリング処理…サンプル値（ゼロ）を3個追加する

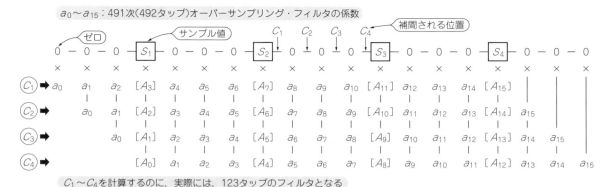

図12-16 4倍オーバーサンプリングを実現する123×4タップのFIRフィルタ(図6の1段目)

バンクで計算して四つのサンプル値を計算することです．したがって，ここでは492タップのフィルタの係数を4個ごとに抜き出した，4種類のフィルタ・バンクを用意しなければなりません．

● [2段目] 32倍オーバーサンプリング
▶送信処理用CICフィルタの構成とふるまい

受信処理のCICは頻繁に見られるので比較的ポピュラーですが，送信側はあまりなじみがないかもしれません．いずれもノーブル・アイデンティティの考えで，サンプリング変換の位置を移動し，積分器と微分器をまとめる点は同じです．

受信側のCICの場合は**図12-17**のように，まず積分器があり，ダウンサンプリングのあとで微分器を通ります．最後が微分器ということは，とても安定した動作が得られます．

一方，送信の場合は，例えば4段のCICは**図12-18**のように受信とは逆の構成で，まず微分器がありアップサンプリングのあとで積分器を通ります．一応，この構成も安定して動作しますが，一つ心配なこと

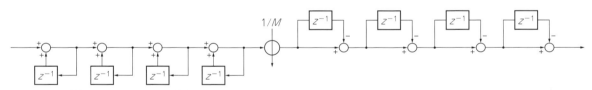

図12-17 受信処理用CICフィルタの構成

$$\frac{Y_K(z)}{X(z)} = H_K(z) = \left[\frac{1-z^{-M}}{1-z^{-1}}\right]^K$$

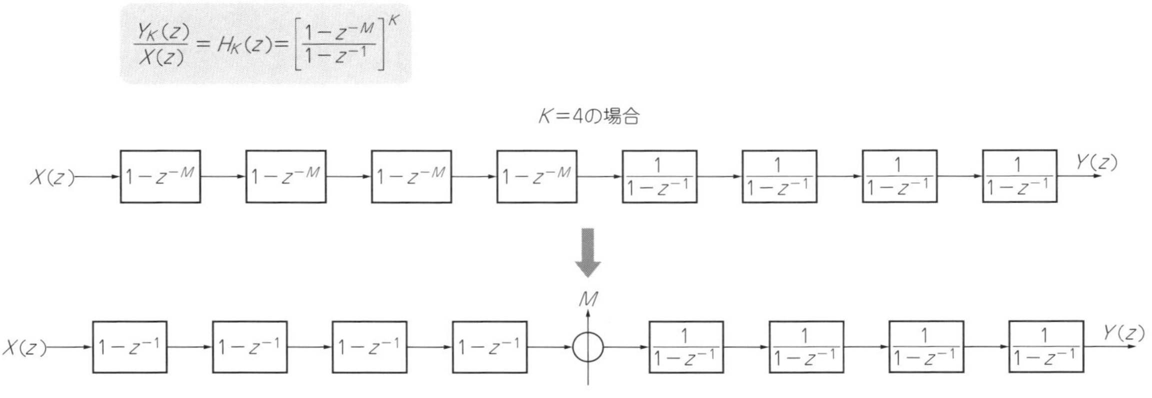

図12-18 送信処理用のCICフィルタ(図12-13の2段目)

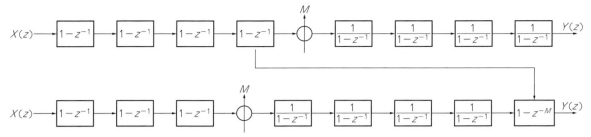

図12-19 今回は念のため最後のステージだけ微分器をアップサンプルの後ろに置いた

があります．万が一積分器に何らかの原因でDCオフセットが蓄積されると，それは最後まで自然になくなることはありません（アナログでしたら，漏れ電流などでゼロに戻ることはあります）．これでは，いつでも安定した動作を得るということはなかなか言えなくなります．

そのため，送信を始めるまえに必ず一度，微分器，積分器のレジスタをクリアする方法が一般的にとられます．私はそれでも心配でしたので，図12-19のように最後のCICのステージだけ微分器をアップサンプルの後ろに置き，積分器と微分器を入れ換えて，積分器の次が微分器の構成としました．こうすることで，積分器に余分なDCオフセットが蓄積されても，最後の微分器での出力への影響はなくなります．

しかし，こうすると弊害もあります．微分器をアップサンプルのあとにもっていくことは，ノーブル・アイデンティティによれば，微分器は図のように32倍オーバーサンプリングだと32個の遅延素子，すなわち32個のレジスタが余計に必要になり，回路と消費電力が膨らみます．それでも，いつでも安定動作を保証したかったために，多少回路規模が膨らむことには目をつぶり，このような構成としました．

TRX-305MBでは，送信CICは32倍のオーバーサンプリングを行い，4倍のFIRによるオーバーサンプリングと合わせて，128倍のオーバーサンプリングを構成しています．こうして，AD9957に対して，4.03 MサンプルのI/Qデータを供給しています．このオーバーサンプリング回路は，I/Qに2チャネルぶんの回路を設計する必要があります．

*　　　　*

ここでは送信処理のうち，31 kHzのベースバンドI/Q信号から1 GサンプルのI/Q信号を得るまでを説明してきました．次節では，実際にAMやSSBの変調を行い，このオーバーサンプリングに与える31 kサンプルの作り方を説明します．

12-3　CW/AM/SSB/FM変調の実験

前節では，DDS ICを使ってベースバンド31 kHzのI/Q信号を最終的な1 GHzまで，オーバーサンプリングする方法を解説しました．この節ではDDSの入力である，31 kHzの各種変調I/Q信号をいかにして作っているかを説明します．

実験基板TRX-305MBを使って，DSPは使わずに，これらのディジタル信号処理のすべてをFPGAの中で行います．マイクからの信号は，AD73311の$\Delta\Sigma$型A-Dコンバータで16ビットのディジタル信号に変換します．それを直接各種変調モードに合わせて信号処理を行い，31 kHzのI/Q信号を作ります．

■ CW変調信号の生成回路

CW（Continuous Wave）の生成方法を説明します．実験基板TRX-305MBの後方に付いているKey入力からの接点入力をもとに変調をかけます．

図12-20に構成を簡単に示します．キー（電鍵）が押されたときだけキャリアを送信します．キャリア

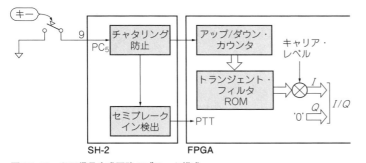

図12-20 CW信号生成回路のブロック構成

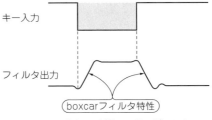

図12-21 スプリアス対策！トランジェント・フィルタでキャリアの振幅を少しずつ大きくする

の位相情報は使わないので，I/Qの解析信号を使う必要はありません．常にQ=0として，I信号だけでコントロールします．キーが押されたときだけ，キャリア・レベルに合わせてIに固定値を設定すればCW変調がかかります．

　実際はそこまで簡単ではなくて，変調帯域が広がらないような工夫が必要です．すなわち，キーが押されても，いきなり100％の振幅を出すのではなくスプリアスが少なくなるように，**図12-21**に示すように徐々に立ち上がるトランジェント・フィルタに通します．キーが離れて信号がなくなるときも同じくトランジェント・フィルタが働き，すぐに信号はなくなりません．

▶FPGAの回路（VHDLコード）

　リスト12-1に，キー入力からトランジェント・フィルタを通してI信号を計算しているVHDLのコードを示します．このコードは"FirFront.vhd"の中に入っています．トランジェント特性は，あらかじめ計算されたガウシアン・フィルタの特性で計算した波形がROMの中に収められており，その特性を順番

リスト12-1 CW変調回路（VHDLコード）
キー入力からトランジェント・フィルタを通してI信号を計算するVHDLのコード（FirFront.vhdより）

```
-----------------------------------------------------------
--      CW wave form
-----------------------------------------------------------
U17: LPM_ROM generic map(
            LPM_WIDTH => 18, LPM_WIDTHAD => 9,
            LPM_ADDRESS_CONTROL => "REGISTERED",
            LPM_OUTDATA => "REGISTERED",
            LPM_FILE => "CWtran.MIF")
    port map(
            ADDRESS => CWadd,
            INCLOCK => Hclk,
            OUTCLOCK => Hclk,
            MEMENAB => '1',
            Q => CWda
            );

process(Hclk,Reset)
begin
  if Reset = '0'  then CWadd <= "000000000"; Dire <= '0';
  elsif rising_edge(Hclk) then
    if Cgate = '1'  then
      if Dire = '1'  then
        if CWadd = "111111111"  then CWadd <= CWadd; Dire <= CWkey;
                                else CWadd <= CWadd + 1; Dire <= Dire;
        end if;
      else
        if CWadd = "000000000"  then CWadd <= CWadd; Dire <= CWkey;
                                else CWadd <= CWadd - 1; Dire <= Dire;
        end if;
      end if;
    else CWadd <= CWadd; Dire <= Dire;
    end if;
  end if;
end process;
```

に読み出す形で実現しています．リスト12-1で指定している"CWtran.mif"というファイルに，その波形が収められています．もしCWの立ち上がり特性が気に入らなければ，ここのデータを変えれば簡単に設計変更できます．

ガウシアン・フィルタは，ディジタルでは移動平均フィルタで実現できます．英語では"boxcar filter"と呼ばれるものです．普通，1段の移動平均フィルタでは目的の特性を得られなので，何段かカスケードにつないで実現します．まずは，シミュレーションで特性を確認してから実装します．

■ AM変調信号の生成回路

AM（Amplitude Modulation；振幅変調）は，マイクからの音声信号を図12-22のようなスペクトルの信号に変調するものです．これもCWと同じく，USBとLSBがペアの信号的に言い換えれば複素共役対の信号なので，虚軸のQ信号は常にQ=0として変調します．したがって，変調はI信号だけに対して行います．

方法はアナログとほとんど同じです．図12-23に示すように，マイクの信号を変調度に合わせてスケーリングを行い，キャリアとしてI信号にDCを足してやるだけです．

▶FPGAの回路（VHDLコード）

AM生成の実際のVHDLコードをリスト12-2に示します．単にマイク信号を変調度で掛け算して，キャリアとしての固定値を足しているのがわかると思います．内部で発生している1 kHzのトーン信号でAM生成を行い，スペアナでそのスペクトルを測定したものを図12-24に示します．

AM変調の変調後の帯域を決めるのは，図12-23に示す頭に入る帯域制限フィルタ"FirFront.vhd"です．これを入れないと変調後の帯域が広がってしまいます．また，AMはキャリアとしてDCを後で加えるため，マイクの信号にDC成分が含まれないようにしなければなりません．すなわち，帯域制限フィルタはBPF（帯域制限フィルタ）になります．

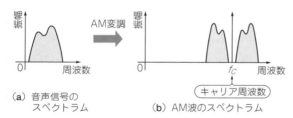

図12-22 AM変調信号のスペクトル

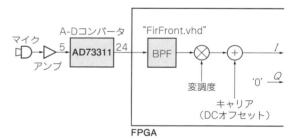

図12-23 AM信号生成回路のブロック構成

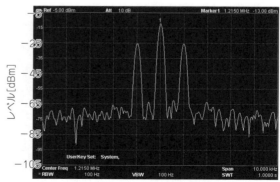

図12-24 実験基板（TRX-305MB）で生成したAM変調信号のスペクトラム（トーン信号1 kHz，キャリア1.215 MHz）
センタ：1.215MHz，スパン：10kHz，RBW：100Hz

リスト12-2 AM変調回路(VHDLコード, TransmitTotal.vhd より)

```vhdl
--------------------------------------------------------------------------
--      AM CW moduration depth
--------------------------------------------------------------------------
    process(Hclk,Reset)
    begin
        if Reset = '0'       then Depth <= "000000000000000000";
        elsif rising_edge(Hclk) then
            if CWmode = '1' then
                Depth(17) <= '0';
                Depth(16 downto 9) <= Amod;
                depth(8 downto 0) <= "111111111";
            else
                if Fmmode = '1' then Depth <= "000111000111000101";
                                    -- FM dev 2^18*3.5k/31.5kHz
                else
                    Depth(17 downto 16) <= "00";
                    Depth(15 downto 8) <= Amod;    ← AM変調度
                    Depth(7 downto 0) <= "11111111";
                end if;
            end if;
        end if;
    end process;

    U5: lpm_mult GENERIC map (
            LPM_WIDTHA => 18,LPM_WIDTHB => 18,LPM_WIDTHP => 36,
            LPM_REPRESENTATION => "SIGNED",LPM_PIPELINE => 2)
        PORT map (
                dataa => HilI,
                datab => Depth,    ← 変調度の掛け算
                aclr  => '0',
                clock => Hclk,
                clken => '1',
                result => FoutQ
                );

--------------------------------------------------------------------------
--      Modulation
--------------------------------------------------------------------------
    process(Hclk,Reset)
    begin
        if Reset = '0'       then
            DaOutI <= "000000000000000000"; DaOutQ <= "000000000000000000";
        elsif rising_edge(Hclk) then
            if Fmmode = '1' then
                DaOutI <= FmI; DaOutQ <= FmQ;
            else
                case SSBmode is
                    when "00" => DaOutI <= LoutQ + "010000000000000000";  ← キャリアを加える
                                 DaOutQ <= "000000000000000000";          ← Qはゼロ
                    when "01" => DaOutI <= HilI; DaOutQ <= HilQ;
                    when "10" => DaOutI <= HilI; DaOutQ <= HilQ;
                    when "11" => DaOutI <= LoutQ;
                                 DaOutQ <= "000000000000000000";
                    when others => DaOutI <= "010000000000000000";
                                   DaOutQ <= "010000000000000000";
                end case;
            end if;
        end if;
    end process;
```

■ SSB信号の生成回路

● 変調信号の作り方のいろいろ

I/Q解析信号の本領発揮です.SSB(Single Side Band)を生成するためには,I/Qの解析信号が必要です.USB(Upper Side Band)またはLSB(Lower Side Band)のみを発生させるので,実信号のように共役複素数ペアになっていないからです.

アナログでは図12-25(a)のように,一般的なDSB(Double Side Band)信号からフィルタで片方のサイ

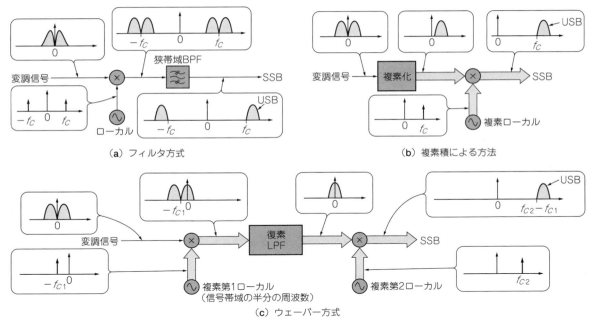

図 12-25　SSB 変調波の生成方法

ドバンドだけを取り出すことによって作り出しているのが一般的です．しかしアナログでも図 12-26 のように，PSN 方式として I/Q の解析信号を使うものもありました．しかし，アナログ特有の特性のばらつきや温度の変化に弱いなど，実現するためにはかなり大きな問題を抱えることになります．そのため現在では，アナログの PSN 方式は見かけなくなりました．

このアナログで主流のフィルタ方式をディジタルでも図 12-25(a) のように使うことはできますが，現実的ではありません．1 GHz のサンプリングのディジタル信号を帯域わずか 3 kHz 以下に絞るのですから，どれくらいのフィルタの規模が必要かを考えただけでもぞっとします．しかも 1 GHz のクロックで回路を動作させなければならないのです．これは不可能です．

そこでディジタルでは，アナログ時代に不安定だとして捨てられた複素化の解析信号を使った方式が使われます．ディジタルでの SSB の変調方式として，図 12-25(b)，(c) に示す二つが考えられます．マイク信号の複素積方式とウエーバー方式です．どちらが優れているかは一概に言えません．まあ似たような感じではないでしょうか．

● 実験基板でマイク信号に SSB 変調をかけてみる

図 12-27 に示すのは複素積方式によるディジタル変調でマイク信号に SSB 変調をかける回路です．アナログの PSN 方式ではマイク信号の複素化は図 12-26 に示すように，±45° のアナログ広帯域移相器で作ります．一方，ディジタルの場合はヒルベルト・フィルタを使って直接 90° 移相させ，元の信号の Q 成分を作り複素化が行われます．SSB のベースバンドでの処理はそれだけです．

図 12-28 に示すように，マイク信号の複素化によって，もともとあった USB と LSB の共役ペアは，USB または LSB だけの信号になります．もちろんこれを実現するためには，現実にはない複素数の信号でなければなりません．そのため，I/Q（解析信号）が必要なのです．

そのベースバンドの信号は，1 GHz までオーバーサンプリングされたあと，AD9957 の中の直交変調器で複素数周波数変換が行われて SSB 信号となります．その実軸（I 信号）だけを D-A 変換すれば，アナログの SSB 信号になります．思ったより簡単ですね．

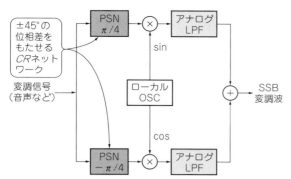

図12-26 アナログ回路で作るI/Q直交方式のSSB変調回路

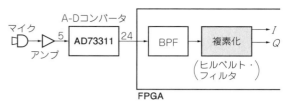

図12-27 SSB変調回路のブロック構成

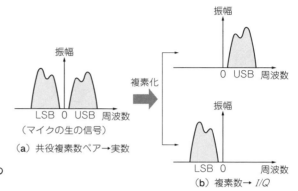

図12-28 マイクの音声信号を複素化してUSBまたはLSBだけの信号にする

● 広帯域90移相器ヒルベルト・フィルタの基礎知識

　SSB変調の主体はヒルベルト・フィルタであることがわかったと思います．このヒルベルト・フィルタは広帯域90°移相器とも呼ばれます．元の信号と完全に直交な信号を作ります．すなわち，畳み込み積分を行うとゼロになる信号です．

▶振幅そのままで位相だけを90°回すヒルベルト変換

　元のヒルベルト変換は図12-29に示すようにもうちょっと複雑な概念です．

　マイクの信号をサンプリングされたある区間フーリエ級数展開すると，図12-30のようなスペクトルが計算されます．もちろん，それぞれのスペクトルは複素数で，振幅と位相の情報があります．また，現実のマイク信号は複素数ではないので，必ずスペクトルには図のような共役複素数のペアが現れ，虚数がキャンセルされて実信号だけになります．

　図12-30に示すように，プラスの周波数の成分に対しては位相だけ90°回転させ，マイナスの周波数の成分は−90°回転させます．そうすれば共役複素数の関係を崩さずに，すべての周波数成分を90°移相することができます．この処理をヒルベルト変換といいます．

　この90°移相したスペクトルを逆フーリエ級数展開します．そうすると，元の信号とは完全な90°移相した時間軸の信号が得られます．もちろん現実問題として，これらの信号処理による信号遅延は考慮したうえでの話です．

▶位相だけが90°回る回路「ヒルベルト・フィルタ」

　これを現実に実装しようとすると，FFTとIFFTの重い二つの信号処理を行わなければなりません．しかし，現実には時間軸の信号に対して90°移相した時間軸の信号を得ることが目的です．途中の周波数軸への変換は説明のうえではわかりやすいのですが，目的のためには直接は必要のない処理です．これを広帯域90°移相器と考えれば，これはフィルタで実現できるはずです．そこで，これをヒルベルト・フィルタと呼んでいます．

　元の信号は図12-31に示すように，FIRフィルタなら中心を境として左右偶対称なインパルス応答の帯域制限フィルタを通します．これと直交させるためには，図12-32に示すように中央を境にして奇対

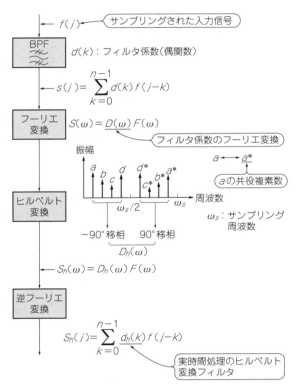

図12-29 ヒルベルト変換処理すれば直交成分を生成できる

図12-30 共役複素数スペクトルのペアをヒルベルト変換する

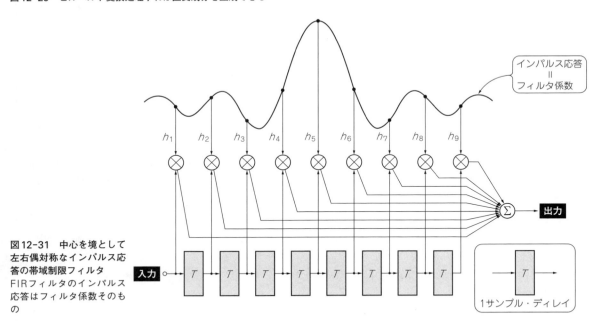

図12-31 中心を境として左右偶対称なインパルス応答の帯域制限フィルタ
FIRフィルタのインパルス応答はフィルタ係数そのもの

称のインパルス・フィルタにならなければならないはずです．そこで，ヒルベルト・フィルタを設計するときは，インパルス応答が奇対称で，かつ通過帯域ができるだけフラットになるようにします．

現実的には，Remez exchangeアルゴリズムにより設計します．MATLABのFdatoolまたは，私が作ったFirtoolを使って設計できます．

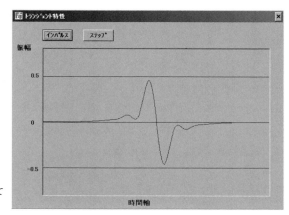

図12-32 ヒルベルト・フィルタのインパルス応答(中央を境にして奇対称のインパルス・フィルタ)

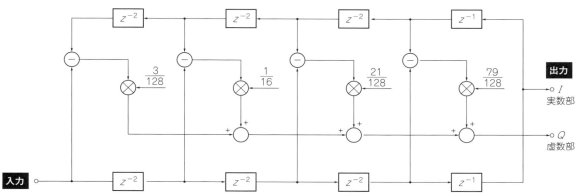

図12-33 奇数タップのFIR型ヒルベルト・フィルタのブロック図

　DC成分に対しては直交成分を計算することはできません．そこで，まず元の信号のDC成分をカットするような，帯域制限フィルタに通します．その後，1バンドのバンド・パス特性をもつようなヒルベルト・フィルタを設計します．一般的に奇数タップのFIRフィルタで設計します．

　図12-33に示すように，FIRフィルタの中央のタップから信号を取り出せば，容易に遅延のそろったI/Q信号が得られるからです．また，フィルタを設計するときは対称特性になるように通過周波数を決めます．そうすると，フィルタの係数は特徴的に一つ飛びにゼロになります．

■ FM変調信号の生成回路

● 非線形変調の一つ

　FM(Frequency Modulation)は，これまでの振幅変調にあったような線形変調ではありません．

　線形変調は**図12-22**に示したように，元の信号のスペクトルと変調後のスペクトルの形がまったく同じになる信号処理です．一方，FMはI/Qの位相のみに変調をかけます．変調後のスペクトルの形は，元の信号とまったく異なり，ベッセル関数にしたがったサイドバンドが現れます．そこで，これを非線形変調またはexponential変調といいます．

● I/Q信号ベクトルの位相回転スピードを変える

　I/Q信号で周波数を表すには，I/Q信号を極座標変換します．

　I/Qの2次元座標で，振幅一定で回転するベクトルを考えることができます．そのベクトルの回転速度(方向を含む)が周波数です．時計回りがプラスの周波数，反時計回りがマイナスの周波数です．定義では信

号の角周波数ωは位相の時間微分値です．すなわち，周波数は位相の微分成分に比例します．ですから，FM変調は入力の信号に合わせて，位相回転の変化率をコントロールすればOKです．

　信号の変化率を直接I/Q信号として表現するのは難しいので，位相を主体に考えてみることにします．位相は周波数の積分であることは明らかです．FMでは入力信号がすなわち周波数に比例していますから，入力信号を積分したら，位相になります．これで，I/Q信号におけるFMが理解できるのではないかと思います．

● 実験基板で作った回路のあらまし

　図12-34に示すのは実験基板TRX-305MBで作ったFM信号生成回路です．

▶1段目…高域のノイズを減らす「エンファシス回路」

　まず，信号の帯域制限のあと，エンファシスのフィルタに入ります．エンファシス・フィルタは時定数約750μsのフィルタで，受信側で逆特性のディエンファシスのフィルタにかけることで，FMの三角ノイズの悪影響を低減するものです．

　位相を微分したら周波数ですから，受信処理では，FM復調のために微分処理が行われます．ご存じのように，微分処理は周波数が高くなればなるほどゲインが大きくなります．図12-35のように，伝送路の途中でノイズが混入された場合，FMの受信処理でそのノイズは高域成分が大きくなるような特性になります．信号自体は送信時に積分処理しているので，積分→微分でフラットの特性です．これが有名な三角ノイズです．

　これを軽減するためには，受信側でのFM復調のあとに，高域のノイズを落とすようなフィルタを入れます．これがディエンファシス・フィルタです．このままでは信号自体も高域の信号が小さくなるので，送信側であらかじめ高域を強調して送るのがエンファシス・フィルタです．エンファシスは高域にいくほどゲインが高いので，微分特性に近いものです．そのあと，FM変調のために積分処理に入ります．すなわち，FM変調では高域の信号はFMというよりもPM（Phase Modulation；位相変調）に近くなっているといえます．

▶2段目…変調回路

　エンファシスを通したあと，FM変調回路に入ります．"Fmmod.vhd"がFM変調にあたる部分です．リスト12-3のように入ってくる信号を積分し，それを位相とするsinとcosの信号を発生させます．非常に簡単です．sin/cosの直交NCOはCORDICで実現しています．

　こうして作られた信号は，当然，振幅が一定で位相だけが変化する信号となっています．これをI/Q信号として，後段のアップサンプリング回路へ入力します．なおFMの場合，入力の振幅に対してどの程度周波数を変化させるか（デビエーション）を決める必要があります．そこで変調のまえに，掛け算器に通し

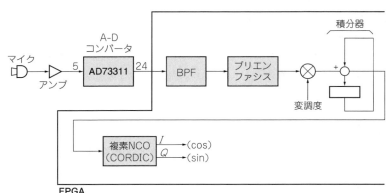

図12-34　実験基板TRX-305MBで実際に作ったFM信号生成回路のブロック構成

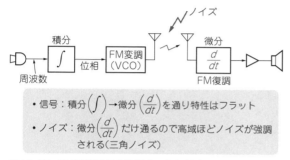

・信号：積分($\int$)→微分($\frac{d}{dt}$)を通り特性はフラット
・ノイズ：微分($\frac{d}{dt}$)だけ通るので高域ほどノイズが強調される（三角ノイズ）

図12-35 FM変調信号を復調すると伝送時に混入したノイズの高域が強調される

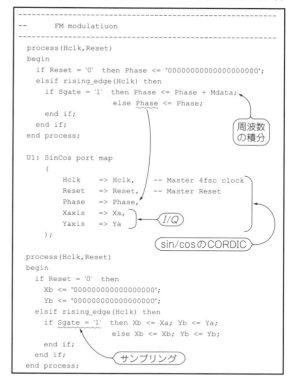

リスト12-3 FM信号生成回路（VHDLコード，Fmmod.vhdより）

てデビエーションの合わせ込みをしています．

＊

　本節で説明した送信の信号処理の記述は，付属CD-ROMに入っているFPGAのコード"TransmitTotal.vhd"の中に，オーバーサンプリングも含めてすべて記述されています．**リスト12-4**にその冒頭部分を示します．

12-4　三角関数や対数の計算が得意なCORDICアルゴリズム

　フルディジタル無線機では，次の四つの信号処理を実行する際に関数を利用して計算を実行します．

(1) ミキシング：sinとcos
(2) FFT：sinとcos
(3) 局座標変換：$\tan^{-1}$と平方根
(4) 信号強度測定：対数
(5) AGC（Auto Gain Control）：対数と指数

　なかでも三角関数や対数の計算を多用します．ここで紹介するのは，これらの計算にピッタリな計算アルゴリズム「CORDIC(COordinate Rotation DIgital Computer)」です．CORDIC自体は，そうとう古くから使われており，電卓にも使われていました．なぜ初期の関数電卓にも使われたかと言えば，処理能力の低いCPUでも実装できるほど軽いからです．それが今でも使われているのは，その処理がいまだに魅力的なものだからでしょう．

リスト12-4 送信信号処理用のVHDLソース（TransmitTotal.vhdより）

```vhdl
-- ***************************************************************
--   This is the Modulation and Oversampling to the AD9957
--             (C)Copyright 2014,03,17 by Y nishimura
--             1GHz/(62*4)/128=31,502016KHz sample
-- ***************************************************************
LIBRARY ieee;
use ieee.std_logic_1164.all;
use ieee.std_logic_unsigned.all;
LIBRARY lpm;
use lpm.lpm_components.all;

entity TransmitTotal is
 port
   (
     Hclk      : in  std_logic;  -- Master 4fsc clock
     Reset     : in  std_logic;  -- Master Reset
     RstCIC    : in  std_logic;  -- Reset CIC fitler reg.
     PDclk     : in  std_logic;  -- I/Q clock from AD9957    ← 4.032258MHz
     Test      : in  std_logic;  -- 1kHz Test signal input
     CWkey     : in  std_logic;  -- CW key input
     Ifband    : in  std_logic_vector(1 downto 0);  -- Filter band choice
     SSBmode   : in  std_logic_vector(1 downto 0);  -- 00:AM 01:LSB 10:USB 11:CW
     Indata    : in  std_logic_vector(15 downto 0); -- MIC input  ← マイク入力
     Amod      : in  std_logic_vector(7 downto 0);  -- AM modulation
     Dgate     : out std_logic;  -- Output Sampling gate
     Pulse     : out std_logic;
     CWmod     : out std_logic;                     ← CWセミブレークイン出力
     Gate31    : out std_logic;  -- 31kHz sample gate
     IQout     : out std_logic_vector(17 downto 0)  -- I/Q out  ← AD9957への出力
   );
end TransmitTotal;
```

■ FPGAにも実装しやすい！ CORDICの魅力

sin/cosを計算するCORDICのアルゴリズムを図12-36に示します．
以下に，ディジタル信号処理の面から優れていると思われる特徴を書き出してみます．

● 収束条件がいらない

関数を計算するとき，有名なニュートン法やテーラー-マクローリン展開などがよく使われます．確かに平方根の計算などでは，ニュートン法は高速に答えを出します．しかし，繰り返し計算の中でどれくらいの計算精度が得られているか，言い換えればどれくらいの有効ビット幅が得られているかは，計算のたびにいちいち評価し判断する必要があります．
CORDICの場合，図12-36に示す繰り返しの回数が有効ビット数を決めるという単純な構造になっており，特にFPGAなどのハードウェアで実装する場合に有利です．

● 掛け算を使わない

ソフトウェアで実装する場合は大きな障害とはなりませんが，FPGAなどのハードウェアで演算回路を組む場合に，掛け算器を使うか使わないかは大きな問題です．
特に1クロックで処理しなければならない場合，パイプライン処理を行うために掛け算器のハードウェアはかなり重く，大きなシリコン面積と消費電力を使います．CORDICのように掛け算器を使わない処理は，ハードウェアでの実装にとって大きなメリットです．

● 大きなデータ・テーブルを使わない

ソフトウェアで関数を実装する場合，最も簡単で高速な処理として，あらかじめ関数が計算され，その結果が格納された大きなデータ・テーブルを参照する方法があります．大きな容量のRAMなどが使える

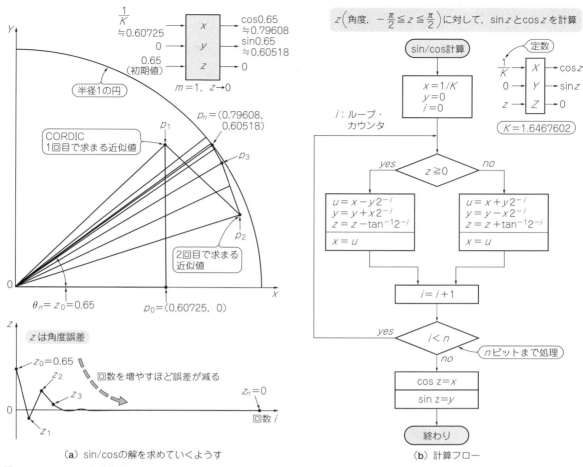

図12-36 sin/cosを計算するCORDICのアルゴリズム

場合は，とても高速に演算が可能で，選択肢としては大きな魅力です．

しかしハードウェアで組む場合は，自由に大容量のRAMを使うことはできません．CORDICの場合は$\tan^{-1}$のテーブルは必要ですが，17ビットの計算だと，わずか17個のあらかじめ計算されたデータがあれば済みます．ハードウェアによる実装に向いていると言えます．

■ CORDICの応用

● sin/cosを同時に計算できる

SDRなどの信号処理では，I/Q信号を扱う場合が多くあります．その場合，発振器とは言っても複素発振器が求められるので，直交度を保ったcos/sinを同時に発生しなければなりません．

CORDICを使えば，自然に同時に計算してくれます．逆に，切り離しはできません．

sin/cosだけでなく，そのほかの関数も同じアルゴリズムで計算できます．

例えば，I/Qの直交座標を極座標に変換するとき，平方根と$\tan^{-1}$の関数計算が必要です．CORDICを使えば，それらの二つを同時に計算できます．

● I/Qミキサへの応用

図12-36の応用のフローをそのままFPGAでハードウェアにしても構いません．

少なくとも1クロックで一つのsin/cosを計算するような高速演算は不可能です．例えば，図12-37は実験ボード（TRX-305 MB）でのFPGA処理のブロック図です．65 MHzでA-D変換された信号は，まずは"I MIXER"と"Q MIXER"の直交ミキサでI信号とQ信号に周波数変換されます．このミキサにsin/cosを供給するのが，CORDICで実現しているNCO（Numerically Controlled Oscillator）です．データは65 MHzの基本クロックで入ってくるので，NCOは65 MHzのレートでsinとcosを計算する必要があります．

しかしながら，図12-37のNCOでもループによる計算は使っていません．図12-38のように，ループ処理のそれぞれをインライン展開してパイプライン処理に展開しています．ここでは，17ビットの計算精度を得るために17段のパイプラインを構成しています．

■ CORDICの正しい使い方

● CORDIC界の角度表現

CORDICは，入力の角度ϕは$\pm\pi$ラジアンで計算するアルゴリズムです．FPGAの中ではバイナリで表したほうが都合がよくなります．

そこで，2πラジアンを2^nで表します．例えば，20ビットの表現の場合，

- 0x00000：0
- 0x40000：$\pi/2$
- 0x80000：π
- 0xC0000：$3\pi/2（-\pi/2）$

となります．入力の角度は20ビット：360°として入力されます．

● ±90°内しか計算できないCORDICで360°ぶんの計算をする

CORDICで計算できるのは$\pm 90°$の範囲です．これを全角度の360°に展開する必要があります．そこで，まずは図12-39のように，360°を四つの象限に分けます．例えば，cosとsinの関数はそれぞれ第1象限と第2象限，第3象限と第4象限で図12-40のような鏡像関係にあります．

実際の計算では，CORDICが$\pm 90°$しか計算できないことから，20ビット角度入力のうちMSBは無視し，19ビットを使います．その際に鏡像関係を利用して，最後で問題がないようにしています．

角度はバイナリで表現し，第1象限と第4象限は，単にMSBを取った19ビットで表します．一方，角

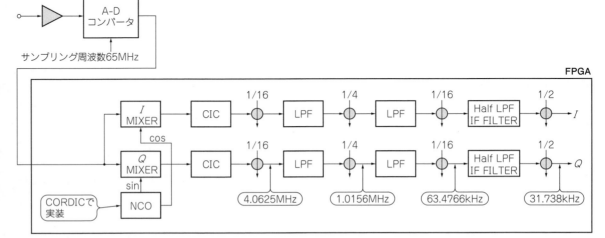

図12-37 sinとcosを同時に計算する回路の応用
sinとcosを同時に計算できるCORDICの応用NCOを使ったI/Qミキサ回路

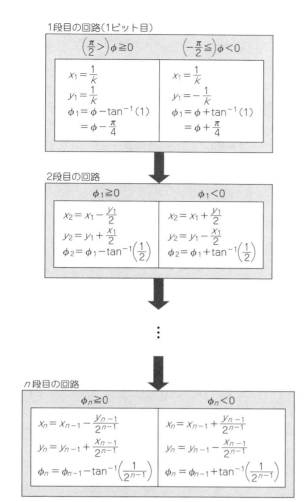

図12-38 nビット精度のsin値(x_n)とcos値(y_n)が出力される回路をパイプライン構造で作る

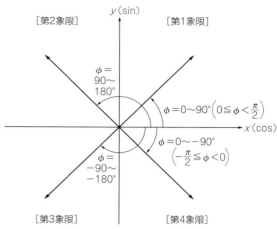

図12-39 ±90°までしか計算できないCORDICで360°ぶんの計算をするときは360°を4象限に区切る

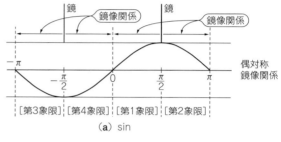

(a) sin

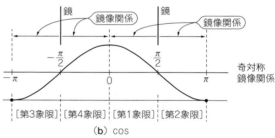

(b) cos

図12-40 CORDICで360°まで計算するときは第1象限と第2象限および第3象限と第4象限の「鏡像関係」を利用する

度が第2象限と第3象限(cosがマイナスになる領域)にあるときは,角度の回転方向を鏡像関係から逆にして計算します.すなわち,第2象限,第3象限にあるときは,角度を逆回転(元の角が増えると計算上の角度は減少)にします.まとめると,下記のようになります.

▶第1象限

MSBを切り捨てて0x00000～0x3FFFFをそのまま使う

▶第2象限

MSBを切り捨てて$-\phi$とする

例:0x40001→0x3FFFF,0x7FFFF→0x00001

▶第3象限

MSBを切り捨てて$-\phi$とする(マイナス値)

例:0x80001→0x7FFFF,0xBFFFF→0x40001

▶第4象限

MSBを切り捨てて0x40000〜0x7FFFFをそのまま使う（マイナス値）

● 計算誤差によるオーバーフロー対策をする

　CORDICは精度のある値を計算できますが，あくまで近似値しか計算できません．とくに問題なのは，±90°付近を計算するときに，計算誤差によるオーバーフローを起こす可能性があることです．計算結果はバイナリですから，オーバーフローを起こすと図12-41のように，プラスの最大値からマイナスの最大値へと回り込みます．

　そこで，それぞれの四つの象限で，最大値/最小値を越えないように飽和の処理を入れています．細かなことですが，とても重要な処理です．もちろん，sin/cosを計算するときに，ぎりぎり最大の振幅で計算しなければ，この処理の必要はありません．例えば，18ビットの結果を得るのに最大値を2^{16}に設定しておけば，たとえオーバーフローを起こしても結果が反転することはありません．ただし，1ビットぶんだけ計算精度が落ちます．

■ FPGAに17ビット精度のNCOを作り込む

● 1段目の計算回路

　ここのCORDICでは，17ビット精度でsin/cosを計算しています．したがって，図12-38に示したように17段のパイプライン処理で計算しています．まずは第1段目，すなわちMSBの計算ですが，リスト12-5に実際にVHDLで記述した処理を示します．

　入力される角度は20ビットです（0x00000〜0xFFFFFで360°を表す）．CORDICは±90°しか計算できないので，入ってくる±180°を先ほど説明した4象限のうち，第2と第4の位相回りを逆にします．このあとの計算は±90°ぶんの計算だけするので，角度のMSBは無視して角度を±90°に制限します．したがって，角度情報は19ビットになります．

　最後に，先ほど角度を逆回しにしたことや，MSBを省略したことを補正する必要があります．最後でサンプル値がどの象限にあるかが判断できるように，各パイプライン計算の段ごとにSaとRaのレジスタで記憶しておきます．処理は17段のパイプラインですから，17段情報を遅延して最後の処理のときのタイミングを合わせる必要があります．各段にSaとRaに相当するレジスタがあります（遅延を合わせる）．

　まずは，初期値として1/kの定数を与えます．k≒1.6467602です．sin/cosの振幅を計算精度を考えて，20ビット幅最大値の2^{19}=0x80000=524,288とします．そこで初期値は，

　　524,288/1.6467602 = 318,375 = 0x4DBA7

となります．次に，アルゴリズムの$\tan^{-1}(2^{-0}) = \pi/4 \to$ 0x20000となります．

　　X(cos) = 1/k → 0x4DBA7

Y(sin)は，角度zの極性判断を行って，

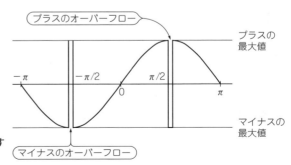

図12-41　CORDICの弱点…バイナリの計算結果がオーバーフローすると突如正の最大値から一気に負の最大値に変化する

リスト12-5 CORDICで作る17ビットNCOの1段目の計算回路(SinCos.vhdの一部；行番号42〜68)

```vhdl
--------------------------------------------------
--       CORDIC 1st step
--------------------------------------------------
 process(Hclk,Reset)
   variable Tempc : std_logic_vector(18 downto 0);
                              -- 第2, 第3象限のとき
 begin
   if Reset = '0' then
     Xa <= "000000000000000000"; Ya <= "000000000000000000";
     Za <= "000000000000000000"; Sa <= '0'; Ra <= '0';
   elsif rising_edge(Hclk) then      -- 第3, 第4象限のとき
     Sa <= Phase(19) xor Phase(18); Ra <= Phase(19);
     if Phase(19) = Phase(18) then     -- 第1, 第4象限のとき
       Tempc := Phase(18 downto 0);   -- MSBを切り捨て
     else
       Tempc := (not Phase(18 downto 0)) + 1;  -- MSBを切り捨て-φ
     end if;
     Xa <= "010011011011110100111";        -- 1/k
     if Tempc(18) = '0'  then
       Ya <= "010011011011110100111";
       Za <= Tempc - "010000000000000000"; -- -pi/4   2^-19/k=0x4DBA7
     else
       Ya <= "101100100100001011001";       -- 0-0x4DBA7=0x52459
       Za <= Tempc + "010000000000000000"; -- +pi/4
     end if;
   end if;
 end process;
```

$Y(\sin)=1/k \to$ 0x4DBA7：$z \geq 0$，0x52459($-$0x4DBA7)：$z < 0$

となります．i＝0なので，

$\tan^{-1}(1)=45° \to$ 0x20000

となり，角度 z は更新され，

$z=z-$0x20000：$z\geq 0$，$z+$0x20000：$z<0$

となります．cos/sinのCORDICでは，このzが限りなくゼロに収束するように働くので，zは収束のための位相残差と言えます．

● **2段目の計算回路**

アルゴリズムのループでの2回目の処理にあたるものです．すなわち i＝1 です．それを1回目の処理とは別の回路で独立に作るので，初段の処理と並列に動作します．ただし，処理の入力は，**リスト12-6**に示すVHDLコードのように，1段目で処理した結果を使います．2段目以降もこのようにして，前の段で処理した結果を使って処理をします．すなわち，ループ処理をパイプライン処理に変えたことになります．

それぞれの段は，処理する内容は同じで，かつ1クロックで処理が完了します．すなわち見かけ上，このCORDICは1クロックで動作しています．ただし，計算した結果はパイプラインが17段だと17クロック遅延して出力されます．ここでの利用は単に固定周波数のローカル信号なので，このレイテンシはまったく問題になりません．

リスト12-6で，1段目の角度の残差(Za)の極性で処理が異なります．1段目の処理の結果を Xa(cos)，Ya(sin)，Za(角度残差) とします．ここで，i＝1 なので，

$\tan^{-1}(2^{-1})=26.5650512° \to$ 0x12E40

Za≧のときは，

Xb＝Xa − Ya/2；
Yb＝Ya + Xa/2；
Zb＝Za − 0x12E40

Za＜0のときは，

リスト12-6 CORDICで作る17ビットNCOの2段目の計算回路（SinCos.vhdの一部；行番号70〜94）

```
------------------------------------------------------
--     CORDIC 2nd step
------------------------------------------------------
process(Hclk,Reset)
    variable Tempa,Tempb : std_logic_vector(19 downto 0);

begin
    if Reset = '0' then
        Xb <= "00000000000000000000"; Yb <= "00000000000000000000";
        Zb <= "00000000000000000000"; Sb <= '0'; Rb <= '0';
    elsif rising_edge(Hclk) then
        Sb <= Sa; Rb <= Ra;              ← 入力角の象限情報を1クロック遅延
        Tempa(19) := Xa(19); Tempa(18 downto 0) := Xa(19 downto 1);   ← 第1段目のX,Yを
        Tempb(19) := Ya(19); Tempb(18 downto 0) := Ya(19 downto 1);      右シフト(÷2)
        if Za(18) = '0' then             ← 第1段目の角度誤差Zaがプラスのとき
            Xb <= Xa - Tempb;
            Yb <= Ya + Tempa;
            Zb <= Za - "00100101111001000000"; -- Tan-1 1/2
        else
            Xb <= Xa + Tempb;
            Yb <= Ya - Tempa;
            Zb <= Za + "00100101111001000000"; -- Tan-1 1/2
        end if;
    end if;
end process;
```

$Xb = Xa + Ya/2;$
$Yb = Ya - Xa/2;$
$Zb = Za + 0x12E40$

となります．

前にも説明しましたが，角度残差Znは各処理段を通過するたびに，限りなくゼロに近づいていきます．

Ya/2は，2で割る除算です．しかし，CORDICの割り算はすべて2のべき乗です．実際に算術的に割り算をする必要はありません．図12-42のように，2のべき乗の割り算は単なるバレル・シフタで，回路で簡単に作ることができます．iの数だけ負号拡張右シフトさせればよいことになります．

● 3段目以降の計算回路…360°に展開する

3段目以降は2段目の繰り返しです．ただし，$\tan^{-1}(2^{-i})$ は変わります．図12-43に $\tan^{-1}(2^{-i})$ の計算例を示します．この計算結果を定数として，FPGAの回路の中に組み込みます．2のべき乗の割り算としてのシフト量も変わりますが，初期的に大きな変化はありません．

17段階目の計算では，角度残差Zは計算していません．18段目の処理がないため，それ以上角度残差を計算しても以降では使われないからです．

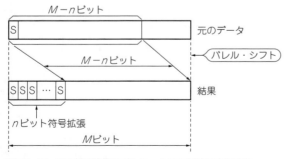

図12-42 2で割る除算はバレル・シフタ回路で実行する

360°を2^{20}=1048576分割としたとき

$\tan^{-1}\left(\dfrac{1}{2^0}\right) = \dfrac{\pi}{4} \Rightarrow \dfrac{\pi/4}{2\pi} \times 2^{20} = 2^{17} = 0x20000$

$\tan^{-1}\left(\dfrac{1}{2^1}\right) \Rightarrow \dfrac{26.56\cdots°}{360°} \times 2^{20} = 0x12E40$

$\tan^{-1}\left(\dfrac{1}{2^2}\right) \Rightarrow \dfrac{14.03\cdots°}{360°} \times 2^{20} = 0x09FB3$

$\tan^{-1}\left(\dfrac{1}{2^8}\right) \Rightarrow \dfrac{7.125\cdots°}{360°} \times 2^{20} = 0x05111$

$\tan^{-1}\left(\dfrac{1}{2^{16}}\right) \Rightarrow \dfrac{3.576\cdots°}{360°} \times 2^{20} = 0x28B0$

図12-43 3段目以降の回路は2段目のリピートで作れるが $\tan^{-1}(1/2^i)$ の計算回路だけ変わる

最後に，1段目で行った20ビット目の省略の±90°化にともなう，cosの符号の補正を行います．すなわち角度を360°に対応させます．オーバーフローの飽和処理も行います．その処理をリスト12-7に示します．

まずは，sinの出力にあたる，Yqの飽和処理をします．Rqは計算した入力角のMSBです．すなわち，Rq＝0のときは，角度は0～180°の範囲です．Rq＝1のときは，0～－180°の範囲です．

角度がプラスのときは，sinの値はプラスになります．結果がマイナスになっていれば，オーバーフローを起こしてマイナス側に回り込んでいると考えられます．そこで，マイナスのときは，プラスの最大値0x1FFFFを代入して飽和させます．

角度がマイナスのときは，sinの結果は常にマイナスです．同じように飽和していると，結果がプラスになります．そこで，プラスのときはマイナスの最小値0x20000を代入して飽和させます．

次に，cosの出力にあたる，Xqの飽和処理と±90°化の符号の補正をします．まずは±90°化の補正です．入力の角度が第1象限と第4象限の場合は，結果の補正は必要ありません．第2象限と第3象限では，結果の符号が逆になります．そこで，計算結果の負数を取り，変換します．その後，sinと同様に飽和処理を行います．

結果の極性が反転して回り込んでいる場合は，正負の最大値に飽和させます．

＊

ここでは，sin/cosを計算するCORDICのFPGAの実装に関して具体的に説明しました．CORDICでは，そのほかにtan⁻¹と平方根の組み合わせで計算する応用がよく使われます．I/Qの直行座標から，極座標変換するときに，とても便利だからです．このFPGA化もsin/cosとほぼ同様に展開すれば実装可能です．

リスト12-7 3段目以降の計算回路…角度を360°に展開する(SinCos.vhdの一部；行番号574以降)

```vhdl
--------------------------------------------------------
--      Final Sign
--------------------------------------------------------
    process(Hclk,Reset)
      variable Tempa : std_logic_Vector(17 downto 0);

    begin
      if Reset = '0' then
        Xr <= "000000000000000000"; Yr <= "000000000000000000";
      elsif rising_edge(Hclk) then        ← 入力の位相が第3，第4象限にあるとき
        if Rq = '1'     then
          if Yq(19 downto 18) = "01" then Yr <= "100000000000000000";   ← 最小値
                               else Yr <= Yq(19 downto 2);
          end if;          ← プラスのとき→オーバーフロー
        else
          if Yq(19 downto 18) = "10" then Yr <= "011111111111111111";   ← 最大値
                               else Yr <= Yq(19 downto 2);
          end if;  ← マイナスのとき→オーバーフロー
        end if;               ← 入力の位相が第2，第3象限にあるとき
        if Sq = '1' then Tempa := (not Xq(19 downto 2)) + 1;
                    else Tempa := Xq(19 downto 2);
        end if;                      ← －cosの計算
        if Sq = '0' then   ← 入力の位相が第2，第3象限にあるとき
          if Tempa(17 downto 16) = "10" then Xr <= "011111111111111111";  ← 最大値
                               else Xr <= Tempa;
          end if;   ← マイナスのとき→オーバーフロー
        else
          if Tempa(17 downto 16) = "01" then Xr <= "100000000000000000";  ← 最小値
                               else Xr <= Tempa;
          end if;    ← プラスのとき→オーバーフロー
        end if;
      end if;
    end process;
```

（左注：sinの飽和計算／cosの飽和計算）

12-5 受信信号のA-D変換とダウン・サンプリング

フルディジタル無線機の受信信号処理の流れを図12-44に示します．A-D変換するまえは，通常の受信機のようなスーパーヘテロダインの構成はとっておらず，低ひずみのアンプのあとでいきなりA-D変換しています．

■ アンテナ入力からミキサまでの処理

● アンチエイリアシング・フィルタ

A-Dコンバータ(ADC)のサンプリング・クロックの周波数は65 MHzです．信号としてはHF帯の30 MHzまで受信するので，A-Dコンバータに入力される信号は，35 MHz以上をあらかじめフィルタで落としておく必要があります．これをアンチエイリアシング・フィルタと言います．

8次の連立チェビシェフ・フィルタで，LCで構成しています．ただし，分波フィルタの形を取っており，36 MHz以上の信号も同時にハイ・パス・フィルタで取り出しています．周波数特性を図12-45に示します．FM放送や50 MHzの受信の場合は，ハイ・パス・フィルタの出力を選びます．

● 非平衡-平衡変換とインピーダンス合わせ

そのあとトランスT6(ADT8-1T，Mini-Circuits)に信号が通されます．T6は1:8のトランスです．

ここでは非平衡の信号を，その後の平衡アンプに入力するために平衡信号に変換します．また，アンプLTC6409(リニアテクノロジー)の最適入力インピーダンスに合わせるために，インピーダンス変換という意味合いもあります．このトランスで電圧ゲインが9 dBあります．

● A-Dコンバータ・ドライバ

その後，LTC6409に入ります．

このアンプは広帯域にもかかわらず，低ひずみ，ロー・ノイズです．また100 dB以上のダイナミック・レンジをもち，スーパーヘテロダインを行わない受信機のA-Dコンバータのドライバ・アンプとしてとても優れた特性をもっています．アンプのゲインは11.5 dBです．先ほどのトランスの電圧ゲインと合わ

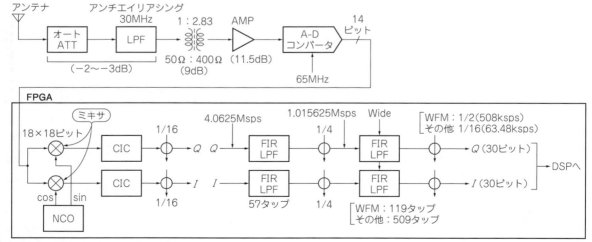

図12-44 フルディジタル無線機のアンテナからDSPへデータを渡すまでの受信処理

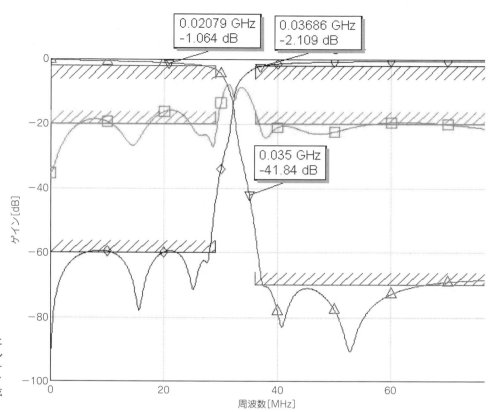

図 12-45 アンチエイリアシング・フィルタの特性(8次の連立チェビシェフ・フィルタでLPFとHPFを構成している)

せて，20.5 dBのフロントエンド・ゲインです．

ただし，アンチエイリアシング・フィルタやその他の回路で2～3 dBくらい減衰するので，フロントエンド・ゲインは全体で約18 dBになります．

● A-D変換

A-DコンバータLTC2205-14(リニアテクノロジー)の分解能は14ビットですが，*SFDR*は100 dB以上を誇ります．ディザを掛けられるようになっており，これによってダイナミック・レンジが拡大されています．

ディザの設定は，A-DコンバータICの端子でハードウェア的に設定します．

● ディジタル・ミキサ(FPGA内)

14ビット，65 Mspsの信号をゼロIFに変換するために，*I/Q*の直交変換をします．IF周波数をゼロにするためには，変換後の信号は*I/Q*信号である必要があります．

ミキサのブロック構成を**図12-46**に示します．ゼロ周波数に落とすには，受信周波数と同じ周波数のローカル信号が必要です．しかもsin/cosの直交出力が必要です．ディジタル発振器としては，前節で説明したCORDICが使えます．FPGAで実現しています．**リスト12-8**にミキサ部を実現するVHDLソース・コード(mixer.vhd)を示します．

通常は受信周波数と同じ周波数のローカルを発生させますが，SSBの場合だけは別です．**図12-47**に示すように，USBの場合は受信周波数が帯域の左端に来るため，受信周波数に対してIF通過帯域の半分

リスト12-8　ディジタル・ミキサのVHDLソース・コード（mixer.vhd より）

```vhdl
------------------------------------------------
--   SSB frequency offset
------------------------------------------------
 process(Hclk,Reset)
  variable Tempb : std_logic_vector(2 downto 0);
  variable Tempa : std_logic_vector(15 downto 0);

 begin
  if Reset = '0'   then Freq <= "0000000000000000";
  elsif rising_edge(Hclk) then
   Tempb(2) := SSBmode(1);
   Tempb(1 downto 0) := IFband;
   if (SSBmode = "00") or (SSBmode = "11") then
    Tempa := "0000000000000000";
   else
    case Tempb is
     when "011" => Tempa := "1100010101101000"; -- -15kHz
     when "010" => Tempa := "1110001010110100"; -- -7.5kHz
     when "001" => Tempa := "1111101000100100"; -- -3kHz
     when "000" => Tempa := "1111101000100100"; -- -1.5kHz
     when "111" => Tempa := "0011101010011000"; -- +15kHz
     when "110" => Tempa := "0001110101001100"; -- +7.5kHz
     when "101" => Tempa := "0000101110111000"; -- +3kHz
     when "100" => Tempa := "0000010111011100"; -- +1.5kHz
     when others => Tempa := "0000000000000000";
    end case;
   end if;
   Freq <= IFshift + Tempa;
  end if;
 end process;

------------------------------------------------
--   IFshift
------------------------------------------------
 process(Hclk,Reset)
  variable Tempa : std_logic_vector(25 downto 0);

 begin
  if Reset = '0'   then Freque <= "00000000000000000000000000";
  elsif rising_edge(Hclk) then
   if Freq(15) = '1' then Tempa(25 downto 16) := "1111111111";
              else Tempa(25 downto 16) := "0000000000";
   end if;
   Tempa(15 downto 0) := Freq;
   Freque <= Frequency + Tempa;
  end if;
 end process;
    :
   中略
    :
------------------------------------------------
--   Address Gen
------------------------------------------------
 process(Hclk,Reset)
 begin
  if Reset = '0'   then Facc <= "000000000000000000000000000000";
  elsif rising_edge(Hclk) then
   Facc <= Facc + DDSda;
  end if;
 end process;

------------------------------------------------
--   Sin / Cos gen by CORDIC
------------------------------------------------
 U1: SinCosS port map
  (
   Hclk  => Hclk, -- Master 4fsc clock
   Reset => Reset, -- Master Reset
   Phase => Facc(29 downto 10),
   Xaxis => FullSin,
   Yaxis => FullCos
  );

------------------------------------------------
--   ADC de-scrambler
------------------------------------------------
 process(Hclk,Reset)
  variable Tempa : std_logic_vector(13 downto 0);

 begin
  if Reset = '0' then Inad <= "000000000000000000";
  elsif rising_edge(Hclk) then
   if ADdata(0) = '0' then Tempa := "00000000000000";
             else Tempa := "11111111111110";
   end if;
   if Ptt = '1' then Inad(17 downto 4) <= "00000000000000";
            else Inad(17 downto 4) <= ADdata xor Tempa;
   end if;
   Inad(3 downto 0) <= "0000";
  end if;
 end process;

------------------------------------------------
--   I/Q mixer
------------------------------------------------
 U10: lpm_mult GENERIC map (
    LPM_WIDTHA => 18, LPM_WIDTHB => 18, LPM_WIDTHP => 36,
    LPM_REPRESENTATION => "SIGNED", LPM_PIPELINE => 2)
   PORT map (
    dataa  => Inad,
    datab  => FullCos,
    aclr   => '0',
    clock  => Hclk,
    clken  => '1',
    result => Ifull
   );

 U11: lpm_mult GENERIC map (
    LPM_WIDTHA => 18, LPM_WIDTHB => 18, LPM_WIDTHP => 36,
    LPM_REPRESENTATION => "SIGNED", LPM_PIPELINE => 2)
   PORT map (
    dataa  => Inad,
    datab  => FullSin,
    aclr   => '0',
    clock  => Hclk,
    clken  => '1',
    result => Qfull
   );

------------------------------------------------
--   Noise Shaping
------------------------------------------------
 process(Hclk,Reset)
  variable Tempa,Tempb,Tempc,Tempd : std_logic_vector(15 downto 0);

 begin
  if Reset = '0' then
   NoiseI <= "0000000000000000"; NoiseQ <= "0000000000000000";
  elsif rising_edge(Hclk) then
   Tempa(15) := '0'; Tempa(14 downto 0) := NoiseI(14 downto 0);
```

注釈：
- SSB復調時の周波数オフセット（IF帯域ごと）
- 周波数データの符号拡張
- 周波数オフセットの計算
- NCOの位相アキュムレータ
- CORDICによってsin/cosを計算
- A-Dコンバータの周波数拡散を元に戻す演算
- 18×18ビットのFPGA埋め込み掛け算器によるI/Qミキサ

```
    Tempb(15) := '0'; Tempb(14 downto 0) := NoiseQ(14 downto 0);
    Tempc(15) := '0'; Tempc(14 downto 0) := Ifull(18 downto 4);
    Tempd(15) := '0'; Tempd(14 downto 0) := Qfull(18 downto 4);
    NoiseI <= Tempa + Tempc;
    NoiseQ <= Tempb + Tempd;
  end if;
end process;

-------------------------------------
--  Output process
-------------------------------------
process(Hclk,Reset)
begin
```
```
  if Reset = '0' then
    Iout <= "0000000000000000"; Qout <= "0000000000000000";
  elsif rising_edge(Hclk) then
    if NoiseI(15) = '1' then Iout <= Ifull(34 downto 19) + 1;
                        else Iout <= Ifull(34 downto 19);
    end if;
    if NoiseQ(15) = '1' then Qout <= Qfull(34 downto 19) + 1;
                        else Qout <= Qfull(34 downto 19);
    end if;
  end if;
end process;

end norm;
```

ノイズ・シェーピングの1次積分

ノイズ・シェーピングによる36ビットから18ビットへの変換

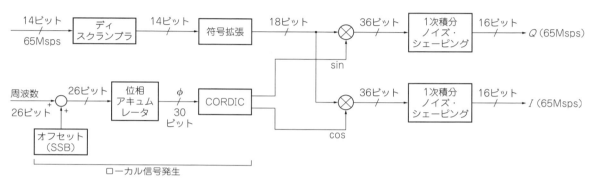

図12-46 ディジタル・ミキサ（FPGA内）のブロック構成

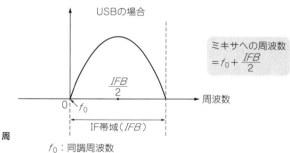

図12-47 ディジタル・ミキサがSSB復調しているときに生じる周波数シフトのようす

のオフセットを付ける必要があります．例えば3kHzのIFフィルタであれば，+1.5kHzのオフセットを付けて信号帯域のちょうど中央になるようにします．すなわち，1.5kHzの信号がちょうどゼロになるようにします．このオフセットは，DSPでのSSB復調の際に−1.5kHzのミキサにかけて元に戻されます．

　ミキサのディジタル掛け算器は，FPGAのCyclone III（アルテラ）にあらかじめ搭載されている18×18ビットの掛け算器のハードウェアを使っています．18×18ビットの計算結果は36ビットとなりますが，ミキサのモジュールの出力は16ビット幅のI/Q信号です．36ビットの結果から，16ビットを取り出さなければなりません．

　一番簡単なのは，余った下位ビットを切り捨てることです．しかし，切り捨てたビットは，そのまま量子化ノイズとなるので好ましくありません．これは四捨五入でも同じです．そこで，1次積分のノイズ・シェーピングで，切り捨てるビットの情報も取り込むようにします．広いダイナミック・レンジを確保するためにとても重要な処理です．

■ ダウン・サンプリングの処理

● 1回目：1/16ダウン・サンプリング（65MHz→4.0625MHz）

ミキサから得られるI/Q信号は，サンプリング周波数が65MHzです．最終的にDSPなどで信号処理ができるようにダウン・サンプリングします．これまで説明したように，ダウン・サンプリングするためには，サンプルを間引くまえに，エイリアシングが発生しないようにロー・パス・フィルタに掛けなければなりません．

しかし問題は，サンプリング周波数が65MHzであることです．これをFIRフィルタで実現するには，FPGA内部の掛け算器の数ではまったく足りません．PLLを使ってクロックを倍速にして稼ぐ方法もありますが，それでも十分ではありません．そこで，掛け算器をまったく使わないCIC（Cascaded Integrator-Comb）フィルタを使います．CICに関してはすでに第8章でソース・コード付きで詳しく説明しました．CICフィルタを使って，1/16にダウン・サンプリングします．すなわち65MHz⇒4.0625MHzです．CICダウン・サンプラの構成を図12-48に示します．

CICでは途中増殖するデータ幅に合わせて，36ビットのアキュムレータを使っています．加算や減算はすべて36ビット幅です．しかし，CICの出力のビット幅は30です．ここで，単純に切り捨てると量子化ノイズの問題が発生します．そこで，36ビットぶんの情報を30ビットに閉じ込めるために，ミキサと同じように1次積分のノイズ・シェーピングを使って，30ビット幅にしています．

● 2回目：1/4ダウン・サンプリング（4.0625MHz→1.015625MHz）

CICダウン・サンプラは原理上，図12-49のように必要な帯域ではエイリアシングを抑え込んでいますが，帯域外はかなりのノイズ成分を含みます．そこで，ノイズを落とすために，正規にエイリアシングを落とすためのロー・パス・フィルタ（FIRフィルタ）に通します．

FIRフィルタは，1/4のダウン・サンプリング・フィルタも兼ねています．入力データのサンプリング・レート4.0625MHzを1.015625MHzに落として出力します．

● 57タップ，65MHz動作のFIRフィルタで落とす

このフィルタの出力はマスタ65MHzのクロックに対して1/16×4＝1/64のダウン・サンプリングとな

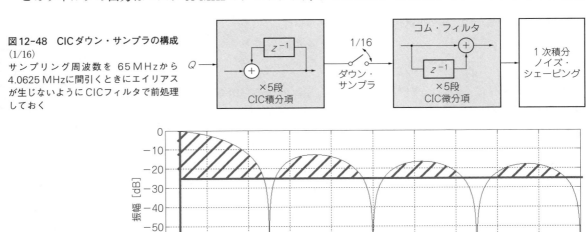

図12-48 CICダウン・サンプラの構成（1/16）
サンプリング周波数を65MHzから4.0625MHzに間引くときにエイリアスが生じないようにCICフィルタで前処理しておく

図12-49 CICダウン・サンプラの特性

ります．1.015625 MHzのサンプル値を求めるのに，マスタ・クロック64サイクルぶんの時間の余裕があります．

そこで57タップのFIRフィルタをマスタ・クロックで動作させます．処理は64クロック以内に終わります．最終的に必要な帯域は，±150 kHzです．エイリアスが発生しないためには，サンプリング周波数4.0625 MHzの1/8＝507.8 kHz以上をカットする必要があります．したがって，設計すべきFIRロー・パス・フィルタの仕様は，次のとおりです．

　　通過域：0～150 kHz
　　阻止域：507.8 kHz以上

▶ツールを使ってフィルタの係数を求める

これを57タップのFIRフィルタで実現するためにフィルタの設計をします．MATLABのFDAToolで設計したときの様子を図12-50に示します．MATLABは有料のツールですが，私が制作したフリーウェアFIRtoolでも同様に設計できます．

▶FIRフィルタをFPGAに取り込む

FIRフィルタをFPGA（Cyclone III）の中に組み込むときは，図12-51のようにミニDSPを作ります．

このフィルタは図12-50からわかるように100 dB以上の減衰量が必要です．しかし，入ってくるデータは16ビットで，まったくダイナミック・レンジが足りません．計算の有効桁を増やす必要があります．そこで，入力データを浮動小数点に変換します．

浮動小数点化は一般的な2のべき乗ではなく，16のべき乗で指数は2ビットで表します．すなわち，リスト12-9に示すように，データの頭の4ビットが符号ビットと同じ，すなわち小さい数値の場合は16を掛けます（4桁左シフト）．その条件が満たされなくなるまで，16を掛けます．浮動小数点化は1サンプル，すなわち64クロック間に行えばよく，ループで回しても十分な時間の余裕があります．2ビットの指数部と18ビットの仮数のデータは128ワードのリング・バッファに，4.0625 MHzのレートでメモリされます．

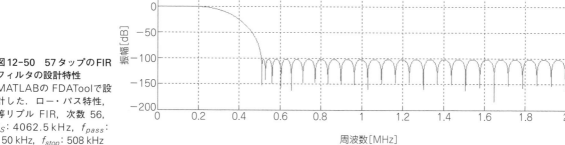

図12-50　57タップのFIRフィルタの設計特性
MATLABのFDAToolで設計した．ロー・パス特性，等リプル FIR，次数 56，f_S: 4062.5 kHz，f_{pass}: 150 kHz，f_{stop}: 508 kHz

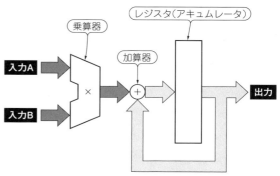

図12-51　2回目のダウン・サンプリングはFPGAの中にミニDSPを作って行う

先ほど計算したフィルタの係数は，18ビットの固定小数点データに変換します．固定小数点の有効桁数18ビット幅を最大限有効に使うために，フィルタの係数のうち最大のもの（中央値）の有効桁数が最大になるように，全体に係数を掛けて正規化します．本来ならFIRロー・パス・フィルタすべての係数の合計は1になるべきですが，この正規化により合計は4倍大きくなります．これは最後に桁合わせを行って解消します．

フィルタの係数はFPGA内のROMとして格納します．ROMデータはfirfirst.MIFとして格納する必要があります．拡張子がMIFのファイルはリスト12-10のようになっています．MATLABもしくはFIRtoolで設計した係数は，変換ソフトウェアを使ってMIFファイルにします．この係数とリング・バッファの仮数部は18×18ビットのFPGA内蔵の掛け算器に通されます．出力は36ビットですが，フィルタの計算結果をFIRで積算するために，浮動小数点から固定小数点に変換する必要があります．十分なダイナミック・レンジをとるため，40ビットの固定小数点に変換します．

積算（アキュムレータ）は40ビットでは長すぎるので，リスト12-11のように上下20ビットに分けます．`AccIl/AccQl`が下20ビットのアキュムレータです．この積算で桁上げが発生した場合は，上位`AccIh/AccQh`の積算をするときに+1されます．もちろん40ビット一発のアキュムレータでも問題ないかもしれません．

57回積和を計算したあと，I/Qのデータを取り出します．I/Qはそれぞれ30ビットのデータで，このモジュールの出力としています．すなわち，先ほどのミキサと同じく，切り捨てによる量子化ノイズ発生の危険性があります．そこで単純に切り捨てないで，1次積分のノイズ・シェーピングにより，有効桁数を最大利用できるようにしています．

● 3回目：1/16ダウン・サンプリング（1.015625 MHz→507.8 kHz）

すでに65 MHzから，1.015625 MHzまでダウン・サンプリングが進んでいます．ここから，DSPにI/Q供給可能なレートまでさらにダウン・サンプリングを行います．ここのフィルタのブロックを図12-52に示します．

リスト12-9 浮動小数点化を行うVHDLソース・コード（firfst.vhdより，行番号88〜111）

リスト12-10 FPGA内のROMとして格納するフィルタの係数（firfirst.MIFより，一部省略）

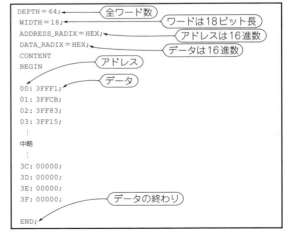

リスト 12-11 アキュムレータ上下20ビットに分けて積算する(firfst.vhd より，行番号345〜410の一部)

```
--------------------------------
-- ACC
--------------------------------
process(Hclk,Reset)  -- ACC calcu
    variable Tempa,Tempb,Tempc,Tempd : std_logic_vector(20
downto 0);

begin
  if Reset = '0' then
    AccIl <= "000000000000000000000";
    AccQl <= "000000000000000000000";
  elsif rising_edge(Hclk) then
    Tempa(20) := '0'; Tempb(20) := '0';
    Tempa(19 downto 0) := AccIl(19 downto 0);
    Tempb(19 downto 0) := FixIl;
    Tempc(20) := '0'; Tempd(20) := '0';
    Tempc(19 downto 0) := AccQl(19 downto 0);
    Tempd(19 downto 0) := FixQl;
    if Tcl = '1' then
      AccIl <= "000000000000000000000";
      AccQl <= "000000000000000000000";
    else
      AccIl <= Tempa + Tempb;   ← 下位20ビットのアキュムレータ
      AccQl <= Tempc + Tempd;
    end if;
  end if;
end process;
  :
中略
  :
```

```
process(Hclk,Reset)  -- ACC calcu
begin
  if Reset = '0' then
    AccIh <= "00000000000000000000";
    AccQh <= "00000000000000000000";
  elsif rising_edge(Hclk) then
    if Tcl = '1' then
      AccIh <= "00000000000000000000";
      AccQh <= "00000000000000000000";   ← 上位20ビットのアキュムレータ
    else
      if AccIl(20) = '1' then
        AccIh <= AccIh + DmacI + 1;   ← 下位20ビットからの桁上げ
      else
        AccIh <= AccIh + DmacI;
      end if;
      if AccQl(20) = '1' then
        AccQh <= AccQh + DmacQ + 1;
      else
        AccQh <= AccQh + DmacQ;
      end if;
    end if;
  end if;
end process;
```

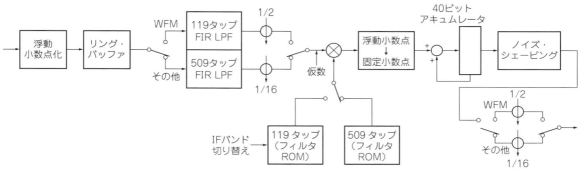

図 12-52 1/16ダウン・サンプリングFIRフィルタの構成(Iチャネル側，Qチャネル側も同じ)

本章の実験プラットフォーム［フルディジタル無線キットTRX-305 MB(CQ出版社)］では，受信するとき，二つの大きな受信モードのグループに分けています．一つはFM放送受信(WFMモード)です．FM放送を受信するときは，300k〜50kHzの広帯域IF信号が必要になります．それ以外は，IF帯域は30kHz以下です．

▶IFフィルタ帯域が300 kHz以下のとき

WFMモードでは，300 kHzのIF帯域を確保するために，ここでは1/2のダウン・サンプリングを行います．すなわち，507.8 kHzのサンプリング周波数になります．それ以外の30 kHz以下のIF帯域の場合は，1/16のダウン・サンプリングが行われます．

WFMの1/2の場合は，サンプル間は64×2＝128クロックの処理時間の余裕があります．そこで，119タップのFIRロー・パス・フィルタでエイリアシングを落とします．フィルタに必要な仕様は，

  通過帯域：0〜150 kHz
  阻止帯域：200 kHz以上

のFIRフィルタとして設計しています．MATLABのFDAToolで設計したものが**図12-53**です．さらにWFMでは，その他3種類のIF帯域も選べるようになっており，ROMのアドレスが9ビットあることから，上位2ビットをフィルタ係数の切り替えとして使っています．50 kHz，100 kHz，200 kHz帯域と300 kHzのFIRフィルタの係数を設計し，先ほどと同じ方法で，F119Lst.MIFのファイルの中に一つのROMデータとしてまとめ，係数ファイルを作っています．

▶ **IFフィルタ帯域が30 kHz以下のとき**

1/16のダウン・サンプリングを行います．1.015625 MHz/16 = 63.4766 kHzのサンプリング周波数までダウン・サンプリングが行われます．このとき，ダウン・サンプルしたサンプル間の時間は64×16 = 1024クロックとなり，かなり大規模のフィルタでも実装できます．ここでは509タップのFIRロー・パス・フィルタとして実装しています．フィルタに必要な仕様は，

　　通過域：0～15 kHz

　　阻止域：28 kHz以上

となります．この条件で，同じくFDAToolでフィルタを設計した結果を**図12-54**に示します．これを同じくMIFファイルにして，FPGAの中のROMとして取り込みます．ファイル名はF509LstH.MIFです．

フィルタの実装方法は前項と同じで，ミニDSPの回路を使って509回の積和計算をしています．入力を浮動小数点に変換すること，出力の浮動小数点から固定小数点への変換，アキュムレータ，ノイズ・シェーピングなども前項の1/4ダウン・サンプリング・フィルタと同じです．

12-6　受信部IFフィルタとI/Qデータの転送

63 kHzまでダウン・サンプリングされた信号は，次にまた半分のサンプリング速度(31.7 kHz)まで落とします．単に半分に落とすだけではなく，IF(Intermediate Frequency；中間周波数)フィルタとして働

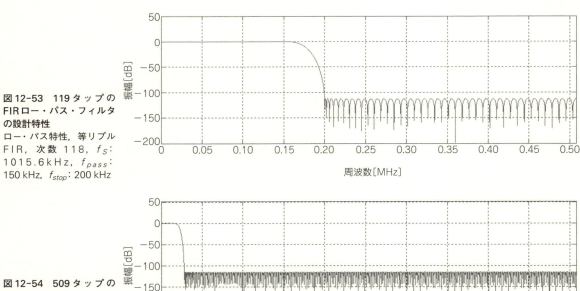

図12-53　119タップのFIRロー・パス・フィルタの設計特性
ロー・パス特性，等リプルFIR，次数118，f_S：1015.6 kHz，f_{pass}：150 kHz，f_{stop}：200 kHz

図12-54　509タップのFIRロー・パス・フィルタの設計特性
ロー・パス特性，等リプルFIR，次数508，f_S：1015.6 kHz，f_{pass}：15 kHz，f_{stop}：28 kHz

きます.

■ IFフィルタの設計

フルディジタル無線実験ボードTRX-305 MBの受信処理では,図12-55のようにIFフィルタの定数を変えることで,選択度を選べるようになっています.30 kHz,15 kHz,6 kHz,3 kHzの4種です.CWモードの場合は1 kHzになりますが,DSPの中でさらにフィルタリングされて300 Hzまで狭められます.ここでも,FIRフィルタを用いてフィルタリングを行っています.

最終的な31.7 kHzのサンプリングでは,65 MHzのクロックが2048サイクル入ります.ですから,2000タップ近くのフィルタを実装することが可能ですが,そこまでフィルタを急峻にする必要はありません.また,それだけ大きなタップ数では,かなり信号遅延が大きくなってしまいます.

このIFフィルタの設計変更を行えば,自由自在にIFフィルタ帯域を変えることができます.また,搭載されているSH-2プロセッサの力を借りれば,連続可変のIFフィルタを実装することも可能です.単にフィルタの係数を変えればよいだけなので,もっとも簡単に自作できる部分です.

■ 係数出し

● 3 kHz帯域用

509タップのIFフィルタを作ってみました.帯域は3 kHz,通過域は1.25 kHzです.フィルタの係数の計算は,前節と同じ"Matlab"のFDATOOLを使いました(図12-56).私の作った無償版のFIRフィルタ設計ソフトウェアを使っても求まります.

マイナスの周波数成分を合わせると,通過域は2.5 kHzになります.−100 dBの減衰になる阻止域の周波数は,1.85 kHzで設計していますから,マイナスの周波数を合わせて3.7 kHzになります.ちなみに,−3 dBになる周波数帯域幅は2.87 kHzです.

▶狭帯域フィルタの問題点…正規化しないと特性が悪くなる

図12-57に,FDATOOLで設計した3 kHzのIFフィルタの係数を示します.このフィルタ設計ソフトウェアでは,直線位相になるように設計します.すなわち群遅延が一定になり,特徴的にインパルス・レスポンスが中央を境に左右偶対称になります.ここでは図の269行目がちょうど中央の係数で,0.0471…です.その両側は同じ値で,偶対称になっています.

もし,このフィルタに振幅1のDCを入れると,ロー・パス・フィルタですから,出力にもDCの1が出るはずです.すなわち,フィルタの係数をすべて足し合わせると1になります.

このフィルタは,固定小数点でFPGAに実装します.係数メモリは18ビットですから,図12-58のように小数点の位置をMSBの右にもっていきます.すなわち,0x20000が1になります.しかし,2の補数表現の符号ビットですから,0x1FFFFがプラスの最大値です.このような形式をQ17の固定小数点といいます.

この場合,中央の係数を掛けた値は実際にはどの程度になるでしょうか?

  0.047183×0x20000 = 0x01828

となります.普通,ロー・パス・フィルタの場合は,中央のインパルス応答の値が全体の最大値になります.符号ビットを除いて17ビットもあるのに,最大値で13ビットしか有効桁を使っていません.これでは,固定小数点の切り捨て誤差のため,必要な減衰率は得られないでしょう.これを最大限17ビット使うように,全体の再正規化が必要です.

0x01828ということは4ビット左シフト,すなわち小数点の位置を4個左にずらせばよいことになります.つまり,全部の係数を足すと,2^{21} = 2097152 = 0x200000(Q21)にすればよいわけです.

  0.047183×0x200000 = 0x18285

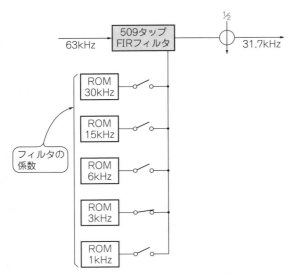

図12-55 フルディジタル無線実験ボードTRX-305MBはIFフィルタ(1/2ダウン・サンプリング)の定数を変えることで選択度を調節できる

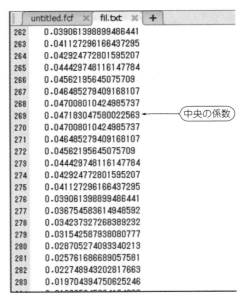

図12-57 FDATOOLで設計した帯域3kHzのIFフィルタの係数

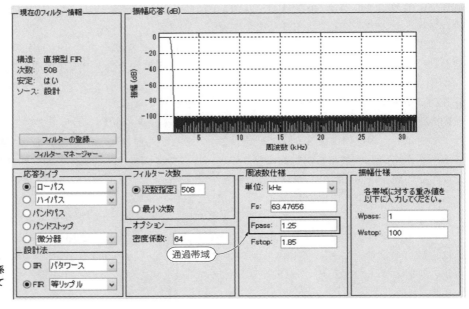

図12-56 IFフィルタの係数はFDATOOLを使って求めた

図12-58 18ビット固定小数点のフォーマット(Q17)

となります．

● 30 kHz帯域用

同様に30 kHz帯域のIFフィルタをFDATOOLを使って設計してみます．図12-59に示すように，269

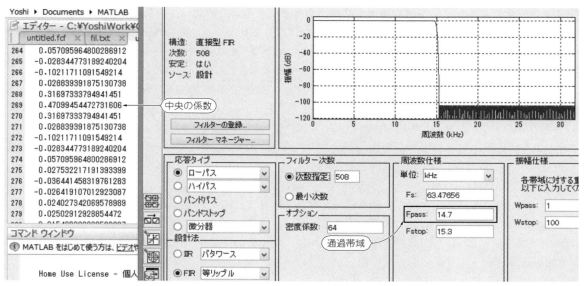

図12-59 FDATOOLで設計した30 kHzのIFフィルタの係数

行目がちょうど中央値になって，0.47099となります．先ほどよりかなり大きな数値です．これもQ17（0x20000）で正規化すると，

  $0.47099 \times 0x20000 = 0x0F5B5$

となります．

17ビットに対して，まだ1ビット余裕があります．したがって，正規化をQ18（0x40000）とすると，

  $0.47099 \times 0x40000 = 0x1E24B$

となります．

● 帯域によって正規化のための係数の合計値を変える

以上からわかるように，30 kHzのフィルタではQ18で係数を正規化して，3 kHzのフィルタではQ21で係数を正規化します．固定小数点演算の難しいところです．

これを嫌がって，簡単な浮動小数点の演算を選択する場合も多くあります．しかし，FPGAの中では浮動小数点演算は，できれば避けたいところです．そこで，これを無視してすべてQ18とすると，帯域の狭いフィルタは計算誤差でとても性能が悪くなります．

このように，フィルタの帯域によって正規化（係数の全合計の値をどれくらいにするかということ）を変えなければなりません．一般的に帯域が半分になれば，正規化はQ18→Q19のように2倍になります．狭くなればなるほど，正規化の値は大きくなります．図12-57を見ればわかりますが，狭帯域のフィルタの場合は，インパルス・レスポンスがなだらかに変化しており，当然ですが，より平均化されているイメージです．

このような正規化計算を手作業で繰り返すのはたいへんです．また，間違いが発生する可能性が高くなります．

■ 係数をFPGAに取り込む

● フィルタ係数はMIFフォーマットのファイルに変換する

さらに，このフィルタ係数をFPGAのROMとして取り込むためには，MIF（Memory Initialization

File) フォーマットのファイルに変換する必要があります. そのためには，自分で作ったパソコンのアプリケーション・ソフトウェアで自動で変換しなければなりません. 一般的に流通しているそのような汎用ソフトウェアはありません. ディジタル信号処理の実装では，このようなツール作りが欠かせません. エンジニアは，パソコンのアプリケーション・ソフトウェア作りにも慣れている必要があります.

図12-60は，フルディジタル無線実験ボードTRX-305MB用のアプリケーション・ソフトウェア (FirToMIF，実行ファイルはFirConv.exe) です.

「係数正規化」のところで，先ほど述べたフィルタの係数に合わせて，中央の最大値の17ビット目が'1'になるように正規化を選ぶところです. 自動でもできますが，ここではマニュアルで行うようにしています.

「データ部」はFPGAのMIFファイルがどれくらいのデータ量かを指定します. 今回は509タップで509個ですが，MIFファイルは2のべき乗のデータ数でなければならなので，512を選びます. 余った3ワードには自動的にゼロが入るように作っています.

「ビット幅」のところは，FPGAのROMとして何ビット幅のデータにするかを指定します. ここは18ビット幅を選びます.

FPGAに埋め込まれているRAMブロックは，18ビットのデータ幅の場合は最大データは512個です. 例えば，ここで1001タップのFIRフィルタを使う場合は，1個の埋め込みRAMブロックでは足りなくなります. そこで，18ビットの係数のうち上下を9ビットずつに分け，1024個の係数を作ることができるようにしています. 図12-61のようにHigh/Lowの計算を2回行い，2個のMIFファイルを作って，FPGAに実装できるようにしています.

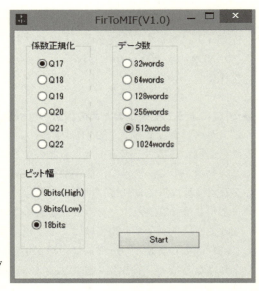

図12-60 フィルタ係数をMIFフォーマットのファイルに変換するプログラム (FirConv.exe)

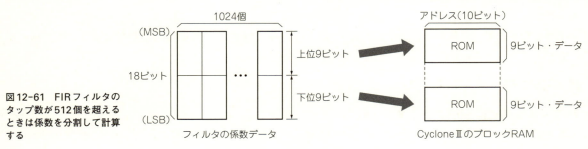

図12-61 FIRフィルタのタップ数が512個を超えるときは係数を分割して計算する

■ 係数とデータの掛け算

　係数は固定小数点ですが，データは図12-62のように浮動小数点に変換します．受信データはダイナミック・レンジが広く，17ビットでは満足のいくような範囲をカバーできないからです．前の1/16ダウン・サンプリングと同じように，指数部は16のべき乗で表します．

　係数とデータの掛け算は18ビット×18ビットの固定小数点なので，固定小数点の係数と浮動小数点になった仮数の掛け算を行います．そこで図12-62のように，18ビット×18ビットの出力である36ビットを指数部に合わせて，バレル・シフタで40ビットの固定小数点に変換します．

　これを図12-63のように，46ビットのアキュムレータに足し込んでいきます．フィルタの係数は帯域によって正規化のための係数の合計を変えますから，アキュムレータは上側のビットに十分なゆとりが必要です．例えば，30 kHzがQ18で3 kHzがQ21でした．30 kHzのフィルタの結果に対して，3 kHzのフィルタは8倍の大きさの値になるからです．

　これを509回繰り返し，最終出力は28ビットにしています．すなわち，46ビットから28ビットを切り出す必要があります．ここで問題があります．フィルタの帯域によって正規化，言い換えれば小数点の位置を変えていますので，切り出すときには常に一定の固定小数点の位置になるようにする必要があります．そうしないと，フィルタを切り替えるたびに，ゲインが変わってしまいます．

　そこで図12-64のように，小数点の位置に合わせて，28ビットを切り出す位置を変えるバレル・シフタで取り出します．さらに，46ビットのうち28ビットを単に取り出しただけだと，量子化ノイズが加わります．そこで，ここでも1次積分のノイズ・シェイピングですべてのデータを生かすようにします．しかし，28ビットを切り出すときにバレル・シフタを使ったので，図12-64のように1次積分のときに切り捨てるデータを取り出すにもバレル・シフタが必要になります．

■ DSPにデータを送って復調する

　31.7 kHzのサンプリング周波数になった28ビットのI/Qデータから，最終的に復調処理を行わなければなりません．復調は全部，DSP Blakfin（アナログ・デバイセズ）でソフトウェア処理されます．もちろん，FPGAを使っての復調処理も可能です．興味がある方は，ぜひチャレンジしてみてください．特に，AGCが不要なFMの復調は処理が軽いので，FPGAでも十分に実装可能です．

　DSPとFPGAの間は，DSPがもつ同期シリアル2回線を使って通信しています．図12-65に示すように，DSPの同期シリアル回線は，DSPのコアとは独立に動作するDMA（Direct Memory Access）によって，DSPの中のRAMにデータを書き込む感じでI/Qデータを渡しています．

　FPGAからDSPへ送られるデータは30ビット（シリアル・データの1フレーム）です．それをサンプリ

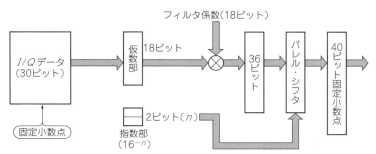

図12-62　係数は固定小数点で処理するがデータは浮動小数点に変換してから処理する

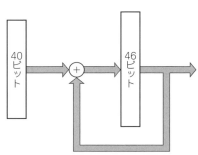

図12-63　係数とデータを掛け合わせた結果を足し込んでいく46ビット・アキュムレータ

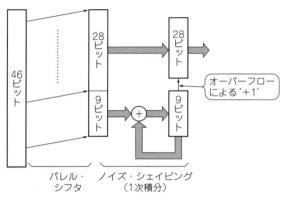

図12-64 アキュムレータにたまった46ビット・データから28ビットを切り出すときは，バレル・シフタを通して小数点の位置を調節する（フィルタの帯域によってゲインが変わらないようにするため）

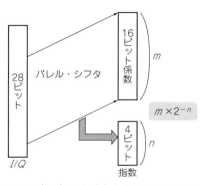

図12-66 フルディジタル無線実験ボードTRX-305MBでは，FM放送のI/Qデータ（f_S=253.91 kHz）をDSPに送る前に，仮数と指数の浮動小数点に圧縮している

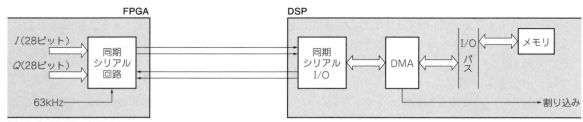

図12-65 FPGAで作ったI/QデータをDSPに送信

ング周波数31.7 kHzの2倍の間隔，すなわち63.477 kHzの周期で送り込んでいます．そのうち半分のサイクルでI/Qデータを送り，残り半分のサイクルで復調のためのいろいろなパラメータを送り込んでいます．

ここで注意点があります．FM放送を受信する場合は，I/Qのサンプリングは253.91 kHzになります．通常の8倍の速さです．FM放送の帯域は200 kHzくらい必要なためです．したがって，FM放送受信モードにした場合は，ここのFPGAからDSPに送る間隔も1/4になります．31.7 kHzのサンプリングでは，63.477 kHzの間隔でDSPにシリアル・データが送られますが，FM放送受信の場合は4倍の253.9 kHzになります．DSPの同期シリアルのクロックは8.125 MHzで，253.9 kHzのサンプリング間隔に32クロック入ることになり，253.9 kHzのサンプリングで30ビットのデータ・フレームをぎりぎり1回しか送り込めません．

FM放送のI/Qの場合は，設定パラメータを独立の周期で送るのが難しいため，I/Qデータを**図12-66**のように仮数16ビット，指数4ビットの浮動小数点に圧縮して送っています．ただし，IとQの指数は同一サンプルでは共通となっています．

12-7　DSPによるAM復調のアルゴリズム

前節までで，アンテナから入った信号をA-D変換し，約31 kHzのI/Q信号にするところまでを説明しました．ここまではFPGA内での信号処理です．そのI/Q信号は，本章の各種実験に利用しているフルディジタル無線信号処理実験ボードTRX-305MBでは，高速シリアル・インターフェースを介してDSPのBlackfin（ADSP-BF533）に送られます．そこで，設定されたモードに合わせて復調処理が行われます．

ここではそのうちのAM系の復調に関して説明します．TRX-305MBでは，SH-2とFPGAに関しては

すべてのソース・コードが公開されていますが，DSPに関しては公開していません．ここでは，具体的なコードの説明ではなく，その処理の方法を中心に説明したいと思います．

■ DSP内のメモリにI/Qデータを取り込むデータの入出力

● DMAで自動的に取り込まれる

DSPに入力する正確なサンプリング周波数は，A-Dコンバータのサンプリング・クロック65 MHzのちょうど1/2048ですから，31.738281 kHzです．前節で説明しましたが，FPGAから送り込まれたI/QのデータはDSPのシリアル・インターフェース回路に入力され，DMA(Direct Memory Access)でバッファ・メモリに取り込まれます（前節の図12-65参照）．BlackfinのDMAは，DSPコアのデータ・バスとは完全に切り離されており，コアの動作をまったく止めずに裏側で動作しています．

● バッファ・メモリからデータを取り出しながら計算を繰り返す

Blackfin DSPのバッファ・メモリは，**図12-67**のようにリング・タイプで，バッファ・サイズは16サンプル×3です．

FPGAからのデータが16サンプルぶんメモリに取り込まれると，DSPのコアに割り込みがかかります．すなわち，約504μsで16サンプルぶんをまとめて復調処理します．

DSPのクロックは400 MHzですから，信号処理に約20万クロックの時間が使えることになり，処理時間的には十分すぎるくらいの余裕があります．

DSPコアとは独立に裏側で，常に新しいサンプル・データがリング・バッファに書き込まれます．したがって信号処理する場合は，現在書き込んでいる一つ前のメモリ・ブロックから読み出して処理します．そのため，DMAのアドレス・ポインタで，現在の書き込み位置を確認して読み出します．

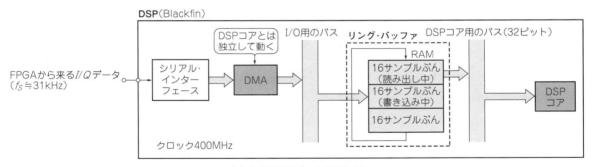

(a) 復調用I/Qデータの読み出し

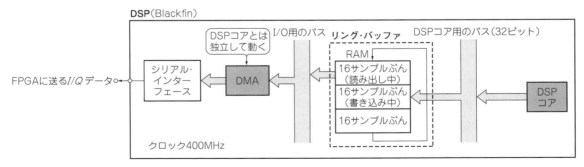

(b) 変調用I/Qデータの書き出し

図12-67 DSP BlackfinはFPGAが出力するI/QデータをDMAで取り込んでリング・バッファ・メモリに蓄えたり，逆にFPGAに出力したりする

入力のサンプリングは31.7 kHzですが，出力（D-Aコンバータに出力される）も同じ31.7 kHzです．そこで，入ってくる16サンプルのI/Qデータを処理して，16個のオーディオ・サンプル信号を得ることが復調処理です．
　出力側も16×3のリング・バッファになっています．同じくDMAで，その出力メモリの内容を順番にFPGAにシリアル・データで送り出し，FPGAでD-A変換して音声になります．このDMAもDSPコアとは独立に動作しており，DSPの動作を止めることはありません．

● DSPコアは割り込みで起動して処理をしたら次の割り込みを待つ

　一連のDSP内での信号処理の流れを図12-68に示します．復調の種類に従って，四角の部分にアルゴリズムのソフトウェアを書くだけです．細かなタイミングを気にする必要はなく，ただ単に割り込みで起動して16サンプルぶんを処理して次の割り込みを待つ，といった単純な構造となります．
　裏側で連続的に動作しているDMAが正確なサンプリング・タイミングで処理しており，ソフトウェアを作るうえではとても楽な構造といえるでしょう．自分でDSPの復調ソフトウェアを作る場合は，単にI/QのIのデータをD-Aコンバータのバッファに入れて単純ループバックするだけのいわゆる"Talkback"から始めることになります．
　ここでは復調のアルゴリズムのなかでも単純な，AM信号の復調に関して説明します．

■ AM信号のI/Qデータから音声を復調するまで

● 内蔵された2個の積和演算器を使ってI信号とQ信号を同時処理

　DSPには，2回路の積和演算器（MAC）が搭載されています．一つの命令で，それらを同時に実行することが可能です．SDRではI/Qの同時信号処理を多用するので，このような場合にこの回路を使えばI/Qの1サンプルを1クロックで処理することが可能です．
　具体的には，DSPの命令は3種類の操作を同時に行っています．I/Qを同時に二つ独立に積和計算し，メモリ・アクセスしています．下記に，FIRフィルタにおける1タップぶんのI/Q処理のBlackfinの命令を示します．

　　a1+=r0.h*r1.h,a0+=r0.l*r1.l||r0=[i1++]||r1=[i0++];

"||"で異なる三つの同時実行命令をパックして，一つの命令とすることができます．最初の，

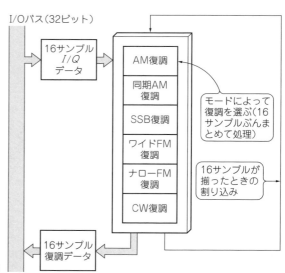

図12-68　Blackfin DSP内での信号処理の流れ

```
a1+=r0.h*r1.h,a0+=r0.l*r1.l
```
は，二つの積和の同時実行を記述している部分です．32ビットのr0，r1レジスタを上下16ビットずつに分けて積和しています．これはアセンブリ言語ですが，まるでC言語の記述のようです．

```
r0=[i1++]
```
は，次のフィルタのタップ計算のためにメモリ・アクセスしています．さらに，メモリ・アドレス・ポインタはi1ですが，読み終わったあとでポインタを自動的にインクリメントします．また，i1でアクセスするメモリをサーキュラ・アドレッシングに設定が可能です．境目を気にしなくて，自動的にリング・バッファが可能です．

```
r1=[i0++]
```
も同じくフィルタの係数を読み出しています．これが見かけ上1クロックで処理されます．もちろん，パイプライン処理による演算結果の遅延はあります．

▶ **16ビット(I信号)＋16ビット(Q信号)＝1ワード(32ビット)でデータ・バスに流す**

Blackfinのデータ・バスは32ビットです．その上下16ビットずつをそれぞれI/Qに割り当てることが可能なので，1ワードでI/Qをパックして取り扱うことができます．積和演算やその他の命令も，上下16ビットを独立のデータとして扱うことができるようになっています．

● **I/O用のバスとCPUコア用のバスは独立しているのでデータの処理タイミングは気にしなくていい**

シリアルやその他のI/Oモジュールは，メモリとつながった独立のバスをもっています．したがって，I/Oとメモリ間をDMAでデータ転送しても，汎用CPUのようにCPUコアの動作を止める必要はありません．

そのため，SDRへの応用では，サンプリング間隔で入力されるデータ列はDMAで正確なタイミングでメモリに取り込まれ，ある程度メモリにたまったら，細かなタイミングを気にせずにまとめて処理できます．

同様に，復調されたサンプリング周期の信号は，まとめてメモリ上に書いておけば，DMAが自動的に正確なサンプリング周期でFPGAに転送してくれます．DSPコアは，細かなタイミングを気にすることなく，ディジタル信号処理だけに専念できます．

TRX-305MBの場合は，16サンプルぶんのデータが溜まったら，DSPコアに割り込みをかけて処理を行います．復調が終わった16個のサンプル・データは，メモリに書き込まれます．DMAは，そのメモリの内容をサンプリング間隔で読み出し，FPGAに送ります．

■ **AM復調の方法**

● **復調の方法①…包絡線検波**

AM信号は，図12-69のようにキャリアの振幅に変調信号が乗った形をしています．式で書くと次のようになります．

$$S(t) = (mA(t)+1)\cos\omega t \quad \cdots\cdots\cdots (12\text{-}1)$$

ただし，ω：キャリアの角周波数，$A(t)$：変調信号，m：変調度$(m<1)$

Blackfin DSPに入ってくるI/Qデータは上式を複素数を使って表現します．オイラーの関係式を使って，次のように変形します．

$$S(t) = \frac{mA(t)+1}{2}e^{j\omega t} + \frac{mA(t)+1}{2}e^{-j\omega t} \quad \cdots\cdots\cdots (12\text{-}2)$$

ただし，j：虚数単位

$A(t)$を得ることがAM復調ですので，上の信号を極座標変換して振幅成分だけを取り出せばよいことになります．すなわち，変調信号の包絡線を取り出します．復調した信号を$D(t)$とすると，次式が成立

します.

$$D(t) = \frac{mA(t)+1}{2} + \frac{mA(t)+1}{2} = mA(t)+1 \quad \cdots\cdots\cdots (12\text{-}3)$$

式(12-3)からわかるようにAMの復調はとても簡単です.

　復調された信号$D(t)$を見ればわかりますが,キャリアの振幅も乗っています(+1の項).本当に欲しい復調信号にキャリアの振幅ぶんのDCオフセットが付いた形です.したがって,これから$A(t)$だけを取り出すためには,$D(t)$をHPFに通す必要があります.以上,AMの包絡線検波の流れを**図12-70**に示します.

● 復調の方法②…同期検波

　包絡線を検波するのではなくて,**図12-71**のようにPLLで送信と同じ再生キャリアを発生させます.具体的には,キャリアを取り出すためにI/Q信号をBPFに通します.出力のQ成分がゼロになるようにPLLループを組みます.そうすると,掛け算の出力はそのまま復調出力となります.言い換えれば,入ってくるI/Qを複素周波数変換して,その結果キャリアのQ成分がゼロになるようなPLLループを作れば,それがAMの同期検波となります.

　AM信号の場合は短波を使うことが多いので,フェージングの影響を強く受けます.その現れかたは

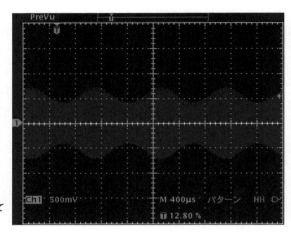

図12-69 AM信号の波形…キャリアの振幅を音声信号で変化させている

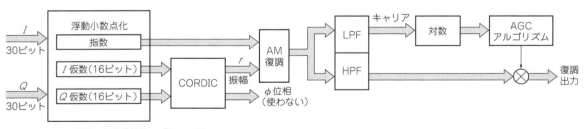

図12-70 AM信号の包絡線検波のブロック図

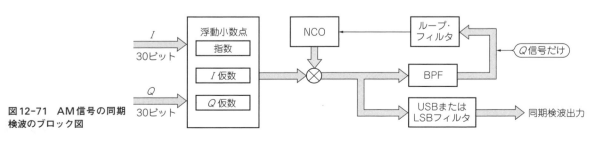

図12-71 AM信号の同期検波のブロック図

LSBとUSBとで異なります．そこで，影響の少ないサイド・バンドをBPFで取り出すのが一般的です．信号をAMの半分の帯域に制限して復調しますから，少なくとも3dBは感度が良くなります．また，フェージングに対しても強くなります．

このように，同期検波はPLLを使うので，同調操作しているときはPLLの引き込みで周波数がゆらぎます．そのためキャリアがDCにならず，音になって独特の「ピュー」というような復調音が聞こえます．そこで，PLLが引き込まないときにどうするかという問題があります．いろいろと考えかたはありますが，とりあえずは包絡線検波の復調出力を出すようにして，PLLが安定してから，同期検波出力に切り替えるようにしています．

■ 電波の強さが変わっても音量が変わらないようにするAGCの実現

アンテナから入ってくる信号は，100dBくらいのダイナミック・レンジがあります．

この広いレンジのなかで，AM復調は変調信号の振幅を検出しなければなりません．図12-72に示すように，適正な復調出力を得るためには，AGC(Automatic Gain Control；自動ゲイン調整)が必要です．

AGCにはいろいろな方式がありますが，無信号だとキャリアがゼロになるSSBと比べてAMは変動しないレベル一定のキャリアが常に出ているので，比較的条件は良いといえます．実際は，「AGCはアートだ！」と言われるようになかなか難しいものです．

● I/Qデータの浮動小数点化

まずは，30ビット固定小数点I/Qデータを浮動小数点に変換します．浮動小数点化は図12-73に示すように，頭の符号と同じビットが続く数を数えます．それが指数となります．そして，このゼロをとるために左シフトすると仮数が得られます．Blackfinの場合は，この符号と同じ頭のビット数を数える命令があり，1命令で計算できます．また，この数だけ左シフトする命令もありますから，Blackfinでの浮動小数点化は簡単です．

ここで注意することは，IとQをそれぞれ単独に浮動小数点化するのではなく，どちらか絶対値が大きい(符号ビットのカウント数が少ない)ほうに合わせて固定小数点数を正規化して浮動小数点数とすることです．これは，このあとI/Qを極座標化しますが，I/Qの指数をそろえておけば極座標変換などがやりやすいからです．I/Qは一つのサンプルですから，個別の信号として浮動小数点数として扱う意味はないと思います．DSPは基本的に16ビットを基本にしていますから，仮数も16ビットで表します．

● 無線でよく使う計算が得意なアルゴリズムCORDICで極座標変換

I/Qの指数が同じで浮動小数点化されたI/Qの仮数を極座標変換します．極座標変換は，この章でもたび

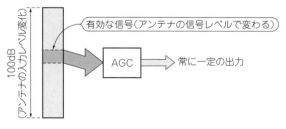

図12-72 AGCの働き

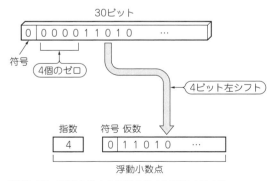

図12-73 固定小数点を浮動小数点に変換する方法

たび登場したCORDIC(COordinate Rotation DIgital Computer)アルゴリズムを使います．
　ここで位相成分も同時に計算されますが，AM信号の場合は包絡線だけを取り出せばよく，振幅成分がすなわち包絡線成分です．したがって，CORDIC処理そのものがAMの復調処理ともいえます．

● キャリア成分を抽出してDCに変換し，そのレベルが一定になるように入力のI/Q信号を正規化する

　信号処理された復調出力は，キャリアと信号成分の合成波形です．そこで，復調信号をカットオフ周波数150 HzくらいのLPFとHPFにかけて信号を分離します．もちろんLPFフィルタの出力がキャリアの出力です．キャリアは一定レベルですから，この出力はDCになります．もちろんフェージングなどがあり，必ずしも一定ではありません．その変化も含めてAGCでは，このDCレベルが常に一定になるように信号の正規化(掛け算)を行います．信号はここでは浮動小数点になっています．CORDICで計算された仮数の部分と，浮動小数点化の際に計算した指数部です．

● ゲインの掛け算を加算で実現する

　AGC処理は，信号にゲインkを掛けることです．掛け算の操作を帰還のなかに入れるのは，結構難しいことです．掛け算する値を制御する処理は非線形だからです．帰還はOPアンプで代表されるように，加算だけで処理できる線形制御にしたいところです．
　AGCの処理を式で書くと次のようになります．

$$F(t) = kC(t) \quad\quad\quad\quad\quad\quad\quad\quad\quad\quad\quad\quad (12\text{-}4)$$

　$F(t)$：AGCがかかった信号(キャリア)
ただし，k：AGCのゲイン，$C(t)$：分離されたキャリア信号
この両辺の対数を取って次のようになります．

$$\log\{F(t)\} = \log k + \log\{C(t)\} \quad\quad\quad\quad\quad\quad (12\text{-}5)$$

　ただし，logの底は，実際の信号処理では2
AGCゲイン・コントロールは$\log k$を制御すればよいので，AGCを掛け算制御から加算制御に変換したことになります．$\log\{F(t)\}$が一定の値になるように，AGCゲインである$\log k$を計算します．
　レベルが小さいときは$\log k$に適切な値を加え，レベルが大きいときは適切な値を引くような，ちょうどOPアンプの動作のようなループのアルゴリズムを作ることができます．幸いなことに，AMではここの$\log\{F(t)\}$はキャリアのレベルですので，常に一定の値になるように帰還します．

■ 復調信号にAGCゲインを掛ける

　こうして得られたAGCゲインを使って，信号のほうにも同じようにAGCをかけます．AGCゲインは，ここでは対数で得られています．一方，先ほどCORDIC後にHPFを通った成分がAM復調成分でした．これを$S(t)$とします．もちろん$S(t)$は浮動小数点で対数ではありません．そこで，次式を計算します．

$$K = 2^{\log k} \quad\quad\quad\quad\quad\quad\quad\quad\quad\quad\quad\quad\quad\quad (12\text{-}6)$$

最終的に得られるAGC後の信号は，次のとおりです．

$$KS(t) \quad\quad\quad\quad\quad\quad\quad\quad\quad\quad\quad\quad\quad\quad\quad\quad (12\text{-}7)$$

■ 自然なAGCに調整するための二つの時定数

● 時定数の決定方法

　AGC制御するうえで最も重要なのは，アタックとディケイの時定数の決めかたです．

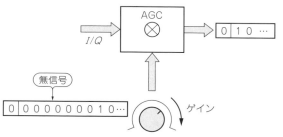

図12-74 無信号時のAGC処理はゲインを最大にする

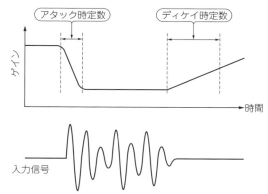

図12-75 AGC動作のアタックとディケイ

● 無信号からの急激な立ち上がりに対応する「アタック時定数」

図12-74に示すように，無信号の場合は受信機のAGCはゲインを最大にしています．そこで，大きな信号がいきなり入ると，AGCの出力は完全に飽和し，ひどいノイズになります．アナログではそれほど気にならない場合も多いのですが，ディジタル信号処理の場合には結構問題です．この急な信号入力にどのように対処するのかが，アタック時定数です．

● ゆるやかな変化に対応する「ディケイ時定数」

信号が定常的にあるときは，フェージングなどの緩やかな信号の変化に対応すればよく，アタック時定数の制御とはまったく異なります．ここの緩やかな制御のゲインをディケイ時定数と呼ぶことにします．

基準の信号レベルをRとします．Rは対数をとった後の値です．

$$\log |F(t)| - R \quad \cdots\cdots\cdots\cdots\cdots\cdots\cdots\cdots\cdots\cdots\cdots\cdots\cdots\cdots (12\text{-}8)$$

を計算します．これがゼロになるように帰還制御するのがAGCです．ただし，これをいきなりゼロにするように帰還すると，スパイク状のノイズに弱くなります．そこで，その誤差を積分したりして，いきなり変化させないのが一般的です．この積分の時定数がアタックとディケイです．信号の立ち上がり時がアタックで，信号がなくなったときがディケイです．図12-75にその様子をまとめました．

12-8　DSPによるFM復調のアルゴリズム

前節では，I/Q信号からAM信号を復調するアルゴリズムに関して説明をしました．ここでは，AM変調などの線形変調とは異なり，非線形変調(指数変調)の代表であるFM(Frequency Modulation)信号の復調のアルゴリズムを解説します．

■ 線形変調と非線形変調との違い

まず，線形変調と非線形(指数)変調との違いをおさらいします．

● AM信号は線形変調

マイクロフォンなどの現実の信号は，I/Q(複素数)で表すと，最終的に実数でなければならないので，Q成分はゼロでなければなりません．虚数軸のQは現実には存在しないからです．そこで，このサンプリングされたマイクロフォンの信号のI/Q信号をフーリエ級数展開しますと，その結果として図12-76のように，共役複素数のペアが必ず現れます．虚数ぶん(Q成分)は共役複素ペアで，プラス/マイナスでゼ

> Column
># フルディジタル無線実験ボード TRX-305MB の AGC 処理

● **アタック(attack)**

　急に大きな信号が入ってきても，できるだけ信号がつぶれないようにしなければなりません．そこで，TRX-305MBでは，20 dB以上の信号の変化がある信号が入ってきた場合と，20 dB以下の信号変化とで処理を分けています．

　20 dB以上の強力な信号変化が急に入ってきた場合，帰還処理で信号をつぶさないようにするのは，結構至難のわざです．復調した信号$S(t)$は浮動小数点の形をしています．幸いなことに，浮動小数点では，仮数部は絶対に飽和しません．そうなるように，指数部を計算しているからです．そこで強い信号が入った場合は，まずは仮数部をそのまま出力するようにAGCを制御すればいいわけです．

　$S(t)$の指数部をEとします．このとき，AGCのゲインをEにします．そうすると，得られるAGCの信号は，すなわち浮動小数点の仮数部になります．この制御を信号のアタックのときだけ行います．ただし，この処理は危険性もあります．スパイク状のノイズが入ると，それに合わせてAGCゲインを急激に下げます．そしてスパイクがなくなると信号が聞こえなくなることです．そこからのAGCの回復は，時定数が遅いディケイですから時間がかかります．ただし，AM信号の場合はディケイ時定数は割合短くてもかまいません．制御する対象がキャリアという変化の小さい信号だからです．

　20 dB以下の通常の立ち上がり信号に関して，式(12-8)がゼロに近づく時定数をアタック時定数と呼びます．あまり速すぎても，ノイズに対して弱くなります．遅すぎると，ゲインを下げるのが間に合わなくなり，頭のところで飽和が発生します．これは好みがありますから，可変できるようにしているのが一般的です．

● **ディケイ(decay)**

　聞いている信号がなくなったときに，さらに小さな信号があるかもしれませんので，ゲインを上げる必要があります．

　図12-75のように，これをどれくらいの時定数で上げていくかが，ディケイ時定数です．これも好みがありますので，一般的にはFAST，MID，SLOWの3段階で切り替えられるようにしているのが一般的です．

　AM信号は常にキャリアが出ていますから，FASTで問題ないと思います．SSBなどは平均値で制御しないといけないので，SLOWのほうが適しています．TRX-305MBでは，連続の数値で設定を変えられるようになっています．

ロになります．

　この信号のスペクトルは真ん中が周波数ゼロですが，これを**図12-77**のようにスペクトル上で平行移動して，中心の周波数をf_CとしたのがAM変調です．平行移動してもスペクトルの形は変わりません．復調はf_Cを再びゼロまで戻せばよいわけです．周波数を線形に移動するという意味で，これを線形変調と呼んでいます．

● **FM信号は非線形変調**

　一方，FM変調の場合は，次のように表せます．

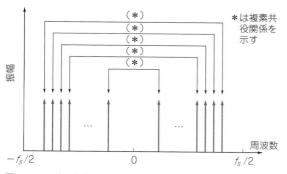

図12-76 共役複素数スペクトルのペア

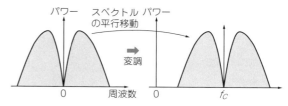

図12-77 線形変調であるAM変調波のスペクトラム

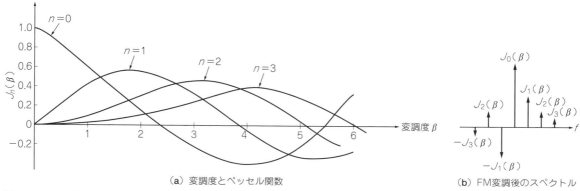

(a) 変調度とベッセル関数　　　(b) FM変調後のスペクトル

図12-78 FM変調のスペクトラム

$$Y(t) = r\, e^{j(\omega_C + \Delta\omega X(t))t} \quad\quad (12\text{-}9)$$

　　$X(t)$：変調信号，r：振幅

変調信号が指数関数の中に入っていますから，線形関数ではありません．そのため指数変調とも呼ばれます．

実際にこれをフーリエ変換すると，スペクトルは**図12-78**のようにベッセル関数に従った形をしており，変調信号のスペクトルとはまったく異なります．すなわち，復調はAM信号のように簡単にキャリアの周波数を平行移動するだけで復調できるような，簡単な変調ではなくなります．

■ FM復調の基本

復調にあたっては，まずは式(12-9)から指数の位相の部分だけを取り出す必要があります．もちろん，式(12-9)で示される$Y(t)$はI/Q信号の複素数表現です．まずは複素周波数変換を行います．

$$Y(t)e^{-j\omega_C t} = r\, e^{j\Delta\omega X(t)t} \quad\quad (12\text{-}10)$$

　　j：虚数単位

が得られます．もちろん計算はすべて複素数で行います．ここで具体的には，

　　$e^{-j\omega_C t} = -\sin\omega_C t + j\cos\omega_C t$

です．

式(12-10)を極座標変換すると，振幅rと位相$\Delta\omega_C t$が得られます．$\Delta\omega X(t)t$は位相ですので，単位としてはラジアン[rad]です．

振幅rは，FM信号では復調に使いません．送信のときにはrは一定の値ですが，受信では**図12-79**のように，フェージングなどのさまざまな影響を受けて一定値になりません．そこでこの悪影響をとるため

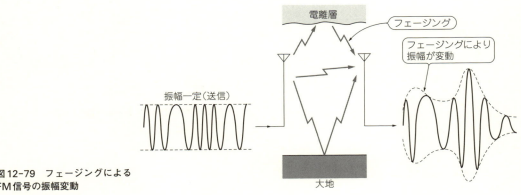

図12-79 フェージングによる
FM信号の振幅変動

に，アナログのFM復調では，リミッタにかけて振幅変動の影響を除きます．そのため，FMの最大の特徴であるフェージングの影響を受けにくい特性が得られます．ディジタル信号処理でrの信号を復調に使わないことは，言い換えれば理想的なリミッタにかけたのと同じ処理だといえます．

ここから，$X(t)$を取り出すためには，$\Delta\omega X(t)t$を時間tで1次微分すればよいわけです．これで，$\Delta\omega X(t)$が得られ，FM復調が得られたことになります．

必要なのは位相だけなので，AMのときに必須なAGC処理は必要ありません．FM復調のディジタル信号処理では，AGCは一切かけていません．おまけに，TRX-305MBの場合は，アナログ回路にもAGCはありませんから，アンテナから入って来た信号は復調出力までの間，一切AGCの処理は通りません．

ここで一番重要な関係が示されています．位相を時間微分すれば周波数になり，周波数を時間積分すれば位相になるという関係です．これはディジタル信号処理ではとても大切な関係ですので，覚えておくことが必要です．

■ 実際のFM復調処理

● 位相の時間差分をとる

位相を1次時間微分すれば，FM復調ができることがわかりました．しかし，$\Delta\omega X(t)t$は任意の関数なので，数式計算で微分を行うことはできません．唯一考えられるのは，1次の時間微分を，1次の時間差分に変えることです．

これをz変換で考えます．サンプリングされた信号の1サンプル遅延はz^{-1}で与えられます．したがって，

$$\frac{1}{2}(1-z^{-1})$$

が，1次微分の代わりに使える差分形式になります．

もちろん微分と差分は似ていますが，そもそも違います．その違いは，$X(t)$の周波数が高ければ高いほど，真の微分からずれてくることです．どのようにずれるかを図12-80に示します．図12-80の横軸は，周波数をサンプリング周波数で割った正規化周波数で表しています．理想的な微分は直線の出力でなければなりませんが，サンプリング周波数で正規化された周波数で0.15を超えた$X(t)$の信号あたりから，ひずみが目立つようになります．

これを補正して，できるだけ理想に近い微分の応答を得るために，補正フィルタにかけるのが一般的です．ところが問題があります．計算の対象が位相であることです．有限桁の位相を直接フィルタにかけて補正することはできません．有限桁の位相は前にも説明しましたが，不連続性があるからです．唯一，前に説明した2のベキ乗表現の位相の差分に対しては，仮想的に無限桁を想定することで影響がなくなります．

そこで，差分の結果に対して補正フィルタをかけることにします．

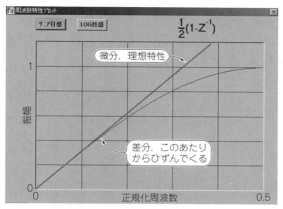

図12-80 理想的な時間微分方式ではなく，現実的な時間差分方式でFM復調したときの誤差のようす

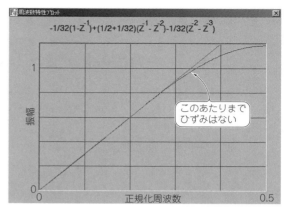

図12-81 補正フィルタにかけると誤差を減らせる

$$D = \frac{1}{2}(1 - z^{-1})$$

とします．Dはすなわち差分の値です．位相自体を直接ではなく，このDを入力としたFIR補正フィルタにかけます．さらに，FPGAでのハードウェア実装も考えて乗算器を使わないようにします．

$$Y = \left(\frac{1}{32}\right) + \left(\frac{1}{2} + \frac{1}{32}\right)z^{-1} - \left(\frac{1}{32}\right)z^{-2}$$

その補正フィルタにかけた結果を図12-81に示します．劇的に改善しているのがわかります．正規化周波数の0.35くらいまでの信号に対しては，ほぼひずみがないような感じで使えるようになりました．

● ディエンファシス処理

FMの変調では，FMの三角ノイズの影響を軽減するために，エンファシスをかけるとFM変調のときに説明しました．FMの復調では，その逆特性のディエンファシス処理を行って，出力の周波数特性がトータルで平坦になるようにする必要があります．

送信側のエンファシスは，図12-82のようなCRネットワークで行われています．その特性は，時定数$\tau = CR$で決まります．τの単位は時間です．そのため，エンファシスの特性を示すのに「τが$75\mu s$である」といった表現をします．その場合は，ディエンファシス時定数は$75\mu s$になるように設計します．ディエンファシスは，アナログ回路では，図12-83のようなCR回路です．時定数は同じく$\tau = CR$です．

FM放送の場合は広帯域変調信号なので，$75\mu s$または$50\mu s$が一般的です．音声通信用の狭帯域FM信号の場合は，$750\mu s$付近に設定されているのが一般的です．ディジタル信号処理ではCR回路を入れることは容易ではないので，図12-83で得られるであろうCR時定数$750\mu s$の周波数特性を，FIRフィルタで実現します．

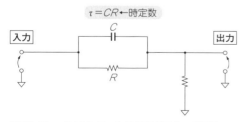

図12-82 プリエンファシスを行うアナログ回路

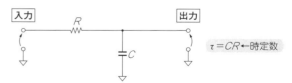

図12-83 ディエンファシスを行うアナログ回路

Column

角度の差分を正しく計算するテクニック

位相は±πラジアン，もしくは±180°で表しますが，位相の同じ方向の回転の連続に対して不連続関数になっており，微分不可能です．例えば，179°から反時計周りに2°回転すると，−179°になります．差分は−2°にならないといけませんが，

$$-179° - 179° = -358°$$

となり，とんでもないことになります．

そこで，360°を図12-80のように2のベキ乗になるように正規化します．そうして，不連続にならないように，無限大桁で位相を表現します．すなわち反時計方向回転で，+180°の次は+181°となり−179°とはならないようにします．

同じ方向に回転する位相ならば，永遠に大きな角度になりますが，仮想的にどんな大きな角度でも表現できる無限大桁を考えます．しかし，無限大桁のうち，360°ぶんの桁を見たときには，359°の次は0°となってつじつまが合っています．そのうえで図12-Aのように，差分を計算すると，2のべき乗で360°を表現した場合，ある一定以上の無限大桁ぶんは差分としての引き算の結果には直接の影響がないことがわかります．すなわち，360°を2のベキ乗でぴったりなるように正規化すれば，位相の実際のレジスタ長は，とりあえず360°ぶんあればよいことになります．このあたりの考え方は前に説明したCICフィルタの積分器を仮想的に無限大桁と考えるのと原理的には同じです．

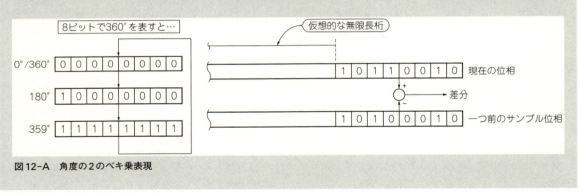

図12-A 角度の2のベキ乗表現

ほかにも実現方法はあると思いますが，ここでは15タップのFIRフィルタで実現しています．それはFIRフィルタで設計すれば，すでにあるFIRフィルタの係数と畳み込み計算をすることで，新たにフィルタの処理のステージを増やさなくてもすむからです．

図12-84のように，既存の信号系に入っているFIRフィルタの係数とディエンファシスのFIRフィルタの係数を畳み込みすることで，元あるFIRフィルタの係数だけを変えることで実現できます．フィルタ設計は図12-85で示すように，7バンドの設定で設計しています．設計には私が作ったFIRフィルタ設計ソフトウェアを使っています．正確に図12-83の特性ではありませんが，大体の近似としてディジタル・フィルタで実現しました．

● 過変調特性

これは，ディジタル信号処理とは直接関係ないのですが，FM通信を利用していろいろな応用を考える場合にとても大切なので解説します．

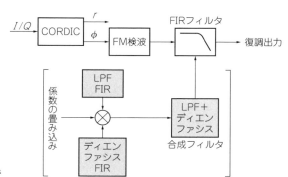

図12-84 ディエンファシスの組み込み

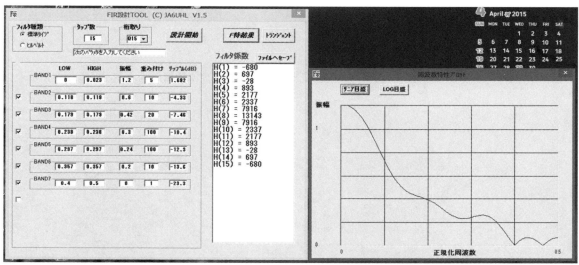

図12-85 ディエンファシス用フィルタの設計例

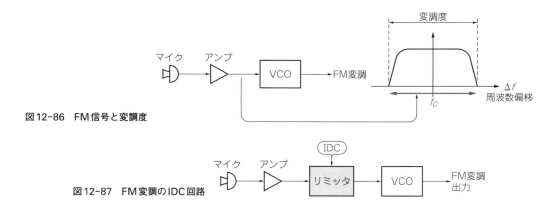

図12-86 FM信号と変調度

図12-87 FM変調のIDC回路

　図12-86のように，FMはマイクからの信号などの，変調信号の振幅によって変調周波数偏移（変調度）が決まります．周波数偏移が広いと，それだけ変調後の周波数帯域が広がってしまいます．そこで必要以上に帯域幅が広がらず，法定で定められた占有帯域幅に収まるように図12-87のような構成で，変調信号がある一定以上の振幅にならないように振幅制限をかけます．これをIDC（Instantaneous Deviation Control）回路と呼びます．
　マイクの前で大声で話すと，リミッタ（クリッパ）回路によって大振幅がカットされて，ひずんだ音にな

ります．FM変調では小声で話し，変調度を下げたほうがひずみのないきれいな音になります．これは特にディジタル変調の場合に重要な特性です．音声では，高域のスペクトルは小さいからです．

さらに問題を複雑にしているのが，プリエンファシスです．プリエンファシスでは，変調信号の高域の周波数特性を持ち上げています．すなわち，変調信号の周波数が高いほど，IDC回路によって振幅制限されることになります．低い周波数成分はIDC回路で制限されないで，周波数が高くなるにつれて制限されてひずんでくるのです．

図12-88は，FMトランシーバのマイク入力と復調出力の特性をプロットした例です．マイク入力で振幅が一定の信号を入力し，周波数だけ変化させたときに測定した特性です．パラメータとしてマイク入力の信号レベルをとってグラフにしてあります．ディエンファシスとIDC回路によるひずみ特性の特徴が顕著に出ています．

■ スケルチ処理

● 無信号を検出してミュートする機能

無信号のときにFM信号はひどい耳障りなノイズを発生します．そこで無信号を検出して，無信号のと

Column

線形信号のアナログFM変調には要注意

写真12-Aに示すのは，OFDM無線モデムです．もともとHF帯のSSBアナログ無線機で，ディジタル変調を可能とするように設計したディジタル音声モデムです．これを使って既存のアナログFMトランシーバのマイク入力からディジタル変調を乗せようとした場合，大きな問題を引き起こします．

OFDMは線形変調です．おまけにGMSKなどとは違ってピーク・アベレージ比が大きく，スペクトルが白色雑音に近いのが特徴です．

この変調信号をマイク信号の変わりに入力する場合，図12-87で示したように，高域の信号がIDC回路でクリップされて大きくひずみます．線形変調のOFDMにとっては受け入れられません．

したがって，できるだけ小さな振幅で変調をかけるようにレベルを設定することが重要です．接続実験で通信ができないので，通信ができるように変調の振幅を上げて，より大きな復調信号を得ようとすると逆効果で，ますます通信ができなくなってしまいます．

むしろ変調度を下げるように振幅を絞る必要があるのです．AMなどの線形変調での直観とは，逆になりますから注意が必要です．

写真12-A　OFDM無線モデム（ARD9800，AOR）

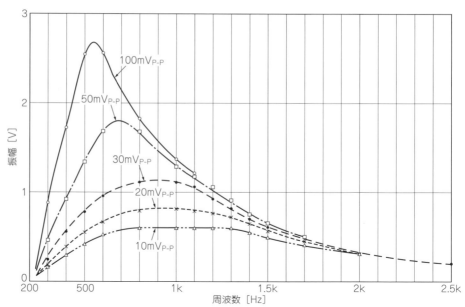

図12-88 FMトランシーバのマイク入力と復調出力の周波数特性

きにはスピーカから音を出さないようにミュートするようにしたのがスケルチ(squelch)です．FM通信ではとても重要な機能です．

　AM通信でもスケルチを使うことはありますが，一般的にはAMではスケルチはかけません．FMのように急激に受信状態が悪化するわけではなく，信号の強弱でノイズに埋もれているAMの復調音を聞く醍醐味があります．むしろAMの無信号のノイズは心地よく，受信しているという実感があります．

　スケルチを働かせる方法としては，以下の四つの種類があります．

● レベル・スケルチ

　アンテナの信号レベルを読み取り，それがある一定以下になったら，スピーカ出力をミュートします．TRX-305MBではアナログ回路には一切AGC回路が入っていませんから，ディジタル信号処理でアンテナ入力のレベルの絶対値を読むことは難しくありません．

● ノイズ・スケルチ

　FM特有の復調音に含まれる特徴的なノイズを検出することで，スケルチをかけることができます．基本的にレベル・スケルチと同等の働きですが，レベル・スケルチは周波数によってアンテナの感度が変わったりすると，閾値の設定を変えなければならない場合も出てきます．しかし，ノイズ・スケルチはアンテナの信号レベルとは直接には関係ありませんから，閾値の設定を頻繁に変える必要はなくなります．

　レベルとノイズのどちらがよいかは，好みの問題なので決められません．

● **CTCSS(Continuous Tone-Coded Squelch System)**

　トーン・スケルチと呼ばれるものです．図12-89のように，マイク信号の下側の帯域300 Hz以下の信号をカットして，そこに表12-1で示される周波数のトーン信号(正弦波)を乗せます．受信側では，送受信間で設定され重畳されたトーンの周波数が検出されたときだけ，選択的にスケルチを開いてスピーカから音を出すようにするものです．

　レベル／ノイズ・スケルチでは，入力した信号はすべてスケルチが開きますが，トーン・スケルチはあ

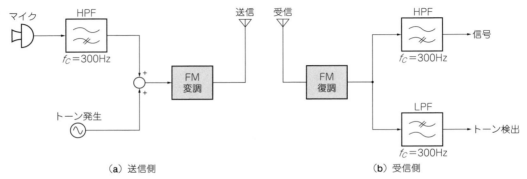

図12-89 トーン・スケルチの構成

表12-1 CTCSSのトーン周波数

	n0	n1	n2	n3	n4	n5	n6	n7	n8	n9
0n	–	60	67	69.3	71.9	74.4	77	79.7	82.5	85.4
1n	88.5	91.5	94.8	97.4	100	103.5	107.2	110.9	114.8	118.8
2n	120	123	127.3	131.8	136.5	141.3	146.2	151.4	156.7	159.8
3n	162.2	165.5	167.9	171.3	173.8	177.3	179.9	183.5	186.2	189.9
4n	192.8	196.6	199.5	203.5	206.5	210.7	218.1	225.7	229.1	233.6
5n	241.8	250.3	254.1	–	–	–	–	–	–	–

表12-2 DCSのディジタル・コード

17	23	25	26	31	32	36	43	47	50
51	53	54	65	71	72	73	74	114	115
116	122	125	131	132	134	143	145	152	155
156	162	165	172	174	205	212	223	225	226
243	244	245	246	251	252	255	261	263	265
266	271	274	306	311	315	325	331	332	343
346	351	356	364	365	371	411	412	413	423
431	432	445	446	452	454	455	462	464	465
466	503	506	516	523	526	532	546	565	606
612	624	627	631	632	654	662	664	703	712
723	731	732	734	743	754	–	–	–	–

らかじめ決められた相手だけに選択的にスケルチを開くことができます．しかし，**表12-1**に示したようにトーンの周波数間隔はとても狭く，これを精度良く検出するのは慎重に設計した処理を搭載する必要があります．

● **DCS（Digital Code Squelch）**

CTCSSの正弦波の代わりに，134.4 Hzクロックによるディジタル・コードを使ってスケルチ情報を送るものです．コードは**表12-2**のような3桁のオクタル（8進数）の番号で示されます．そして，あと3ビットの固定コードを加えた12ビットのデータからなっています．

12ビットのデータには，ゴレイ符号（Golay code）化によって，11ビットのパリティが付加され，コード全体の長さは23ビットになります．

23ビットのデータは切れ目なく，同じフレームが繰り返され，送信の間は連続で送られます．連続で送る場合，受信側でデータのフレームの切れ目がわからない場合があるので，3オクタルの組み合わせは全部使えません．使えるのは**表12-2**に示したものだけです．これと固定コード，およびゴレイ・コードのシンドロームを計算した結果の誤り率でフレームを検出します．

CTCSSに比べて，微妙な周波数の違いを検出する必要がなく，安定した選択的スケルチ・システムを

得ることができます．ノイズに対して強いDCSの検出の実現には，いかに134.4 Hzのクロックを安定的に再生するかが重要です．134.4 Hzのクロックの再生には，PLLを使っています．PLLを含むDCS検出はすべて，FPGAの回路で行っています．

12-9　DSPによるSSB復調のアルゴリズム

　帯域が3 kHzの信号をAM変調すると，共役スペクトルのUSB（Upper Side Band）とLSB（Lower Side Band）の二つの信号が生まれ，変調後の帯域が2倍の6 kHzに広がります．基本的にUSBとLSBは同じ情報の信号ですから，片方だけを送ることができれば，占有帯域幅を一挙に信号帯域幅と同じ3 kHzにできます．混み合った電波状況のなかで効率的に電波資源を利用する意味からも，特に短波帯の通信においてはSSB（Single Side Band）が主流になりました．

　USBもしくはLSBだけの信号は，複素数を使うI/Q解析信号そのものです．すなわち現実に存在しない複素解析信号だけです．もちろん現実のオシロスコープ上のSSBの信号は，解析信号の虚数は表現できませんから，図12-90のように共役複素ペアになっています．しかし，SSB信号の受信処理でA-Dコンバータでディジタル信号として取り込まれてI/Q（解析信号）になってしまえば，複素数の扱いになります．言い換えれば，I/Qの処理をしなければ信号処理ができないということです．AMは，解析信号であっても常に共役のペアで，虚数部はキャンセルされ，実信号だけで表現できます．I/Qの信号処理の必要性はありません．SSBはAMよりはるかに複雑な復調処理を必要とします．

■ アナログによるSSBの復調

　ディジタルでのSSB復調の説明に移るまえに，アナログではどのように処理されているかを簡単に説明します．

● 超狭帯域なバンド・パス・フィルタが必要

　図12-91に示すように，狭帯域（2.4 kHz）のIF（Intermediate Frequency；中間周波数）フィルタに信号を通します．

　例えば14.200 MHzの変調信号を受信する場合，SSB変調のときは14.200 MHzはキャリアの周波数です

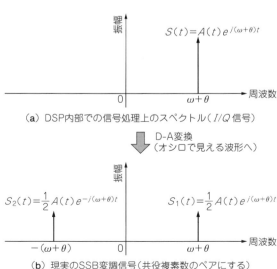

図12-90　SSB信号のスペクトラム構成

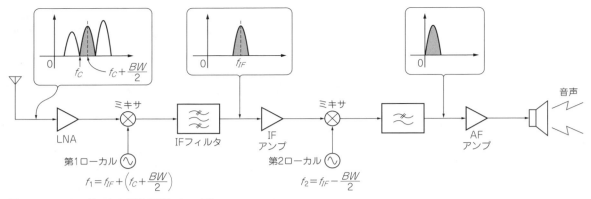

図12-91 アナログによるSSB復調(USBの例)

から，それを中心とするIFフィルタに信号を通すとうまくありません．図12-91のようなUSB変調の場合，余計なLSBも信号（この場合はノイズ）として通すからです．

そのときは，IF周波数変換のときに，図12-91のようにUSBの信号帯域BWのちょうど半分のところにIFの中心周波数がくるように前段で周波数変換します．そうしてIFフィルタを通すと，LSBの帯域の信号は通らず，USB帯域側の信号だけが取り出されます．

ところがアナログの場合，IF周波数は一般的に9 MHzといった高い周波数が用いられます（455 kHzも使われる）．中心周波数9 MHzに対して2.4 kHzの通過帯域というきわめて急峻なバンド・パス・フィルタが必要です．これはLCフィルタでは到底実現不可能で，クリスタル・フィルタやセラミック・フィルタが用いられます．

一般的に，このような急峻なフィルタは特殊フィルタで，入手が難しいことが多いといえます．そこでアマチュアの場合は，水晶振動子を梯子型に組んで水晶ラダー・フィルタを作ったりします．さらに，このようなフィルタの位相特性はあまり良くないので，ディジタル通信などに向きません．このフィルタ特性がアナログ方式の一番の問題点です．

最後にこのIFフィルタ出力に，図12-91（USBの場合）のf_2のようにIF周波数 − (SSBの信号帯域/2)の周波数でベースバンド信号に周波数変換（ミキサ）すると，USB信号の復調ができます．これをフィルタ方式のSSB復調といいます．アナログのSSBの場合，ほとんどこの方式がとられます．

■ ディジタルによるSSBの復調

ディジタルでSSBを復調する場合，図12-92に示すように二つの方式が考えられます．

● 方式① ウェーバー方式

図12-92(a)の方式はウェーバー方式です．基本的にはアナログ方式と同じですが，異なるのは信号処理はI/Qで行うため，ゼロIFで処理を行います．

アナログではIF周波数として0 Hzを選ぶことはできません．例えば9 MHzの高い周波数で信号処理を行う必要があり，IFフィルタの実装が簡単ではありません．

ディジタルではI/Qで信号処理するので，マイナスの周波数の表現ができ，IF周波数として0 Hzを選べます．すなわち，IFフィルタの実現として，一般的なディジタル・フィルタを使っても十分に実現できるのです．ディジタルでも高い周波数のIFのままで信号処理ができますが，アナログのような急峻なディジタル・バンド・パス・フィルタを実現することは，実装上現実的ではなく不可能に近いといえます．

ただし，IとQでそれぞれのディジタル・フィルタが必要です．ゼロIFに変換する場合は，アナログと同

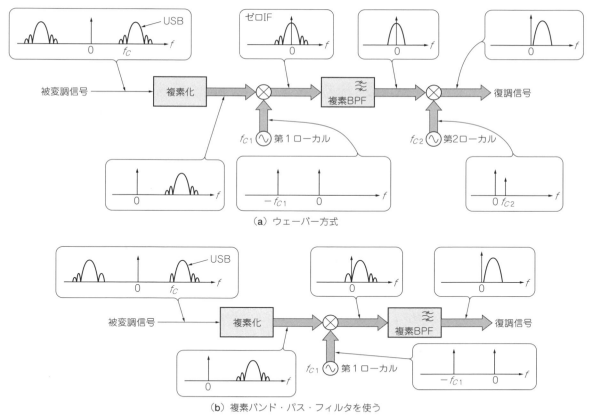

図12-92 ディジタルSSB復調の方法

様にSSBの信号帯域のちょうど半分のところの周波数がちょうどゼロになるように計算します．そのあとI/Qのディジタル・フィルタに通します．ここでは中心周波数ゼロのバンド・パス・フィルタですが，ディジタル・フィルタとして設計する場合は，図のように通過帯域の半分のロー・パス・フィルタを設計します．

ディジタル・フィルタの実装には，FIR（Finite impulse response；有限インパルス応答）とIIR（Infinite impulse response；無限インパルス応答）の二つの種類から選べます．高速にスキャンする必要がある場合は，信号遅延ができるだけ小さい最小位相推移フィルタのIIRタイプを選ぶことが一般的です．信号遅延より信号のひずみが気になる場合は，直線位相の群遅延フラットの特性が簡単に設計できるFIRタイプを選びます．すなわち目的に合わせて選びます．

フィルタに通されて帯域制限されたI/Q信号は，元のキャリアの周波数がゼロになるように，先ほどずらした信号帯域の半分の周波数ぶんだけ複素周波数変換（複素ミキサ）を通してSSBの復調波形を得ます．

● 方式② 複素バンド・パス・フィルタ

図12-92（b）の方式でも復調できます．これはアナログで実現は難しいと思います．ディジタル方式ならではの方式です．

ウェーバー方式のように信号帯域の中心がゼロになるように周波数変換しないで，そのままキャリアの周波数がゼロになるように変換します．ディジタルだけに可能といわれるのは，そのあとのバンド・パス・フィルタは普通の実係数のディジタル・フィルタではなく，回転子を伴う複素係数のディジタル・フィルタになるからです．複素数の掛け算ですから，1タップにつき4回の掛け算が必要です．先ほどのウェー

バー方式の2倍くらいの計算量になります．

　しかし，フィルタに通した信号はウェーバー方式のようなさらなる周波数変換は不要です．そのまま復調信号となります．

＊

　どちらが良いのかは難しいですが，設計のやりやすさなどから一般的にはウェーバー方式が選ばれることが多いと思います．

■ SSBとAMの違い

　SSBもAMも両方とも線形変調で，かつ振幅変調です．SSBはAMの片方のサイド・バンドだけの信号といわれても，なかなかイメージできないのではないでしょうか？

　フルディジタル無線実験キット（TRX-305）を使って，1kHzのトーンを変調信号として使い，AMとSSBを発生させてみました．SSBはLSBの場合を示しています．

● AM信号のスペクトラムと波形

　図12-93に示すのは，AMスペクトラムです．スペクトラム・アナライザ（RIGOL DSA815）を使って測りました．キャリアとLSB，USBの3本のスペクトラムが見えます．後出のSSB（LSB）は（図12-95），LSBだけの1本のスペクトラムです．ちなみにノイズ・フロアがずいぶん高いですが，これはDSA815の限界で，別のもっと高級なスペクトラム・アナライザを使えばもっと下がります．

　このスペクトラムはこれまでの説明を裏付けるもので，よくわかるのではないかと思います．しかし，これを時間軸の実波形で見るとどのような違いがあるのでしょうか．

　図12-94はAM信号をオシロスコープ（GDS1152A）で測定した波形です．キャリアの信号の包絡線が変調の1kHzになっているのがよくわかります．これもよく見る波形なので，予想どおりです．

　USBとLSBをI/Qで表すと，互いに複素共役の関係にあります．すなわち，その和は虚数項（Q軸）がキャンセルされ，変調信号はI軸に張り付きます．したがって信号の位相は，キャリア位相に対して180°，もしくは－180°で回転はしません．言い換えると，変調信号はキャリアに対して位相変調はかかりません．変調の情報はキャリアの包絡線にしかありません．

● SSB信号のスペクトラムと波形

　図12-95に示すのは，SSB変調の信号のスペクトルです．キャリア周波数は7MHz，被変調信号は1kHzトーンで，LSBのスペクトルです．6.999MHz（＝7MHz－1kHz）にスペクトルが見えます．図12-96に示すのは，図12-95のスペクトルの信号をオシロスコープで観測した時間軸波形です．スペクトラムは1本なのでビートもなく，単なるキャリア周波数から－1kHzずれた（6.999MHz）連続CW波形です．

　キャリアが7.000MHzであるとあらかじめわかっていないと，この波形を見ただけでは，変調がかかっているのかどうかさえもわかりません．そのため，受信のとき，受信している音は必ずしも送り側の変調信号と同じ音であるとは限りません．受信側では確認のしようがないからです．

　SSB受信機は，測定器を使わずに，復調音を聞きながら耳で同調をとることができます．人の有声音は，ピッチ周波数とその倍音で構成されており，人はそれらのレベル関係で声の違いを認識します．SSBの同調がずれると，有声音の倍音関係が崩れます．このとき，ドナルドダックのような音に聞こえます．耳を使ってSSBを同調するときは，このドナルドダックを人の声に近づけます．

● 復調にはAFCが必須

　SSBは，送り側の変調信号の周波数とまったく同じ周波数で復調することは不可能に近いことです．こ

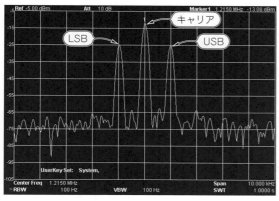

図12-93 AM信号のスペクトラム(センタ：1.215 MHz，スパン：10 kHz)
f_C=1.215 MHz，f_S=1 kHz（正弦波），フルディジタル無線実験キットTRX-305で実測

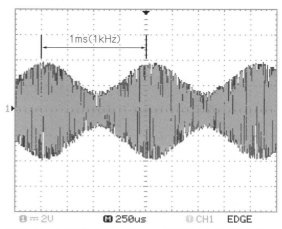

図12-94 AM信号をオシロスコープで観測した波形(2 V/div，250 μs/div)
フルディジタル無線実験キットTRX-305で実測

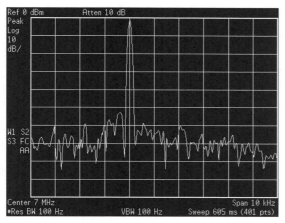

図12-95 SSB信号のスペクトラム(センタ：7.000 MHz，スパン：10 kHz)
f_C=7.000 MHz，f_S=1 kHz（正弦波），フルディジタル無線実験キットTRX-305で実測

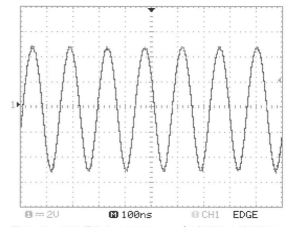

図12-96 SSB信号をオシロスコープで観測した波形(2 V/div，100 ns/div)
フルディジタル無線実験キットTRX-305で実測

れはディジタル変調を行う場合に大きな障害となります．変調方式によっては何らかの手段でAFC（Automatic Frequency Control）の機能がないと，うまく復調することはできません．

　OFDM（Orthogonal Frequency Division Multiplexing）の変調も同様です．コラムで示した短波帯ディジタル音声モデムは36本のキャリアを使ったOFDMで変調しています．キャリア間の周波数差は50 Hzしかなく，SSBの同調では簡単に50 Hzはずれます．OFDMは周波数ずれにはめっぽう弱く，強力なAFCの機能が必須です．

● 電力効率が高いので弱い信号でも通信できる

　AMもSSBもともに振幅変調ですが，AMの場合は変調信号がなくなると，キャリアだけになります．一方，SSBは信号そのものがなくなります．言い換えれば，AMは無変調なのにも関わらず信号が出ているので，とても無駄なエネルギを送っています．SSBは送るパワーのほぼ100％を使って通信しており，かつ帯域が半分ですみますから，AMよりも弱い信号でも通信できる優れた変調方式です．

Column

SSBのIFフィルタ帯域の連続可変

次のような理由で，IFフィルタの帯域は最適な幅に設定したくなります．
(1) 帯域を狭くすると感度が上がる　(2) 帯域を狭くするととなりの信号のかぶりを除去できる
(3) 帯域を広くすると了解度(メリット1～5)が上がる

● アナログ回路によるIFフィルタの帯域の連続可変

アナログ回路で連続可変を実現するのは簡単ではありません．帯域の異なる高価なクリスタル・フィルタを何個も並べて切り替える必要があります．

アナログでもIFシフトという機能があります．IFフィルタに信号を通すときに，信号をIFの中心ではなくて，少しずらします．すると，あたかもIFフィルタの帯域が連続に変わるような機能を実現できます．そのIF信号を復調する際に，そのずらした周波数ぶんを補正して復調すれば，問題なくSSBの復調ができます．ただし，高いほうの周波数のSSBの信号がかぶるときに使うので，高域の通過帯域を削るだけで，低域は逆にノイズぶんを拾います．

● ディジタル処理によるIFフィルタの帯域の連続可変

この処理はディジタルでも行うことができます．ディジタルの場合はIFシフトを2段にして，信号の低域側も高域側も削るようにすれば，見かけ上は連続可変帯域のIFフィルタを実現できます．ただし，**図12-B**に示したように2回周波数をずらすので，3回の複素周波数変換が必要です．アナログでも同じことはできますが，実装は難しいと思います．

この方式のよいところは，IFバンド・パス・フィルタの帯域を変えるだけではなく，上と下のカットオフ周波数を独立かつ連続的に可変することができます．

フルディジタル無線実験キット(TRX-305)の付属DSPソフトウェアには単純なIFシフトの機能は付いていますが，連続可変帯域IFフィルタの機能は入れていません．ぜひチャレンジしてください．

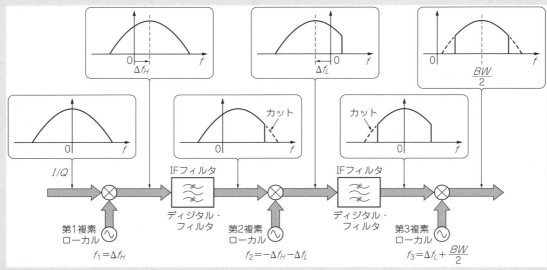

図12-B　ディジタル信号処理による連続可変型のIFフィルタ

● 振幅だけでなく位相も変調する複雑な処理が必要

　ここでちょっと考えてみてください．SSBの場合は1 kHzの変調に対して，キャリア周波数が1 kHzずれて6.999 kHzになりました．SSBは振幅変調ですが，FMのような周波数変調にもなっています．AMとは違って，振幅と位相が同時に変調された複雑な方式です．そのため，位相も表現できる解析信号（I/Q）でしかSSBは表現できません．

● SSBのFM的復調（RZSSB）

　先ほどSSBの信号はFM変調の要素があるといいました．これを突き詰めると，SSBの復調においてFM復調を応用できるのではないかという予想ができます．完全なキャリアなしのSSB変調では無理ですが，SSBにキャリア信号を付加し，変調において位相反転が起きない（100％以下の変調）ような信号に対しては不思議なことにFM復調を利用して復調できます．このSSBにキャリアを付加した変調をRZSSB（Real Zero Single Side Band；実数ゼロ点単側波帯）と呼んでいます．

　FM復調方式のメリットはなんといっても，信号の位相情報だけを使って復調できることです．すなわちフェージングで汚染された振幅成分は使わないですみますから，フェージングに対して強い復調方式を構築できます．実際には，FM復調しただけでは，ひずみが含まれますから，図12-97のようなひずみ補正処理を入れて復調します．

　このRZSSB方式は一部で実用化されています．ただAMと同じく，無駄なエネルギをキャリアの送信に使っていますから，S/Nの面で考えると不利です．そのほか，通常のAM放送も片方のサイド・バンドをフィルタで切れば，RZSSBの信号になるので，FM検波をAM放送の復調に使うことができます．

● AGCは必要だけど一工夫要る

　振幅信号の復調にはAGC（Automatic Gain Control）が必須です．AMの場合は，常に一定レベルのキャリアが出ていますから，受信した信号のキャリア・レベルが常に一定になるように，AGCをかければ済みます．比較的正確にAGCがかけられます．しかしSSBの場合はキャリアがありません．AGCでゲインを一定にするような，参照信号がないのが問題です．

　そのためSSBでは，信号の平均電力を検出してAGCをかけることになり，AGCの設計はかなり難しくなります．特にAGCのリリース時定数はかなり遅くする必要が出てきます．人の声の変調の場合は，声の強弱やポーズに意味がありますから，それらをAGCで吸収すると了解度が悪くなってしまいます．信号がなくなってもある程度ゲインを保持するような，長い時定数が必要です．

　本章で利用しているフルディジタル無線実験キット（TRX-305）の場合は，A-Dコンバータの入力までの信号は，アンテナから一切ハードウェアによるAGCは掛かっていません．DSPもしくはFPGAのディジタル信号処理でAGCをかける必要があります．AMでも話しましたが，ノウハウの詰まった難しい部分です．

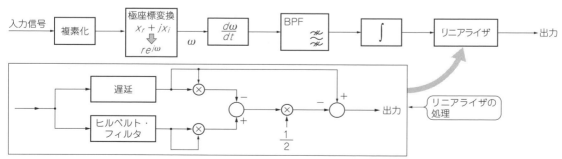

図12-97　SSBのFM復調方式ではひずみ補正処理を入れる

12-10 データ通信のためのディジタル変調技術

■ CW変調

● マニュアルでメッセージを1/0の符号に変調するモールスのディジタル変調版

CWは，長点と短点の組み合わせのコード（モールス符号）でメッセージを伝送するディジタル通信技術です．

図12-98のように，キー（電鍵）が押下されたときだけ電波が出るような，とてもシンプルな構造です．しかし占有帯域という観点からは，通信速度（いかに速くキーをたたくか）は問題になるような速度ではないですが，図12-99のような急に現れる切り立った信号波形に大きな問題があります．

図12-100に示すように，矩形波には非常にたくさんの高調波成分が含まれ，これで線形変調であるCW変調をかけると，とんでもなく占有帯域が広がります．

● 方形波を群遅延一定の直線位相フィルタに通して変調波形を作ると音質が良くない

CWの占有帯域を広げないようにするためには，図12-101のように変調波形の立ち上がり／立ち下がりを急峻にしないで滑らかにします．すなわち音声通信と同じように，変調（掛け算）の前に帯域制限フィルタにかければよいわけです．

CWはディジタル通信の一種ですので，帯域制限フィルタの位相特性は直線位相，言い換えれば群遅延フラットが好まれます．

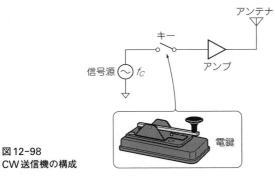

図12-98 CW送信機の構成

図12-99 立ち上がり／立ち下がりが急峻なCW波形

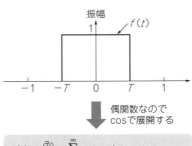

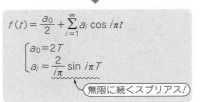

図12-100 矩形波のフーリエ級数展開

$$f(t) = \frac{a_0}{2} + \sum_{i=1}^{\infty} a_i \cos i\pi t$$

$$\begin{cases} a_0 = 2T \\ a_i = \frac{2}{i\pi} \sin i\pi T \end{cases}$$

無限に続くスプリアス！

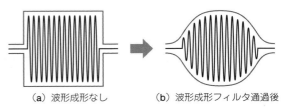

（a）波形成形なし　　（b）波形成形フィルタ通過後

図12-101 波形の立ち上がり／立ち下がりを滑らかにする

これまでのフィルタの説明で群遅延フラットと言えば，FIRフィルタによる直線位相フィルタが考えられます．確かに群遅延特性では問題ないのですが，CWはディジタル通信であると同時に，人間の耳によって聞き取る音声通信でもあります．直線位相FIRフィルタに矩形波を入れたときの出力を図12-102に示します．波形の立ち上がりにオーバーシュートとアンダーシュートが発生しています．これを人の耳で聞くと，多くの人が不快に感じます．この波形の乱れは，周波数特性をフラットに設計すると避けられないものです．矩形波のフーリエ級数展開を帯域制限するために一定以上の周波数成分を取り除き，逆フーリエ級数展開すると，理論的にこのオーバーシュートとアンダーシュートが発生します．

● 方形波をガウス特性フィルタに通して変調波形を作ると音質も良好で群遅延も一定になる
▶一番ガウス特性に近い5次ベッセル

直線位相フィルタは，フィルタの振幅特性がフラットであることが問題です．

群遅延はフラットのままで，振幅特性をフラットではなくなだらかに減衰するガウス・フィルタがCW変調に適しています．アナログ・フィルタの世界では，この特性を実現するのに，もっとも特性の近い5次ベッセル・フィルタ（トムソン・フィルタ）が使われてきました．オーバーシュート/アンダーシュートがない図12-103のようなきれいな特性をしています．

▶ディジタル・フィルタではガウス特性は直接作れない…ボックスカー・フィルタで近似して作る

このベッセル・フィルタをディジタルで実現するのにはどうすればいいでしょうか？　まず頭に浮かぶのは，アナログ・フィルタの伝達関数を双1次変換でz関数に展開し，IIRフィルタで実現することです．しかし，この双1次変換が曲者で，振幅特性は確かにアナログと近いのですが，位相特性はかなり歪んでしまい，群遅延フラットを保てません．

そこで一般的に用いられるのが，ボックスカー・フィルタです．ボックスカーと言うと難しそうに感じますが，要はCICフィルタと同じ移動平均フィルタです．移動平均フィルタは，振幅特性はなだらかに下降し（ガウス・フィルタと同じく平坦ではない），群遅延フラットのフィルタです．

CICフィルタと同じく，ボックスカー・フィルタ1段では所要のガウス特性に合わせることができません．そのため，図12-104のように何段かカスケードにつないで実現します．ガウス特性の振幅特性を何点か取り出して，それに合うようにパラメータを決めます．最終的に移動平均フィルタのz関数の時間畳み込みを計算し，FIRフィルタとして実現します．

事前の特性シミュレーションは欠かせません．Matlabで計算しました．Matlabはポケットマネーで買えます．

表12-3に，ガウス特性とボックスカー特性の対比を示します．

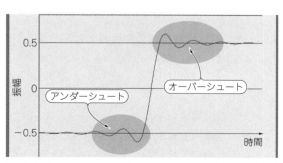

図12-102　直線位相FIRで作る帯域制限フィルタに矩形波を入れると不快な音の原因のオーバーシュートやアンダーシュートが出る

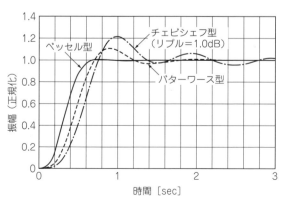

図12-103　ベッセル・フィルタの時間応答特性

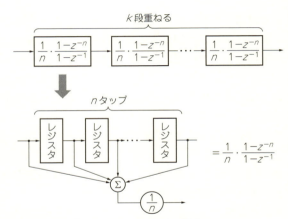

表12-3 ガウス特性とボックスカー特性の比較
シンボル・レート6400bps, $BT=0.5$のフィルタで比較した周波数対振幅特性

周波数 [Hz]	ガウス特性 [dB]	ボックスカー 特性* [dB]
0	0	0
3200	-3	-2.9
6400	-12	-11.6
9600	-27	-29

*：$n=6$, $k=5$の場合

図12-104 ボックスカー・フィルタの構成

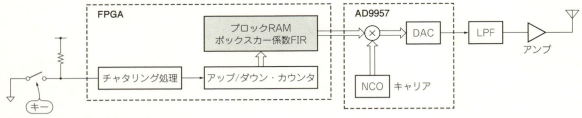

図12-105 CW波形発生のブロック構成

● 実際はフィルタを使わず計算で求めた波形データをRAMに保存して読み出すだけ

　CWの変調波形は振幅が一定の矩形波ですから，実際にはいちいちフィルタに通す必要はありません．実際には，パソコンを使ってあらかじめ立ち上がり特性を計算しておきます．立ち上がり／立ち下がり以外の波形は一定レベルなので，特に毎回の計算は必要ありません．また，立ち下がりは立ち上がりの時間軸が逆の特性なので，波形データとしては立ち上がりだけでよくなります．フルディジタル無線実験キットTRX-305でも，同様の手法でCW変調を実現しています．

　計算で作られた波形データは図12-105に示すように，FPGA内のブロックRAMに格納されています．CWのキー・ダウンを検出すると，カウンタをサンプリング・クロックでカウント・アップします．その値をアドレスとして，RAMからデータを読み出せば，滑らかにガウス特性で立ち上がる波形が読み出されます．カウンタが最大値に行き切ると，そこでカウンタは止まります．次にCWのキーの接点が離れると，今度はカウント・ダウンします．次に，立ち上がり波形を逆方向に読み出すことになり，滑らかな立ち下がり波形を出力できます．カウンタがゼロまで行くと，カウント・ダウンをストップします．ただし，CWのキーにはチャタリングが必ずありますから，チャタリング吸収処理の回路実装は必要です．

　FPGA中のブロックRAMを一つ使うだけで，比較的簡単にガウス特性の波形に整形することができます．FIRガウス・フィルタを実現するのに掛け算器を使わなくてもよいのは，回路規模の点から大きなメリットです．

■ GMSK変調

　GMSKは，CW変調と同様に，帯域制限のためのフィルタにガウス特性を近似できるボックスカー・フィルタを使うデータ通信のためのディジタル変調技術です．携帯電話などに利用されています．

　CWと同様に，ディジタル・データ変調も占有帯域を広げないために帯域制限が用いられます．波形整形フィルタとして，ディジタル変調にガウス・フィルタを用いたのが，有名なGMSK（Gaussian Minimum Shift Keying）変調です．ヨーロッパのGSM方式の携帯電話の変調に使われています．シンボ

ルが'1'か'0'の2値変調の場合は，非常に多くの応用例があります．

図12-106のように，一定のシンボル・レート・クロックで出力される変調パルス列にガウス・フィルタをかけて，波形の立ち上がり/立ち下がりを滑らかにし，変調後の帯域が広がらないようにします．ガウス・フィルタの特徴は，オーバーシュートやアンダーシュートがない滑らかな波形になる点です．

GMSKでの受信シンボル・クロック再生の構成例を図12-107に示します．比較的簡単な構成でクロックを再生できます．

ガウス・フィルタの特性を示すのにBT(帯域幅時間積)を使います．振幅特性がちょうど-3dBになる周波数をシンボル・クロック周波数で割った値です．もっともよく使われるのが$BT=0.5$です．もっと変調後の占有帯域を狭くできる$BT=0.3$もよく使います．

この信号を変調信号として，キャリアに周波数変調(FM変調)をかけます．周波数を積分したものが位相になります．ガウス・フィルタに通した信号を，図12-108のようにシンボル間隔で時間積分したものが，FM変調後のキャリアのシンボル間の位相の変化分になります(変調信号は周波数の偏移なので周波数を積分すれば位相になる)．これがゼロもしくは$\pm 90°$になる変調をMSK(Minimum Shift Keying)といいます．すなわち，シンボル間の位相が直交することになります．また，90°ということは，直交する条件のなかで最小の位相推移になります．あらかじめ変調信号にガウス・フィルタをかけているので，合わせてGMSK変調と呼んでいます．GMSKはFM変調であると同時に直交変調とも言えます．

厳密な話をすると，GMSKはMSK条件が崩れているときがあります．隣のサンプルが図12-109に示すような立ち上がり(立ち下がり)波形だった場合を考えます．$BT=0.5$の場合，肩の波形の振幅が-3dB小さくなりますから，これをシンボル間隔だけ積分しても，90°の整数関係にならないのは明らかです．これが，$BT=0.3$の場合はさらに顕著に現れます．コンスタレーションで，GMSKは直交変調だから星がきれいにフォーカスして点に見えると予想しても，実際には星がそのぶんぼやけた感じになります．

■ QPSK変調

● ガウス・フィルタより狭帯域変調が可能なナイキスト・フィルタで波形整形する

図12-110はフィルタにインパルスを入れたときの応答波形です．一つのパルスをフィルタに通すと波形が広がります．ディジタル変調はパルス列ですから，インパルスが時間的に並んだ信号をフィルタに通した後の波形は，隣同士が重なって符号間干渉を生じます．

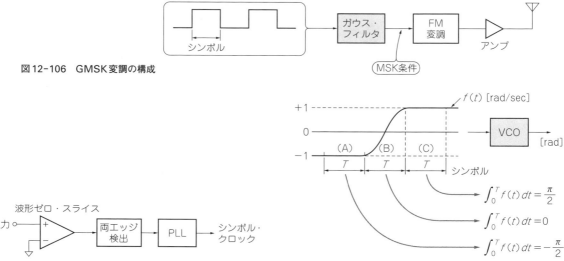

図12-106　GMSK変調の構成

図12-107　GMSKの受信側でのクロック再生

図12-108　GMSKにおけるシンボル間の位相変移

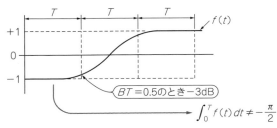

図12-109 フィルタの帯域幅時間積BTのMSK条件への影響

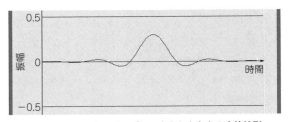

図12-110 フィルタにインパルスを入れたときの応答波形

● **ナイキスト・フィルタは符号間干渉が起きない**

　ディジタル・データのクロックの時間間隔をTとします．時間ゼロの位置にある1個のインパルスを帯域制限のためにFIRフィルタに通すと，**図12-110**に示すように，時間方向にが波形が広がります．時間Tの位置に次のビットがくるわけですが，その広がった波形と時間Tの波形が重なって，干渉します．これを受信すると，真の時間位置Tのパルスがわからなくなります．これを符号間干渉と言います．

　ナイキスト・フィルタで帯域制限すると，波形は広がりますが，時間Tの位置の振幅はゼロになり，重なっても干渉しません．

　このように，シンボル位置のところでちょうどインパルス・レスポンスがゼロになるフィルタをナイキスト・フィルタと呼びます．ガウス・フィルタより占有帯域の狭い変調がかけられるので，有効に電波を利用できます．例えば，ベースバンドのI/Qシンボル列にナイキスト・フィルタをかけて，それをI/Q直交変調にかけると，QPSK（Quadrature Phase Shift Keying）の狭帯域ディジタル変調ができます．

　ナイキスト・フィルタに通したアイ・パターンを**図12-112**に示します．ガウス・フィルタとは違い，ゼロ・クロスするところの位置で大きなジッタがあります．**図12-111**を見ればわかりますが，隣の波形同士が干渉しているためです．ただし，シンボルのサンプリング位相のところだけは干渉がないので，1点に波形が集まっています．オーバーシュートもアンダーシュートもあり，送信時の電力効率が良くない波形です．

　このように，サンプル位相のところだけは隣同士の符号干渉がないというのがこのフィルタの特徴です．この特性を利用して，狭帯域でデータ伝送をするためによく使われます．ただし，前に説明したCWのフィルタとしては使えないでしょう．

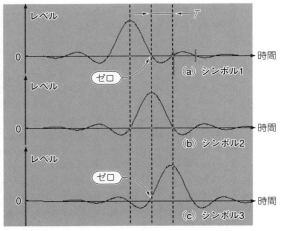

図12-111 ナイキスト・フィルタにインパルスを入れるとシンボル位置のところで出力レベルがゼロになるので符号（シンボル）間の波形干渉が起きない

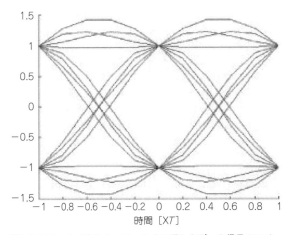

図12-112 ナイキスト・フィルタに通したデータ信号のアイ・パターン

通過域0.1,阻止域0.2で設計したナイキスト・フィルタの周波数特性を図12-113に示します.通信のシンボル・レートの半分の周波数(0.15)のところが,ちょうど-6 dBです.また,この周波数を境に右と左で奇対称の特性をしています.この特性はcosの自乗の形をしており,レイズド・コサイン特性と呼ばれています.

● **ナイキスト・フィルタの作り方**

通過域の右端の周波数と阻止域の右端の周波数のちょうど真ん中,つまりシンボル・レートの半分の周波数の振幅が0.5(-6 dB)になるように設計します.図12-114は私の作ったFIRフィルタ設計ソフトウェアで設計した3バンド・フィルタです.真ん中のBAND2は,シンボル・レートの半分の周波数で,バンド幅はゼロで設計します.そのバンドの振幅特性を0.5とします.1番目のバンドを通過域,3番目を阻止域に設定すれば,ナイキスト・ロー・パス・フィルタが設計できます.

図12-113はシンボル・レートの半分の周波数を0.15としていますが,周波数特性をプロットすると,0.15を境にきれいに左右が奇対称に設計されていることがわかります.図12-111にインパルス・レスポンスを示しましたが,ちょうどゼロ・クロスするポイントがシンボル・レートの時間間隔Tになります.

● **QPSK変調信号から復調用のクロックを再生する二つの方法**

(1) ナイキスト・フィルタで波形整形された変調信号のエンベロープから抽出

BPSK,QPSKなどのナイキスト・フィルタで波形整形された線形変調信号を受信すると,受信波形のエンベロープにクロックの情報が乗っています.シンボルとシンボルの間は波形遷移期間で,そこは波形がディップします.そこで,図12-115のように受信変調波形を自乗してロー・パス・フィルタに通すと,シンボル・クロックと相関が取れた波形が得られます.必ずしもクロックごとに現れるわけではないので,PLLを使って連続したシンボル・クロックを作ります.これが有効なためには,変調波形に振幅の変動が必要で,FSKなどの振幅(エンベロープ)がフラットな変調には使えません.

この方法が優れているのは,位相とは独立であることです.QPSKなどでは,キャリアの位相同期が取れたあとでなければ,信号の復調はできません.もし,その情報を使ってクロック再生を行う場合は,そ

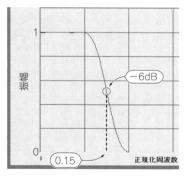

図12-113 通過域0.1,阻止域0.2で設計したナイキスト・フィルタの特性

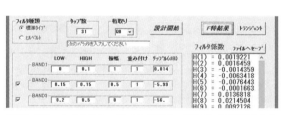

図12-114 ナイキスト・フィルタはツールを使って設計できる

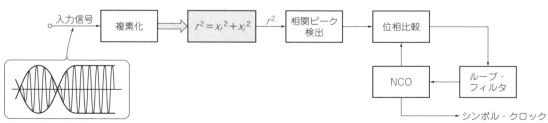

図12-115 シンボル・タイミングの抽出

の位相同期に性能が大きく左右されます．最適シンボル・サンプル位相がわからなければ位相同期が取れないこともあり，位相だけの独立ではない場合も多いです．

(2) 受信波形の振幅の時間軸分散を何点か計算して分散が最小になる点をシンボルの最適位置とする

ナイキスト・フィルタを使った通信では，GMSKのように波形のゼロ・クロスのところの情報を使ってクロックを再生できません．図12-112のように，ゼロ・クロスのポイントは符号間干渉でひどいジッタがあるからです．GMSKと同じようにPLLで無理やり再生することは可能かもしれませんが，性能は良くなさそうです．そこで別の方法をとります．ナイキスト・フィルタを通過した信号は図12-112のようにシンボル・サンプリング時間のところだけ，符号間干渉がないことです．そこで，何点かの受信した波形の振幅の時間軸分散を計算します．最初はどこが最適位相かわかりませんので，シンボル間の復調波形をオーバーサンプリングしてサンプル点を増やします．そのオーバーサンプリングした各ポイントで振幅の分散を計算し，それが最も小さいところを最適シンボル・サンプル位置とします．

これはBPSKだけではなく，多値のQPSK，C4FM（4値FSK）などでもそのまま使えます．オーバーサンプリングした時間間隔が，時間軸の精度を決めます．多値の変調の場合は，最適位相の余裕度が小さいですから，細かな時間間隔での計算が必要です．

Column

波形のピークを抑えて電力利用効率を上げられる「ルート・ナイキスト・フィルタ」

ナイキスト・フィルタは優れた特性を示しますが，送信機にとっては困った問題があります．図12-112に示したように，激しいオーバーシュートとアンダーシュートが発生して振幅が結構暴れます．GMSKの場合は常に一定の振幅を越えることなく，送信機の余裕度（バックオフ）はそれほど気になりません．しかしナイキスト・フィルタの場合は，暴れるピークの波形を送信しても歪が出ないように余裕ある送信機設計が必要になります．すなわち，電力効率条件の厳しい電池運用の無線機には向きません．

この問題を解決するために，ナイキスト・フィルタを因数分解して二つのフィルタにします．それを図12-Cのように，送信側と受信側に分けて搭載すれば，トータルとして受信機のフィルタを通ったあとはナイキスト・フィルタの特性が得られます．このような因数分解したフィルタをルート・ナイキスト・フィルタと呼んでいます．

因数分解したので，1/2シンボル・レートの周波数のところの振幅特性は-3 dB（0.707）になり，かつ隣同士のシンボル間干渉が発生します．そのかわり，フィルタを通った波形のピークはナイキスト・フィルタより小さくなり，送信機にとって好ましい特性を示します．

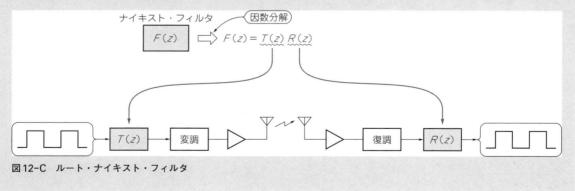

図12-C　ルート・ナイキスト・フィルタ

第13章

受信信号のスペクトラム表示機能を組み込む
～I/Qデータをパソコンに送ってFFT処理する～

❖

SDRといえば，受信信号のウォーターフォール表示が人気です．ここではTRX-305の応用事例として，FPGAの空き端子からI/Qデータをシリアルでパソコンに送る機能を組み込む方法について解説します．送られてきたI/Qデータは，パソコン上でFFT処理することによってスペクトラム/ウォーターフォール/コンスタレーション表示を行います．

❖

実験に利用するTRX-305はミキサがないダイレクト・サンプリングのため，スペクトラムのスパンは設計上いくらでも広くできますが，とりあえず図13-1のようにダウン・サンプリング後の63.4766 ksps（sps；sanples per second）のI/Qデータをパソコンに取り込み，パソコン側のソフトウェアでFFTを行います．このI/Q信号はIFフィルタを通る前の信号なので，IFの帯域選択にかかわらず常に40 kHzのスパンの表示が可能です．通常のHFでの使い方では十分と思います．

近接したCW信号もきれいに分かれて表示できるように，FFTのサイズは1024としました．スペクトルの刻みは63.4766 kHz÷1024≒62 Hzです．図13-2は，300 Hzのトーンで60％変調を掛けた−80 dBmのAM信号（信号発生器HP8665Bの信号）を表示した画面の中央部を拡大したものですが，きれいにUSBとLSB，またキャリアの3本が分離して見えています．

13-1　全体の構成

● パソコンとの接続にBキットのUSB書き込みツールを利用する

TRX-305を筐体に入れるためのBキット（TRX-305B）には，パネルCPUにファームウェアを書き込むときに使う写真13-1のような子基板（miniUSB基板）が付属しています．これはBキットを組み立てた際にファームウェアを書き込むときにしか使わず，普段は使いません．もったいないので，これを使うことにしました．

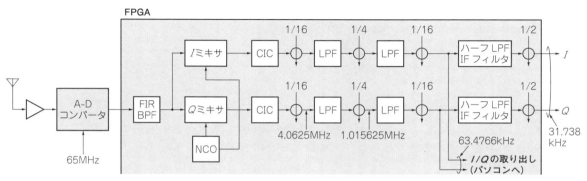

図13-1　スペクトラム表示を行うためのFPGA内のブロック構成

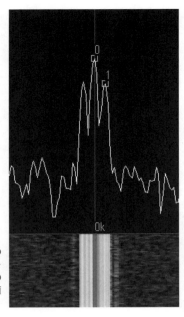

図 13-2 300 Hz のトーンで60 %変調を掛けた−80 dBm のAM信号の表示例（画面の中央部を拡大）

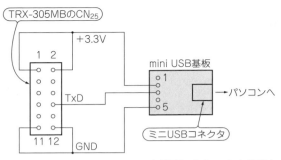

図13-3 TRX-305MBのCN25を利用してパソコンと接続する（FPGA.pdfより）

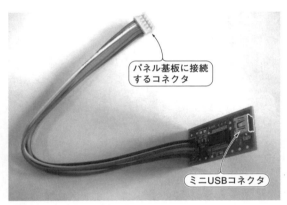

写真13-1 フルディジタル無線実験キットTRX-305のパネル基板にファームウェアを書き込むためのminiUSB基板（TRX-305Bキットに付属）
シリアル-USB変換ICを使った単なるインターフェース・ボード

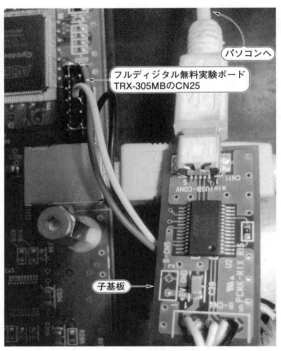

写真13-2 フルディジタル無線実験キットTRX-305とminiUSB基板をつないだようす

　図13-3に接続のための回路図を示しますが，TRX-305MBのCN25は将来の拡張機能用に用意されているコネクタです．この8ピンとFPGAとは直につながっています．このラインにUARTのシリアル信号（TxD）を発生させ，これをこの子基板でUSB変換して，パソコンにI/Qデータを送ろうという計画です．写真13-2に実際につないだ様子を示します．Bキットを購入していないユーザは，同じようなFT232を使った便利な万能シリアル-USB変換基板が販売されていますので，それを使えばよいでしょう．

● シリアル・データのフォーマット
　63.4766 ksps のI/Q信号は，I/Qそれぞれ30ビット幅の固定小数点データ・ペアです．FFTは1024ポイントなので，これをそのまま送ると30ビット×2×1024＝61440ビット＝7680バイトという結構大きなデータになってしまいます．
　ダイナミック・レンジは100 dBも取れれば十分なので，図13-4のように仮数18ビット×2，指数4ビ

ットの浮動小数点形式に変換し，合計40ビットで1サンプルぶんのデータを送ることにします．

シリアル・データは図13-5のように通常の1スタート・ビット，8ビット・データ，1ストップ・ビットの非同期通信構成で設計しています．この信号は通常のターミナルにつながれることもありますので，そのままバイナリで送ると頻繁にコントロール・コードを送ることになり問題です．

そこで40ビットのデータを7ビットずつに束ね，それぞれオフセットとしてスペース(0x20)を加えて，コントロール・コードが発生しないようにしています．結果として，6バイトのシリアル・データで1サンプルぶんのI/Qを送っています．そのフォーマットを図13-6に示します．

これを1024サンプルぶん送りますから，全部で6144バイトです．これを繰り返すわけですが，それぞれの1024ブロックの始まりがわからないと困るので，1024サンプルのデータを送る前に0x0D，0x0A，0x0Dの3バイトのコントロール・コードを送ります．0x0D，0x0Aで改行ですので，ターミナルでモニタした場合も問題ありません．

TRX-305MBはFM放送も受信可能です．その場合は，I/Qのサンプリング周波数は253.9 kHzに切り替わります．このときも同じようにしてI/Qをパソコンに送ることが可能です．この場合はスパンが200 kHzくらい広く取れます．しかしパソコン側では，サンプリング周波数が高いのか低いのかがわからなければ，正確に表示できません．そこで，この広帯域I/Qの場合は，データの先頭の0x0D，0x0A，0x0Dの代わりに，0x03，0x0A，0x0Dを送るようにします．もっと広帯域のスペクトルを見たい場合はこのモードにします．

● 0.3秒に1回表示を更新する

連続でI/Qデータをパソコンに送る場合は，40ビット×63.4766 kHz＝2.539064 MHzのシリアル回線が最低でも必要です．しかしながら通常のUARTの場合は，どんなにがんばっても115.2 kbps×8＝

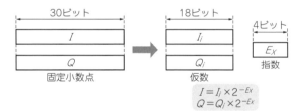

	MSB							LSB
1バイト	0	I_{17}	I_{16}	I_{15}	I_{14}	I_{13}	I_{12}	I_{11}
2バイト	0	I_{10}	I_{09}	I_{08}	I_{07}	I_{06}	I_{05}	I_{04}
3バイト	0	I_{03}	I_{02}	I_{01}	I_{00}	Q_{17}	Q_{16}	Q_{15}
4バイト	0	Q_{14}	Q_{13}	Q_{12}	Q_{11}	Q_{10}	Q_{09}	Q_{08}
5バイト	0	Q_{07}	Q_{06}	Q_{05}	Q_{04}	Q_{03}	Q_{02}	Q_{01}
6バイト	0	Q_{00}	0	0	Ex_3	Ex_2	Ex_1	Ex_0

I_{00}～I_{17}：I信号の仮数部18ビット
Q_{00}～Q_{17}：Q信号の仮数部18ビット
Ex_0～Ex_3：指数部の4ビット
各データには0x20のオフセットを加算

図13-4 I/Qデータは浮動小数点形式に変換して1サンプルあたり40ビットでパソコンに送る

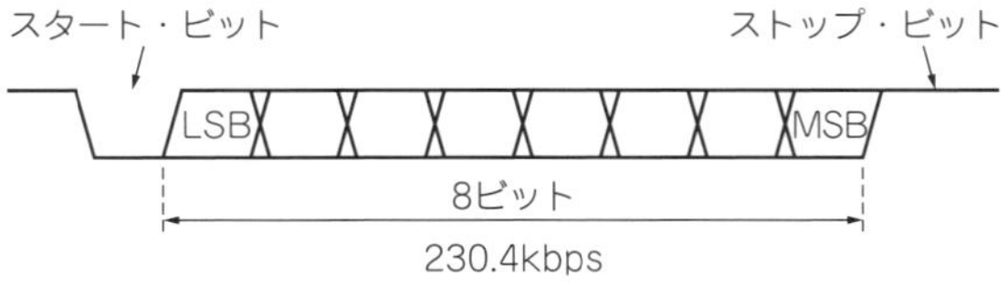

図13-6 6バイトのシリアル・データで1サンプルのI/Qを表す

図13-5 パソコン側に送るシリアル・データの構成

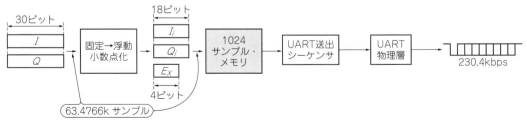

図13-7 データ送出部のブロック構成

921.6 kbpsが最速です．そのため，リアルタイムに全部のI/Qデータを送ることはあきらめるしかありません．しかもこのようにシリアル速度が速く，聞きたいラジオ放送帯に周波数が重なると妨害を与えかねません．

目的はスペクトラム表示を行うことで，パソコン側でI/Qを使って復調することではありません．そこで図13-7のように1024サンプルぶんをFPGA内のメモリに蓄え，それを低速の230.4 kbpsで送ることにしました．230.4 kbpsであればラジオの中波帯に直接は重なりませんので，妨害を与えにくいと考えられます．

メモリにI/Qデータ・ブロックを取り込むまでに，$1024×(1/63.4766\,\text{kHz}) = 16.132\,\text{ms}$の時間がかかります．230.4 bpsのシリアル通信で1バイトを送るためには，少なくとも$11\,\text{ビット}×(1/230.4\,\text{kHz}) = 47.7\,\mu\text{s}$の時間がかかります．これを6144＋3バイト送る必要があるので，トータルで約293 msの時間がかかります．おおよそ1秒間に3回表示をリフレッシュすることが可能です．

13-2　FPGAの設計

● 浮動小数点化

もともと，WFM（FM放送受信）モードではサンプリング速度が253.9 kbpsと高速なため，I/Qのデータは固定小数点データではなくて，仮数16ビット＋指数4ビットの浮動小数点形式で出力し，復調のためにDSPに送っていました．その回路をそのまま使いたいのですが，16ビットの仮数だとちょっとダイナミック・レンジ不足が心配されます．

そこで，リスト13-1に示すVHDLコードのように，仮数の部分を18ビットに拡張しました．この変更はごくわずかです．これをそのまま，シリアル変換のモジュールに送ることになります．DSPへのデータは下2ビットを切って，従来どおり16ビットで送ります．

● シリアル変換部

図13-4に示したように，サンプリング速度63.4766 kHz，仮数18ビット×2＋指数4ビットのI/Qデータは，新しく設計したUarttx.vhdというモジュールに入力されます．このモジュールでは，まず1024サンプルぶんのデータをメモリに蓄えます．

FPGA内の埋め込みブロック・メモリはリスト13-2のように，最大限のメモリ使用で9ビット×1024ワードの構成になっているので，これを5個使いました．ただし，FPGAの内部メモリを使用するには標準のVHDLでは記述できません．そこで，アルテラ社が供給するプリミティブなライブリLPMを使います．そこで先頭には，リスト13-3に示すようなLPMを使うための宣言，

```
LIBRARY lpm;
use lpm.lpm_components.all;
```

が必要になります．LPMライブラリの中には，FPGA内のブロック・メモリ，掛け算器，PLLなどがあり，これらハードマクロの基本機能をVHDL記述内で明示的に使うことができます．通常，VHDLでメモリなどを記述すると，ゲートを使って構成してしまうので大変なことになります．特に掛け算器はゲートで構成すると，ほとんどのゲートを消費し，ほかには何も入らなくなってしまいます．

リスト13-3で示すゲート・パルスDgateのタイミングでメモリに63.4766 kHz間隔のI/Qデータを書き込みます．また，Dgateのタイミングでメモリの書き込みアドレスをインクリメントしています．1024個の書き込みが終了すると，書き込みをストップし，UARTのシリアルで送り出すモードになります．読み出しの制御をしているレジスタは14ビットのSubCntレジスタです．

メモリに書き終えると，リスト13-4のコードが示すようにSubCntがカウントを始めます．下3ビッ

リスト13-1　仮数部分を18ビットに拡張する

```
-------------------------------------------------
-- Fix point to Float for the Main data
-------------------------------------------------
 process( Hclk, Reset )
  variable Tempa, Tempb : std_logic_vector( 29 downto 0 );

 begin
  if Reset = '0' then
   IMst <= "000000000000000000000000000000";
   QMst <= "000000000000000000000000000000";
   LIMs <= "000000000000000000";
   LQMs <= "000000000000000000";
   Iex <= "0000";
   Eex <= "0000";
  elsif rising_edge(Hclk) then
   Tempa(29 downto 1) := IMst(28 downto 0);
                                      Tempa(0) := not IMst(0);
   Tempb(29 downto 1) := QMst(28 downto 0);
                                      Tempb(0) := not QMst(0);
   if Load = '1' then
    IMst <= IMs; QMst <= QMs;  ←（初期値）
    Iex <= "0000";
    LIMs <= IMst(29 downto 12);  ┐
    LQMs <= QMst(29 downto 12);  ├（結果をセーブ）
    Eex <= Iex;                  ┘
   else
    if (IMst(29) = IMst(28)) and (QMst(29) = QMst(28)) then
     if Iex = "1111" then
      IMst <= IMst; QMst <= QMst; Iex <= Iex;
     else
      IMst <= Tempa; QMst <= Tempb; Iex <= Iex + 1;
     end if;
    else IMst <= IMst; QMst <= QMst; Iex <= Iex;
    end if;
    LIMs <= LIMs; LQMs <= LQMs; Eex <= Eex;
   end if;
  end if;
 end process;
 OutEx <= Eex; OutIf <= LIMs; OutQf <= LQMs;

end norm;
```

リスト13-2　ブロック・メモリは9ビット×1024ワードを5個使用

```
Men <= Dgate and (not Wcnt(10));
U1: lpm_ram_dp ←（デュアル・ポートRAM）
   GENERIC map (
        LPM_WIDTH =>9, LPM_WIDTHAD => 10, ←（データとアドレスの幅）
        LPM_OUTDATA => "REGISTERED")

   port map (
        data => Idata(17 downto 9),
        wraddress => Wcnt(9 downto 0),
        wrclken => '1',
        wren => Men,
        wrclock => Mclk,
        rdaddress => SubCnt(12 downto 3),
        rden => '1',
        rdclken => '1',
        rdclock => Mclk,
        q => Oua ←（読み出しポート）
        );

U4: lpm_ram_dp
   GENERIC map (
        LPM_WIDTH =>9, LPM_WIDTHAD => 10,
        LPM_OUTDATA => "REGISTERED")
   port map (
        data => Idata(8 downto 0),
        wraddress => Wcnt(9 downto 0),
        wrclken => '1',
        wren => Men,
        wrclock => Mclk,
        rdaddress => SubCnt(12 downto 3),
        rden => '1',
        rdclken => '1',
        rdclock => Mclk,
        q => Oud
        );

U2: lpm_ram_dp
   GENERIC map (
        LPM_WIDTH =>9, LPM_WIDTHAD => 10,
        LPM_OUTDATA => "REGISTERED")
   port map (
        data => Qdata(17 downto 9),
        wraddress => Wcnt(9 downto 0),
        wrclken => '1',
        wren => Men,
        wrclock => Mclk,
        rdaddress => SubCnt(12 downto 3),
        rden => '1',
        rdclken => '1',
        rdclock => Mclk,
        q => Oub
        );
```

リスト13-3　Uarttxのエンティティ

```
LIBRARY ieee;
use ieee.std_logic_1164.all;
use ieee.std_logic_unsigned.all;
LIBRARY lpm;                    ┐
use lpm.lpm_components.all;     ├（ライブラリの使用宣言）

entity Uarttx is
 port
  (
    Mclk   : in  std_logic;  -- Master clock 65MHz
    Reset  : in  std_logic;  -- Master Reset
    Wide   : in  std_logic;  -- Wide IF mode
    Dgate  : in  std_logic;  -- I/Q sampling gate
    Idata  : in  std_logic_vector(17 downto 0);
    Qdata  : in  std_logic_vector(17 downto 0);
    Exdat  : in  std_logic_vector(3 downto 0);
    Txd    : out std_logic  -- TX out
   );
                    ←（モジュールの入出力信号定義）
end Uarttx;
```

トは，I/Qの1サンプルが6バイトであることから，6周期でカウントアップします．すなわち，0x5になると，次は0x0にリセットされ，上位にキャリを伝達して上位の11ビットのレジスタをカウントアップします．上位のSubCnt(12 downto 3)の10ビットがメモリの読み出しアドレスとなります．

リスト13-4 カウンタ部のコーディング

```
----- Control sequence -----------------------
process(Mclk,Reset)
begin
  if Reset = '0' then SubCnt <= "00000000000000";   ← 制御カウンタ
  elsif Rising_edge(Mclk) then
    if Mode = "11" then
      if Wcnt(10) = '0' then
        SubCnt(13 downto 3) <= "00000000000";
        if Ess = '1' then
          SubCnt(2 downto 0) <= SubCnt(2 downto 0) + 1;
        else SubCnt(2 downto 0) <= "000";
        end if;
      else                                          ← 6バイトをカウンタ
        if SubCnt(2 downto 0) = "101" then
          SubCnt(2 downto 0) <= "000";
          SubCnt(13 downto 3) <= SubCnt(13 downto 3) + 1;
        else
          SubCnt(2 downto 0) <= SubCnt(2 downto 0) + 1;
          SubCnt(13 downto 3) <= SubCnt(13 downto 3);
        end if;
      end if;
    else SubCnt <= SubCnt;
    end if;
  end if;
end process;
```

リスト13-5 UARTボーレートの生成部のコーディング

```
----- Baud rate gen ----- 65MHz/282 = 230.5kHz ---------
process(Mclk,Reset)
begin
  if Reset = '0' then Bcnt <= "000000000"; Cup <= '0';
  elsif Rising_edge(Mclk) then
    if Bcnt = "100011000" then Cup <= '1';
                          else Cup <= '0';
    end if;
    if Cup = '1'    then Bcnt <= "000000000";
                    else Bcnt <= Bcnt + 1;    ← 282周期カウンタ
    end if;
  end if;
end process;
```

SubCnt(13)は1になると，1024サンプルすべてを送り終えたと判断して，再び書き込みカウンタが働き始め，次の1024サンプルのデータをメモリに取り込みます．これを繰り返します．

UARTのクロックをボーレートの230.4 kHzに合わせるため，マスタ・クロック65 MHzからそのゲート信号を作ります．282分周すると65 MHz/282＝230.5 kHzとなります．それを作っているのがリスト13-5のBcntとCupです．Cupは282周期で1回だけ1になるようなゲート信号です．

これを使ってStatという状態カウンタを回し，1スタート・ビット，8ビット・データ，1ストップ・ビットの非同期シリアル信号を作っています．UARTの回路は見慣れた回路なので，ここでは説明を省略します．

Column

オリジナルのパネルを作る

TRX-305Bキットのケースは，小型化を目指したために，操作性がかなり犠牲になってしまいました．ディジタル・オプション機能はメニューから選べますが，スイッチやダイヤルが少なく使いにくい状態です．

TRX-305MB（信号処理メイン基板）とコントロール・パネルは，56.7 kbpsの非同期シリアル・インターフェースでつながっています．コマンドはすべて公開されているので，自分なりのコントロール・パネルを作ることは，マイコンの開発に慣れているホビイストであれば難しくないでしょう．

逆に，パネルのスイッチやダイヤルを増やして操作性を向上させるだけでも，まったく異なる高級トランシーバに変身させることができます．そのパネルに大型の液晶ディスプレイを付けて今回の変更を加えれば，スペクトラム表示もできるようになります．

いろいろと独自の工夫を行って，ユニークな無線機を作っていただきたいと思います．

13-3 パソコン側のユーティリティ

　TRX-305MBからはUSBブリッジIC(FT232)を介してUSB変換されたデータがパソコンに入ってきます．その後のパソコン上での処理を**図13-8**に示します．処理プログラムの設計は，アプリケーション・ソフトウェアを作り慣れている読者であれば簡単でしょう．シリアルで送られるデータを1024サンプルぶん集めて，それを1024ポイントのFFTに掛ければおしまいです．

　見やすい表示を作るのは結構大変かもしれません．ここでは，HFでは特に必要ないかと思いましたが，

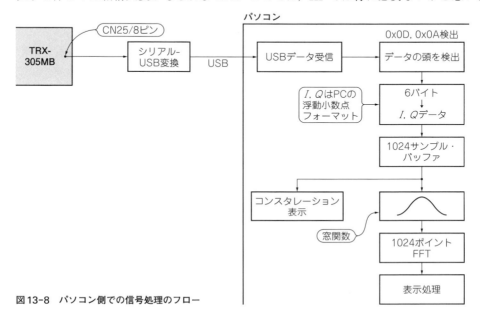

図13-8　パソコン側での信号処理のフロー

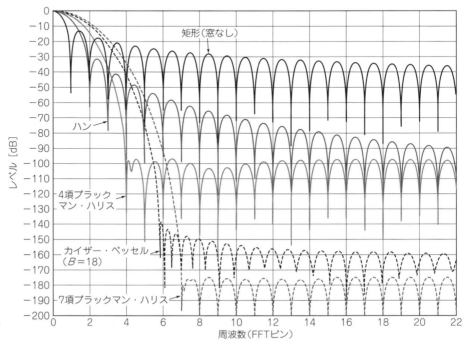

図13-9　窓関数（図13-8）のいろいろとスペクトラムの広がり

せっかく I/Q でデータを受けるので，画面の右上隅にデータのコンスタレーション表示もしています（図13-11参照）．ディジタル無線を受けたときには，モード判定に役立つと思います．

このアプリケーションは，マイクロソフトのVisualC++で記述されています．ソース・コードは付属CD-ROMに収録してあるので，参考にして自分で作ることも可能だと思います．

● 窓関数

FFTでもっとも気を付けなければならないのは，窓関数の選択です．選び方によってサイド・ローブが強くなり，ノイズ・フロアが上がってしまいます．図13-9に，さまざまな窓関数によるスペクトラムの広がりを示しています．何も処理しないで入ってきた1024のデータをFFTに掛けると図の「矩形」で示すように，スペクトラムのサイド・ローブが広がり，使いものになりません．

そこで，図13-10の計算式で示される比較的簡単な4項ブラックマン・ハリス窓を使って処理をしました．図13-9で示されるように－100 dBくらいサイド・ローブが抑圧され，スペクトラム表示のダイナミック・レンジを拡大しています．

図13-11がパソコンでの表示画面です．下半分は縦軸が時間で，色の違いで強度を示すウォーターフォール表示になっています．中央のチューニング周波数の約－10 kHzのところに，SGから－60 dBmの信号をアンテナ端子に入れたときのスペクトラムです．きれいなスペクトラムが表示されています．

対称的なナットール定義の4項ブラックマン・ハリス窓の式は次のとおり．

$$w(n) = a_0 - a_1 \cos\left(2\pi \frac{n}{N-1}\right) + a_2 \cos\left(4\pi \frac{n}{N-1}\right) - a_3 \cos\left(6\pi \frac{n}{N-1}\right)$$

ここで，$n = 0, 1, 2, \cdots N-1$

周期的なナットール定義の4項ブラックマン・ハリス窓の式は次のとおり．

$$w(n) = a_0 - a_1 \cos\left(2\pi \frac{n}{N}\right) + a_2 \cos\left(4\pi \frac{n}{N}\right) - a_3 \cos\left(6\pi \frac{n}{N}\right)$$

ここで，$n = 0, 1, 2, \cdots N-1$．周期的ウィンドウはN周期．

このウィンドウの係数は，次のようになる．

$a_0 = 0.3635819$
$a_1 = 0.4891775$
$a_2 = 0.1365995$
$a_3 = 0.0106411$

図13-10　4項ブラックマン・ハリス窓の計算式

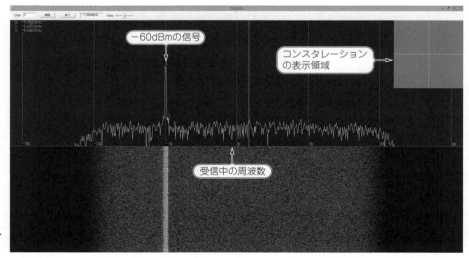

図13-11　パソコンでの表示画面例

Appendix A
TRX-305用DSPフレームワーク"Hirado"
～DSPの復調アルゴリズムの実験をC言語で行える～

中村 健真 **Takemasa Nakamura**

　かつて子供がラジオの自作に手を染める第一歩は，ゲルマラジオと相場が決まっていました．ダイオード1本で検波器を作ることのできるこのゲルマラジオは取り組みやすい入り口であり，読者のなかにも作ったことのある人は多いはずです．ゲルマラジオや2石ラジオといった小規模の回路はラグ板に組むことができます．特別な基板ではなくラグ板を使うことで，回路規模だけではなく工作も敷居の低いものでした．

　翻ってSDR（Software Defined Radio）では，「ソフトウェアを実装すればラジオを作ることができる」という触れ込みではあるものの，その実，規模は巨大です．2014年夏に発表されたTRX-305はハードウェアがほぼ完成済みではありますが，公開されているVHDLのソース・コードはけっして単純と言える規模ではありません．なにより，復調部にあたるDSPについてはソース・コードが提供されていません．そのため，自分で実験してみるとなると，それなりの手間暇がかかります．

　今回，TRX-305で使用することのできるDSPフレームワーク"Hirado"を開発しました．このフレームワークはソース・コードが公開されており，自由に改変あるいは再配布することができます．DMAやシリアル・ポートといったDSPのハードウェア制御はすべてフレームワークが行うため，ユーザは復調器のアルゴリズムに専念することができます．

　フレームワークのインターフェースはC言語であり，DSPといえども比較的気楽にアルゴリズムが記述できます．また，開発ツールはGNUツール・チェーンを使っており，自由に入手して使うことができます．

　この節と次の節でHiradoフレームワークについて説明します．先に書いたように，このフレームワークはユーザがツールの入手やハードウェアの制御に煩わされることなく，アルゴリズム開発に集中できるように設計しています．ラグ板の上に回路を組む気楽さで，ぜひSDRの復調器設計に挑戦してください．

　なお，Hiradoのソース・コード他はOSDN上に公開しています[1]（2016年7月現在の最新バージョン0.9.2を付属CD-ROMに収録してある）．

A-1　Hiradoの構成と使いかた

● フレームワーク下の復調アルゴリズム
　たとえば，ゲルマラジオの検波器をそのまま実装するとしたらどうなるでしょうか．

　典型的なゲルマラジオの回路は図A-1のようになります．ここで，コイルとバリコンは同調回路ですので，検波器そのものとは関係ありません．クリスタル・イヤホンはトランスデューサですので，これも検波器そのものとは関係ありません．結局，誰もが知っているように一番単純なゲルマラジオの検波器（復調器）はダイオード1本だけです．

　これを，C言語でHiradoフレームワーク用に書くとわずか4行になります（リストA-1）．

---
[1]：https://osdn.jp/projects/trx-305dsp/

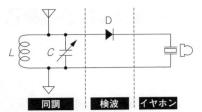

図A-1 ゲルマラジオの回路

リストA-1 Hiradoで書いた検波器のソース・コード

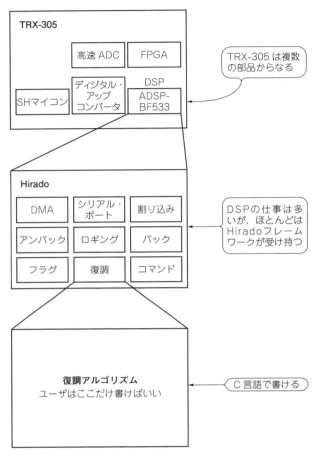

図A-2 復調アルゴリズムとHiradoフレームワーク，ハードウェアTRX-305の関係

　なにしろ，電圧が正のときはそのまま出力，負のときは0を出力するだけですから，単純極まりないプログラムです[*2].

　今回のフレームワークの目標は，このように簡単な記述で復調回路のアルゴリズムを実装できる環境を提供することです．ユーザが書かなければならないのは最低限復調回路だけで，必要に応じてAGC処理などを書き加えていきます．その他の管理作業は，すべてフレームワークが担当します．

　実際に作る復調アルゴリズムと，Hiradoフレームワーク，そしてTRX-305の関係を図A-2に示します．

　筆者がとある講演で聴いたところによれば，TRX-305は作者の西村氏がアナログ・デバイセズ社のディジタル・アップコンバータAD9957を使ってみたくて設計した一面もあるそうです．そのため全体のブ

[*2]：実際にこのプログラムを走らせると，この検波回路だけではだめです．キャリアを取り除く方法として，電子回路とは別の方式のフィルタを使わなければなりません．SDRの面白いところです．
[*3]：正確には31.738281kHz．第12章を参照．

ロック・ダイアグラムは，このアップコンバータICと高速A-Dコンバータ，FPGAを中心として構成されています．DSPの仕事は，FPGAによって複素変換され周波数を落とされたIF信号を受け取って復調することです．

FPGAとDSPの間は同期シリアル通信で結ばれており，31 kHz[*3]のIFサンプル周波数あるいは，その整数倍に同期してやりとりが行われています．

DSP内部では，これらの通信をオーバーヘッドなしに行うためにDMA転送を使用しています．このDMAのタイミング管理や伝送レートのダイナミックな変化を吸収するために，TOPPERS/JSP for BlackfinというフリーのRTOS(Real-Time Operating System)を使用しています．このRTOSにはシリアル通信機能があり，Hiradoでもフレームワーク開発時にデバッグ用として使いました．

フレームワークはそのほかにもコマンドの抽出や，APIの提供，オーディオ・データのパッキングなどの処理も行っています．

このように，TRX-305のFPGAとDSPはブロック・ダイアグラムで想像するよりもずっと複雑な信号のやりとりをしているので，正直言ってフレームワークの開発は難航しました．言い換えれば，そういう苦労からユーザを開放するためのソフトウェアがフレームワークです．

● 開発環境の用意

さて，それではHiradoを使うための開発環境の準備に入りましょう．Software Defined Radioのよいところは，プログラムを書くだけならハードウェアが不要であることです．TRX-305がなくてもプログラム開発の感触をつかむことはできます．

Hiradoフレームワークによる復調器の開発環境を支えるOSは，Ubuntu 14.04 LTS 32ビット版です．Ubuntu以外のOSではビルド可能かどうか確認していません．また，Ubuntuでも14.04 LTS以外のものは動作試験をしていないため，スクリプト・エラーが出るかもしれません．さらに，Ubuntu 64ビット版ではツール・チェーンのコンパイラやリンカの動作チェックをしていません．したがって，OSはUbuntu 14.04 LTS 32ビット版を使用するようおすすめします．

「Ubuntuは触ったことがない」という方も，臆せず試してみてください．Ubuntuの専門家になる必要はないのです．何しろほとんどのプログラムはフレームワークに閉じ込められており，Ubuntu上で自分でやることと言えばエディタを開いて一部のソース・コードを書き換える程度です．

Ubuntu 14.04 LTS 32ビット版は，2014年4月にリリースされたデスクトップ版Linuxです．Ubuntuは広く使われているフリーのLinuxで，Windows同様PCで動作します．14.04 LTSは，Long Time Supportとして2019年までアップデートが行われることになっていますので，腰をすえて使うことができます．

ところで「今使っているPCはWindowsを使っているのでLinuxに入れ替えたくない」という方は多いと思います．それにTRX-305のSHマイコンのビルド・ツールはWindowsで動作するため，DSPプログラムといえどもWindowsを抜きにしては開発できません．しかし，心配は不要です．VMware社からPC仮想化ソフトウェアであるVMware Playerが無料で配布されており，自由に使うことができます．VMware PlayerのWindows版は，Windows OS上で動くPCのエミュレータであり，Windowsのアプリケーションとしてubuntuを動作させることができます(図A-3)．

この稿ではPCの使いかたまでは説明しませんので，VMware PlayerとUbuntuの入手およびインストールについては，各種資料を参考にしてください．

最後に，もう一度必要な環境を列挙します．

(1) **VMware Player**(Windows上でUbuntuを動かす場合)
(2) **Ubuntu 14.04 LTS 32ビット版**

図A-3 Windows上でUbuntuを動作させるVmware Player

VMware Player上でのUbuntuのインストールに関しては，Playerの「簡単インストール」機能を使うといいでしょう．

● コンパイラの取得と動作テスト

Ubuntuが準備できたら，次は環境の設定とコンパイラの取得です．

これらについては自動スクリプトを用意しました．以下のURLからインストーラを取得してUbuntu上にダウンロードしてください．

　　https://osdn.jp/projects/trx-305dsp/releases/p14506

ファイルは圧縮形式ですので展開します．Widnowsと同様に，ファイル・ブラウザから右クリックでメニューが現れます．そのなかに圧縮ファイルの展開コマンドがあります．

展開が完了したら，端末ウィンドウを開き，ファイルの展開ディレクトリまで移動してください．そして以下のコマンドを実行します．

　　./install

頭の"./"（ドット・スラッシュ）は，Unixシェル特有のもので，カレント・ディレクトリにあるファイルを実行するときには必ず必要になります．

実行が始まってしばらくすると，スクリプトがパスワードを要求してきます．これは，システムへのプログラムのインストールなどに対して必要なセキュリティ手順です．自分で動作させたスクリプトであり問題ないと判断したら，Ubuntuのログイン・パスワードを入力してください．また，本当にインストールしてよいか聞かれた場合は，よいと答えてください．

特に問題がなければ，インストール完了まで5分か10分程度です．

図A-4 Blackfin用GCCの情報表示

動作テストをするためには，もう一つ端末ウィンドウを開いて，次のコマンドを実行してください（同じウィンドウでは上手くいきません）．

  bfin-elf-gcc -v

これで，図A-4のようにBlackfin用GCCの情報が表示されたらツールのインストールは完了です．

● ソース・コードの取得とビルド

 ツールのインストールが完了したら，次はHiradoフレームワークのソース・コードをUbuntu上にダウンロードしてビルドしてみましょう．

 ソース・コードは以下のURLからダウンロードできます．

  https://osdn.jp/projects/trx-305dsp/releases/p14748

（現時点での最新版は付属CD-ROMのHiradoフォルダに解凍済みで収録してある）

ファイルは圧縮形式ですので，インストール・スクリプト同様に展開します．展開して現れたディレクトリは図A-5のようにホーム・ディレクトリの下に置くといいでしょう．

ディレクトリの準備が整ったら，端末ウィンドウから以下のように入力します．

  cd ~/hirado

これで，Hiradoフレームワークのソース・コードの中に移動できました．次に，以下のように入力します．

  ./configure_projecjt

コマンドを実行すると何やら作業が始まります．これは，先ほど紹介したTOPPERS/JSP for BlackfinというRTOSの構成スクリプトを呼び出しており，ビルド前の最終準備となります．

これまでの手順を間違いなく入力していれば，ここでエラーは起きないでしょう．最後に以下の1文を実行します．

  make

このコマンドは，フレームワークのビルドを指示します．一通りの実行が終わったら，ディレクトリのなかにdsp.srcというファイルがあるはずです．これがDSPのロード・イメージです（図A-6）．

このイメージ中にはHiradoフレームワークとそのサンプル復調アルゴリズムが入っており，TRX-305に組み込んで使用できます．

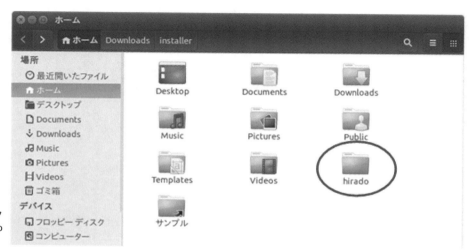

図A-5　ホーム・ディレクトリの下に置いたHirado
（VMware Playerの画面）

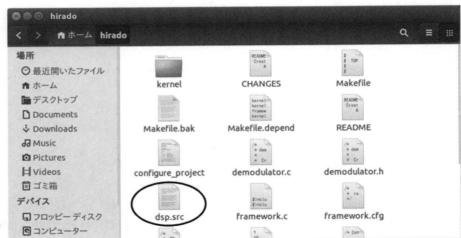

図A-6 DSPのロード・イメージのファイル名はdsp.srcとなる(VMware Playerの画面)

● TRX-305への書き込みとテスト

さて，ビルドしたDSPフレームワークと復調プログラムをTRX-305に組み込んでみましょう．

最初に一つ注意があります．以下の作業では，TRX-305サポート・ページの「TRX-305MBファームウェア505C」(2015年6月2日)以降のソース・コードを利用してください．また，念のために作業前のSHのソース・コードをすべてバックアップしておいてください．

TRX-305のロード・イメージはdsp.srcです．このファイルをTRX-305のSHマイコンのソース・ディレクトリ(オリジナルではshフォルダ)にコピーしてください(図A-7)．Linux PCがWindows PCと別のハードウェアなら，USBメモリを使ってコピーするといいでしょう．

VMware Player上のdsp.srcをホストWindowsにコピーするには，ドラッグ＆ドロップか，コピー＆ペーストを使います．いずれもファイル・ブラウザとファイル・エクスプローラの間で行えます．

ビルドの方法は，TRX-305に同梱されているCD-R中のドキュメントTRX-305Adevelopment.pdfに沿って行います．このなかで解説されているcyclone.srcのアセンブル方法をdsp.srcに対して用いれば，dsp.srcをアセンブルできます．

実際のコマンドは以下のようになります．

　　asmsh.exe dsp.src -debug
　　sl1.bat
　　sl2.bat

すべてのビルドが完了したら，TRX-305MB上のJP3の1-2ピンをショートして電源を入れ直し，TRX305Writer.exeを使ってSHの実行プログラム(xar.mot)を書き込みます．

動作テストをする際には，TRX-305MB基板のJP3の2-3ピンをショートして電源を入れ直してください．正しく書き込めていれば，次のコマンドをTRX-305MBのシリアル・ポートから投入(PC上のターミナル・プログラムを利用)すると，880 Hzのトーンがスピーカから聞こえてきます．

　　ASQ 8000
　　AVO 0400
　　ARM 3
　　AMU OFF

上記のようにARMに3を指定すると，SAM(同期AM復調)モードになります．配布しているHiradoのサンプル・コードでは，このモードはテスト・トーン生成モードになっており，880 Hzの信号を出力

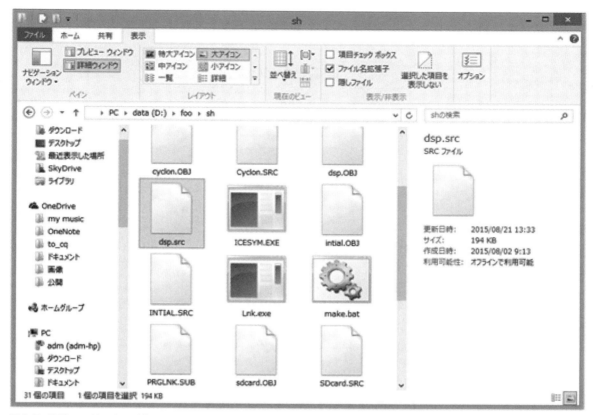

図A-7 DSPロード・イメージdsp.srcをTRX-305開発用パソコンのshフォルダにコピーする（Windowsの画面）

しているだけです．SAM復調アルゴリズムを実装する場合には，ユーザが正しいアルゴリズムに書き換えてください．

また，ループバックを使ったテスト・モード用にAM復調アルゴリズムもサンプル実装しています．このテストでは，TRX-305MB上のCN18とCN20を同軸ケーブルで接続して，TRX-305MBの送信部で作った信号を受信部で受信します．テスト用コマンドは以下のとおりです．

```
AMF 001215000
ARF 001215000
ARM 2
AMU OFF
AVO 0400
ASQ 8000
ATM ON
AAM 7F
```

これでテスト・トーンが正しく受信できれば正常に動作しています．なお，AGCを実装していないため，このままアンテナにつないで放送信号受信に挑戦しても上手くいかないと思われます．

まとめ

TRX-305用のDSPフレームワーク，Hiradoを紹介しました．

Hiradoの配布ライセンスは改変可能，再配布可能ですので自由に復調アルゴリズムの実験ができます．

また，アルゴリズムはC言語で記述します．

次節では，実際に復調アルゴリズムを実装する方法を紹介します．

A-2　復調アルゴリズムの実装

前節ではHiradoフレームワークの概要を紹介しました．Hiradoを使えば復調器のアルゴリズムを実装するだけでTRX-305に独自アルゴリズムを実装して動かすことができます．

この節ではデモ用のアルゴリズムを例として，実際にどのようにアルゴリズムを実装するのか見ていきましょう．復調アルゴリズム自身についてはすでに西村氏がページ数を尽くして解説しているため，この章では掘り下げません（第12章参照）．あくまで実装についての話をします．

● どこにプログラムを書くのか

フレームワークを使ったプログラミングでは，実際にコーディングする量も場所もわずかです．

Hiradoフレームワークを使ってプログラムを書く場合，アルゴリズムを記述するのはdemodulator.cファイルのなかの関数だけです（**図A-8**）．このファイルのなかのコールバック関数はフレームワークから適切なタイミングで呼び出されており，そのつど復調アルゴリズムを実行します．タイミングは全部フレームワーク側が管理しているため，アルゴリズムの記述時にタイミングを気にする必要はありません．

democulator.cのなかには三つの関数があります（**リストA-2**）．一つは初期化関数で，残りの二つが復調用の関数です．

初期化用の関数は`init_demodulator()`です．この関数は残りの二つが呼び出されるまえに一度だけ呼び出されます．もし，復調用のアルゴリズムを使用するために変数の初期化が必要な場合は，この関数の中で行ってください．

具体的に初期化が必要な例としては，フィルタの内部変数の初期化などが考えられます．

`radio_demodulate_non_wide_FM()`は，その名のとおり非ワイドFMモードの復調を行う関数です（**リストA-3**）．ちょっと注意が必要なのですが，名前のnon_wide_FMは「ワイドFM以外のモード」の意

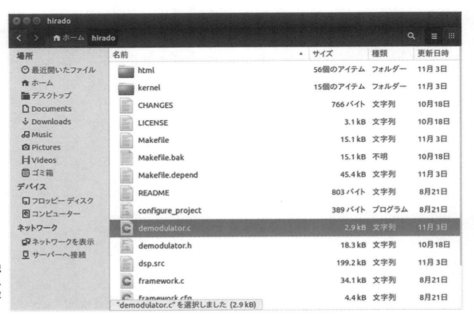

図A-8 アルゴリズムを記述するのはdemodulator.cファイルのなかの関数
（VMware Playerの画面）

リスト A-2 democulator.c の なかには三つの関数がある

```
void init_demodulator(void);
void radio_demodulate_non_wide_FM(
    int idata,
    int qdata,
    short* left,
    short* right
    );
void radio_demodulate_wide_FM(
    int idata[],
    int qdata[],
    short* left,
    short* right
    );
```

- 復調器に初期化したい変数があるときは，この関数の中に初期化プログラムを書く
- Wide FM以外の復調モードはこの関数の中に実装する
- Wide FM復調アルゴリズムはこの中に実装する

リスト A-3 ワイドFM以外のモードの復調を行う関数

```
void radio_demodulate_non_wide_FM(
    int idata,
    int qdata,
    short* left,
    short* right
    );
```

- ワイドFMではない形式の信号は，すべてこの関数で処理をする
- 32ビット固定小数型のI/Qデータ．中心周波数0HzのIF信号として1サンプルぶんが渡される
- 16ビット固定小数点型のオーディオ・データへのポインタ．ここには復調後のデータをステレオで返す

味であって，「ワイドではないFMモード」の意味ではありません．つまり，SSBやAM，CMの復調もこの関数で行います．

関数は1サンプルごとに呼び出されます．したがって，この関数は1秒間に約3万1千回呼び出され，そのたびに引数として受信I/Qデータを受け取ります（idata，qdata引数）．そして引数として復調済みオーディオ・データを返します（left，right引数）．

注意すべき点として，idata，qdataが32ビットであるのに，left，rightが16ビットであることを挙げておきます．なかに入っているデータは左詰の固定小数点数であり，いずれも絶対値が±1です．しかし，C言語としては32ビット/16ビットの整数としてしか扱っていないため，どこかでつじつま合わせが必要になります．これはプログラマの仕事です．

radio_demodulate_non_wide_FM() には，はじめからswitch～case文によるスケルトンが用意してあります．これは，ナローFM復調，AM復調，同期AM復調，USB復調，LSB復調，CW復調の場合分けをしているコードです．switch～case文の中身はサンプル・コードしかありませんので，このサンプル・コードを消して自分のアルゴリズムを書いていくのがアルゴリズムの実装となります．

radio_demodulate_wide_FM() はワイドFM復調用関数です（リストA-4）．この関数は，先に挙げたradio_demodulate_non_wide_FM() と同様に1サンプルごとに呼ばれます．しかし，ワイドFMにおいてはTRX-305MBは8倍オーバーサンプルでI/Qデータを処理するため，関数が受け取るI/Qデータはスカラ型ではなく配列型になっています．

ワイドFM復調アルゴリズムは，この8倍速I/Qデータを復調し，1/8にダウン・サンプルしてオーディオ・データとして戻すことになります．

● 固定小数点数の処理について

Hiradoは上に説明したように復調用関数を二つもっており，いずれの関数もI/Qデータを32ビットで受け取り，オーディオ・データを16ビットで返しています．この項では，この二つの型の取り扱いについて説明します．

Hiradoの復調関数が受け取り，返すデータはI/Qデータ，オーディオ・データ，いずれも固定小数点型

リストA-4 ワイドFMモードの復調を行う関数

です．固定小数点型は整数型と違い，1ワードのビット数が増えても信号の絶対値が変化しないという特徴があります．かわりに信号のSN比が変化します．SN比は1ビットあたり6dBであり，アナログ信号を処理する際，大変自然に扱うことができます（図A-9）．

SDRは自然信号をディジタル化して処理したあとに再度アナログ信号に戻します．したがって，内部でデータを扱うときには整数型よりも固定小数点数型が向いています．FPGAから送られてくるデータや送り返すデータが固定小数点型であるのはこれが理由です．

さて，受け渡しするデータが固定小数点数であることはこれで説明がつくとして，実際の復調処理は固定小数点数で行うべきでしょうか，それとも整数や浮動小数点数を使って処理したほうがよいでしょうか．実はそれぞれに一長一短があり，簡単に結論は出せません．そこで，以下にそれぞれの長所短所を説明しておきます（表A-1）．

復調アルゴリズムを記述するうえで一番楽な方法は，浮動小数点数を使ってしまうことです．よく知られているように，この型は数値の表現範囲が広いため，オーバーフローやアンダーフローのことを気にせずに処理を記述することができます．一方で，この型は演算コストが嵩むという欠点があります．プロセッサがハードウェアによる浮動小数点数演算に対応していればよいのですが，Blackfin DSPにはありません．そのため，Hirado上で浮動小数点数を使うと「遅い」という欠点があります．SDR復調はリアルタイム処理であり，限られた時間で演算を終わらせなければなりません．したがって，浮動小数点数を使う場合には全体の処理時間をきちんと管理する必要があります．

固定小数点数はBlackfin DSPの上で最も効率よく演算を実行できる型です．たとえば，16ビットの乗

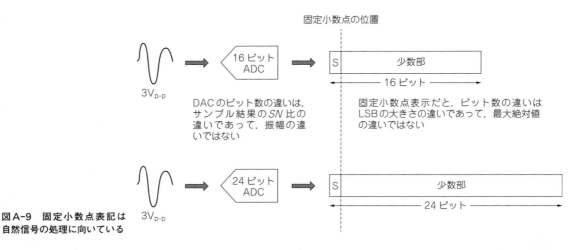

図A-9 固定小数点表記は自然信号の処理に向いている

表A-1 データ型による長所と短所

データ型	プログラミングの容易さ	必要なハードウェア資源
浮動小数点数	容易	重い
固定小数点数	注意が必要	軽い
整数	何らかの方法で固定小数点数のシミュレーションを行う	軽い

算であれば，1クロックごとに結果を出すことができます．32ビット乗算になるとそれなりに演算時間はかかりますが，浮動小数点演算よりも遙かに高速です．

固定小数点演算の欠点は，C言語ではそのまま取り扱えないことです．加減算はC言語の加減算としてそのまま実行可能なのですが，乗算となると標準的なC言語では取り扱えません．

Blackfin用のGCCには，このための関数が用意されています．fract.hを読み込み，これらの関数を使えば32ビットの加減乗算は簡単にできます．また，16ビット版も用意されています．

整数を使った信号処理は，基本的には固定小数点演算のシミュレーションになります．つまり，整数の加減乗算を組み合わせて固定小数点数の加減乗算を行うのです．すでに述べたように，整数と固定小数点数では加減算は同じ計算をそのまま使うことができます．そのため，実質的に乗算のみを何とか整数でしのぐということになります．

この方法は，速度的には固定小数点演算と浮動小数点演算音の中間になるのではないかと思われます．メーカや開発ツールの提供元が固定小数点ライブラリを提供しない場合には，自分でこの方法をとることになるでしょう．

最後に，復調関数の引数の型を扱うときのスケーリングについて説明しておきます．

すでに説明したとおり，I/Qデータは32ビット固定小数点数，オーディオ・データは16ビット固定小数点数です．これらは，便宜上のC言語の32ビット整数型，16ビット整数型に格納されて渡されます．そのため，処理を行うときには整数型として受け取ったものの，中身が固定小数点数型だと頭に入れておく必要があります．

こうして文字で書くと大変面倒なことなのですが，要するに図A-10に示すように，本来レベルがそろっている入出力信号が，便宜上整数を使っているために65536倍（16ビット，96 dB相当）のレベル差が生じています．復調演算を行うときには，このつじつま合わせ（スケーリング）を最後に行わなければならないことに注意してください．具体的には，どこかで16ビット右シフトを行うことになります．

● サンプル・アルゴリズムを読む

復調用関数の引数の説明が終わりましたので，実際にサンプルとして提供されているコードを読んでみましょう．

Hiradoのなかのdemodulator.cを開き，`radio_demodulator_non_wide_FM()`関数を見てみましょう．この関数はワイドFM以外の復調を行う関数であるとすでに説明しました．ワイドFM以外の動作モード

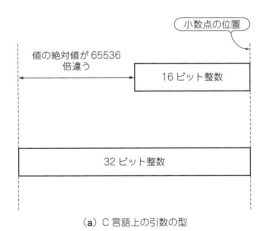
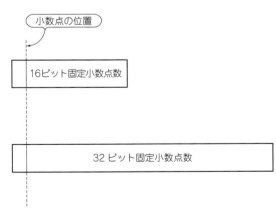

(a) C言語上の引数の型　　　　　　　　(b) 引数に格納されているデータの型

図A-10　なぜデコーダ関数にスケーリングが必要なのか

リストA-5　radio_demodulator_non_wide_FM()関数の記述（demodulator.c）

```
void radio_demodulate_non_wide_FM( int idata, int qdata, short* left, short* right )
{
    *left = *right = 0;
    /*
     * 現在の復調モードを取得し、そのモードに応じて適切なアルゴリズムを実行する。
     * 以下のコードはスケルトンなので、適切なアルゴリズムを実装すること。
     *
     * 受信IFデータは複素情報となっており、それぞれidata, qdata引数として渡される。
     * いずれの引数も[-1..1]の閾値を取る。
     *
     * 復調オーディオデータはステレオであり、左右データをそれぞれ*left, *right引数に返す。
     * いずれの引数も[-1..1]の閾値を取る。
     *
     */
    switch (radio_api_getARM_mode()){
    case radio_mode_NFM :    // ナローFM復調
        break;

    case radio_mode_AM :     // AM復調
    {
            // テスト用の複素包絡線検波
        float i, q;

        q = qdata;
        i = idata;

        *left = *right = sqrtf( q*q + i*i )/65536;

    }
        break;
    case radio_mode_SAM :    // 同期AM復調
        // 動作テスト用880Hz生成プログラム。
        // 実アルゴリズムで置き換えること
    {
        float f;
        static short phase = 0;

        f = sinf( 2 * 3.14 * phase / 32768 ) * 32767 * 0.999;
        phase += 880 ;

        * right = *left = f;
    }
        break;

    case radio_mode_USB :    // USB復調
        break;

    case radio_mode_LSB :    // LSB復調
        break;

    case radio_mode_CW :     // CW復調
        break;
    }
```

は複数ありますので，関数内でそれらの復調モードを区別しなければなりません（**リストA-5**）．

冒頭のswitch～case文が復調モードの場合分けを行っています．

ここでは，radio_api_getARM_mode()というAPIを使って現在の復調モードを取得し，それに合わせて適切な選択肢を実行する制御を行っています．たとえば，受信機がAM復調モードであればSHマイコンからはAMモードであるという通知がFPGA経由でDSPに送られてきており，それを上記APIで知ることができます．

AM復調モードであれば，case radio_mode_AMに続く文が実行されます．同様に，USB復調モードであればcase radio_mode_USBに続く文が実行されます．このように，switch～case文で場合分けされた部分を復調アルゴリズムで埋めていくことで，復調器の実装を進めます．

実際のコードの例としてAM復調を見てみましょう．分岐で言えば`case radio_mode_AM`です．ここに実装しているのは単なるサンプル・コードですので，デコード時のDSP負荷やAGCのことは考慮していません．そのため，大変簡単なコードになっています．

　復調部では浮動小数点型の変数`i`, `q`を用意して，引数の`idata`, `qdata`を代入しています．そして，その二つを2乗して平方根を取っています．これは複素数の絶対値計算ですので，振幅変調の振幅を直接計算していることになります．

　65536で割っているのは前節で説明したとおりのスケーリング処理です．これを怠ると振幅が大きすぎて雑音しか聞こえなくなります．

　なお，このサンプル・コードにはAGCがありません．TRX-305MBの内蔵信号発信器の音を確認することはできますが，一般の放送は非常に小さくしか再生できません．

● 利用できるAPIとデバッグ情報

　前項で説明したとおり，復調アルゴリズムはswitch～case文で割り当てられた位置にしたがって実装していけば済みます．一方で，SHマイコンからは受信機の制御情報がいくつか送られてきています．それらを調べるためのAPIを実装しています．

　これらのAPIは，ノイズ・スケルチのON/OFF，ボイス・スケルチのON/OFF，AGCのON/OFF，AGCアタック，フェード値の制御などを含んでいます．また，IFシフト量の制御なども可能です．

　これらのAPIは，すべてdemodulator.hのなかで宣言されています．コメントもありますので，そちらを読めば使いかたもわかるはずです．また，ソース・ツリーのhtmlサブフォルダにはコメントを書式整形したAPIドキュメントを置いていますので，そちらも参照してください．TRX-305MBの内部に関しては公開されていない情報が多く，ここに書いていない情報に関しては手探りで調べていかざるを得ない状況です．いくつかのコマンドは使いかたが制限されていますが，それら以外については事実上「好きに使っていい」ということのようです．もちろん，TRX-305MBのファームウェアと同じ機能をもたせるのならば，同等の機能を実装しなければなりません．

　こういった機能を実装していくときには，どうしても手探りの部分が出てきます．そういった状況では「SHマイコンから流れてくるコマンドを知りたい」，「DSPのMIPS負荷率を知りたい」といった場面も多くあるはずです．その場合，Hiradoのデバッグ用ロギング機能を使用できます．

　デバッグ用のログ機能は普段は切ってあり，framework.hからONにすることができます．「デバッグマクロ」とコメントのある部分にコメントアウトされたマクロが並んでいますので，このなかから必要な機能だけコメントアウトを解除してください．たとえば，`DEBUG_DSPLOAD`のコメントアウトを解除すると，デバッグ用のシリアル・ポートから57600 bpsでMIPS負荷率の情報がテキスト出力されますので，実装したアルゴリズムの重さを知ることができます．

　なお，DSPデバッグ用ポートは自分ではんだ付けする必要があります．TRX-305MB基板上のTP8は，DSPのTX（UART送信データ）ピンに接続されており，ここから信号を受け取ることで，PCのコンソールにデバッグ・メッセージを表示できます（**写真A-1**）．また，TP7がDSPのRX（UART受信データ）に接続されており，筆者はこれもコンソールと接続していますが，現状ではデバッグ機能は受信データを棄てていますので，特に配線する必要もないでしょう．

　PCとの接続は，USB-シリアル変換アダプタを使います．いろいろな種類のものがありますが，筆者はRaspberry Pi用に売られているケーブルを使っています（**写真A-2**）．これは先端がピン・ヘッダに挿しやすく安価ですので気楽に使えるのが利点です．ただし，市場の性質か，あっという間にショップから消えてしまいますので，型番などを指定できないのがもどかしいところです．検索すれば同様の製品は山ほど出てきますので，エイヤ！で決めて買うといいでしょう．

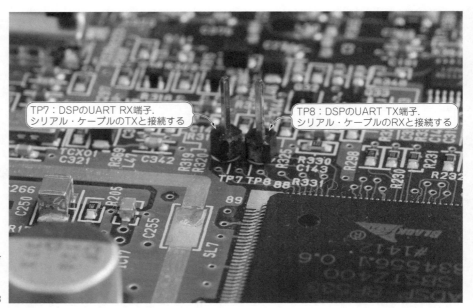

写真A-1 DSPデバッグ用シリアル・ポート
TRX-305MB（信号処理メイン・ボード）のTP7とTP8

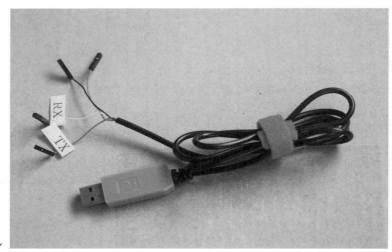

写真A-2 USB-シリアル変換ケーブル

おわりに

　駆け足でしたが，Hiradoフレームワークについて説明しました．

　このフレームワークを使うと，ブラックボックス化されたTRX-305MBの復調アルゴリズムを自分で開発することができます．ツールも開発用のOSもフリーですので，ぜひ挑戦してみてください．

Appendix B

ディジタル信号処理サポート・ツール
～FIRフィルタの係数計算とLCフィルタの設計～

B-1　FIRフィルタ設計ソフトウェア

● ソフトウェアの概要

　ディジタル信号処理において，FIRフィルタはしばしば使われます．ところがその設計に関しては，手計算だとか，アナログ・フィルタのような表に頼ることは不可能です．したがって，どうしてもコンピュータによる計算になります．

　もちろん，さまざまな条件で設計できるソフトウェアは発売されています．しかし，高価なソフトウェアを使える幸せな環境を手にできる人は限られています．フリーのソフトウェアもありますが，痒い所に手が届かなく，使えない場合が多いものです．

　FIRフィルタのところでも書きましたが，私はIEEEの論文にあるRemez exchangeアルゴリズムが実用的にはもっとも適していると思います．FORTRANのプログラムをそのまま実行すれば設計できます．これをベースに作った設計プログラムを添付します．

　付属CD-ROMの中に，インストールできる形で載せてあります．ほとんどの場面で，このソフトウェアを使ってFIRフィルタの設計をすることが可能だと思います．結果を見るために，周波数特性をグラフィックで表示できるようにしました．また，結果をそのままソース・コードに貼り付けることができるように，結果のファイル化が簡単に行えるようにしました(個人的にはこの機能が一番うれしい)．そのほかいろいろな機能を盛り込みましたので，使ってみてください．なお，このソフトウェアに関するサポートは基本的に行いませんので，問い合わせはご勘弁ください．ただし，バグについてはできるだけ潰していきたいと思いますので，皆さんのレポートは歓迎いたします(バグ・フィクスをする確約はできませんが…)．

　本文中のFIRフィルタなどの説明で設計例を載せています．簡単ですので，一度このソフトウェアを使って自分自身で再設計をやってみてください．ピッタリ同じ数値にはならないかもしれませんが(収束条件の違い)，ほぼ同じ結果が得られると思います．これであなたも自由自在にディジタル・フィルタが使えます．このソフトウェアはかなり私自身の実務で使いこなしています．計算された係数は信頼のおけるものだと思います．

　512タップを超えるような設計をする場合は，Matlabのfdatoolなどの有償ソフトウェアに頼らなければなりません．ただし，Matlabは個人向けの安いライセンスを出していますので，それならば十分に購入できる範囲です．事前のシミュレーションなど，他の有効な使い道もたくさんあり，ディジタル信号処理を試みる場合はぜひ手元にあったほうが便利だと思います．

● 基本仕様

　FIRフィルタ・タップ数：最大511タップまで
　フィルタの形式：直線位相フィルタ
　　　　　　偶対称標準型フィルタ(偶数タップ，奇数タップ)

奇対称ヒルベルト・フィルタ（偶数タップ，奇数タップ）
バンド数：最大10バンドまで
周波数：サンプリング周波数を1とする規格化周波数
設計アルゴリズム：Remez exchange
周波数応答：リニア表示と対数表示
トランジェント応答：インパルス応答，ステップ応答
係数結果：SHフォーマットのQ1からQ18までの桁取り，またはTIフォーマットのQ0表現

● **インストール**

付属CD-ROMのFIRディレクトリにあるsetup.exeを実行することにより，インストーラが立ち上がります．インストール先のフォルダを指定して（コラム参照），指示にしたがってインストールを進めてください．私のところにある，Windows95，Windows98，Windows NT4.0，Windows 7，Windows 8，Windows 10については正常にインストールして動作することを確認しました．

ただし，このソフトウェアはVisual BASIC 4.0で書かれおり，インストールの際に，さまざまなDLLファイルなどをSystemフォルダにコピーします．場合によっては，別のVBのアプリケーションがすでにインストールされていると，その動作に影響を与えることが稀にありますので，注意してください．なおその際，私のほうではいかなる責任も負いかねますので，あらかじめご了承ください．

● **操作について**

▶ **スタート・メニュー**

正常にインストールが終了した後，インストールしたフォルダの中の"FIRtool.exe"を立ち上げます．その後，図B-1のようなスタート画面が現れます．

① **フィルタの種類**

係数が偶対称の標準タイプと，奇対称のヒルベルト・タイプのいずれかをチェックします．ヒルベルト変換が必要な用途以外は標準タイプを選びます．

② **タップ数**

フィルタのタップ数を指定します．1から数えます．偶数，奇数いずれでもOKです．最大511タップ

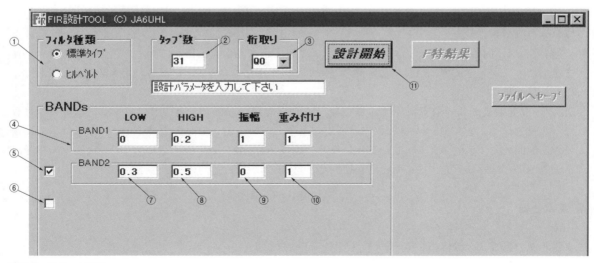

図B-1　スタート画面

まで入力可能です．

③ 桁取り

設計は，振幅が1になるように設計するのが一般的です．固定小数点演算の場合，小数点を移動したものを，ソース・コードに取り込む必要がある場合があります．ここでQnを指定すると，計算した結果すべてに2^nを掛けます．したがってQ0に指定すると，設計値そのものになります．

④ BANDs

各バンドの仕様を入力します．最大10バンクまで指定が可能です．各バンドの周波数はオーバーラップは禁止されます．また，各バンドは周波数が低いほうから順番に大きいほうに指定する必要があります．

⑤ BAND数の減少

ここのチェックがあるところをクリックすると，ここのバンドが消えます．したがって，この図ではBAND1のみになります．

⑥ BANDの増加

ここをチェックすると，バンドが1個追加されます．ここの画面では3番目のバンドが追加されます．最大10個まで次々に増やすことが可能です．

⑦ LOW

このバンドの下端の周波数を指定します．周波数はサンプリング周波数を1とした正規化周波数で指定します．たとえば，サンプリング周波数が10 kHzで1 kHzを指定する場合は，0.1となります．指数表現は使えません．

Column

インストール先のフォルダを指定する

FIRツールのインストールに際しては，インストーラがデフォルトで指定するディレクトリであるC:\ProgramFiles内にインストールせず，別のフォルダを指定してください．C:\ProgramFiles以下に指定すると，セーブしたファイル（fir.dat）にアクセスできなくなってしまいます（Win8，Win10の場合）．

図B-Aの例では，C:\FIRTOOLに変更して指定しています．

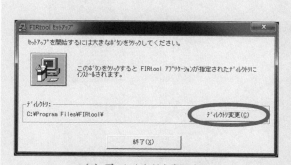
（a）ディレクトリを変更する

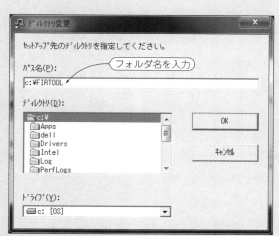
（b）フォルダ名を入力する

図B-A FIRツールのインストール時にはディレクトリを指定する

⑧ **HIGH**

このバンドの上端の周波数を指定します．周波数の指定に関しては⑦と同じです．

⑨ **振幅**

このバンドの振幅（ゲイン）を指定します．一般的には通過域に1，阻止域に0を指定します．そのほか0.5のような小数指定も可能です．1より大きな数値もOKです．

⑩ **重み付け**

設計の際のリプルの大きさを，ほかのバンドに比べてどれくらい厳しく設計するかを指定します．1より大きい自然数で指定します．通常はデフォルトの1のままでOKです．たとえば10を指定すると，そのバンドのリプルは，1に設定されたバンドと比べてリプルの大きさが約1/10になります．

⑪ **設計開始**

すべてのパラメータの設定が終了した後，この［設計開始］のボタンを押すと，設計をはじめます．設計中は，このボタンの文字が「設計中」に変わります．

▶ **設計結果画面**

設計が終了すると，図B-2のような表示になります．

① **F特結果**

設計が終わったフィルタの特性をグラフにプロットすることができます．ここをクリックするとプロットのための別のフォームが，図B-3のように開きます．

② **ファイルへセーブ**

フィルタの設計された係数を，そのままソース・コードとして貼り付けができるように，体裁を整えてファイルにセーブします．C:¥FIRTOOLにインストールした場合，

　　C:¥FIRTOOL¥fir.dat

として，インストールしたフォルダのルートにファイルfir.datが作られます．ファイル名の指定はできません．

桁取りをQ0で指定した場合，リストB-1のようなテキサス・インスツルメンツ（TI）のDSPフォーマットで出力します．それ以外は，リストB-2のようにSHマイコンのアセンブリ言語フォーマットで出力

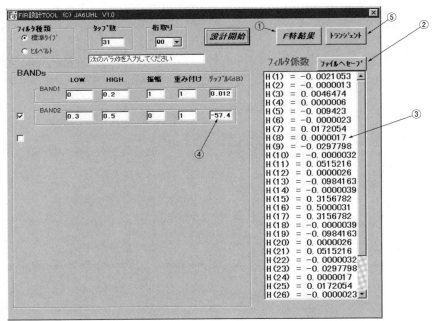

図B-2 ▶
設計結果を表示

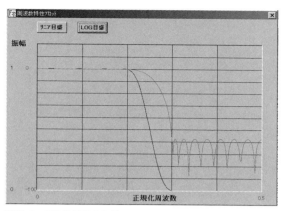

図B-3 周波数特性の表示

リストB-1　Q0の場合のフィルタ設計結果ファイル

```
;-----------------------------------------
; Band(1) Low:0.00000 High:0.20000 R= 1.173406E-02
; Band(2) Low:0.30000 High:0.50000 R= -57.38145
;-----------------------------------------
        .Q15    -0.00210532     ; 1
        .Q15    -0.00000127     ; 2
        .Q15     0.00464739     ; 3
        .Q15     0.00000059     ; 4
        .Q15    -0.00942299     ; 5
        .Q15    -0.00000226     ; 6
        .Q15     0.01720539     ; 7
        .Q15     0.0000017      ; 8
        .Q15    -0.02977976     ; 9
        .Q15    -0.00000317     ; 10
        .Q15     0.05152161     ; 11
        .Q15     0.00000261     ; 12
        .Q15    -0.09841632     ; 13
        .Q15    -0.00000388     ; 14
        .Q15     0.3156782      ; 15
        .Q15     0.5000031      ; 16
        .Q15     0.3156782      ; 17
        .Q15    -0.00000388     ; 18
        .Q15    -0.09841632     ; 19
        .Q15     0.00000261     ; 20
        .Q15     0.05152161     ; 21
        .Q15    -0.00000317     ; 22
        .Q15    -0.02977976     ; 23
        .Q15     0.0000017      ; 24
        .Q15     0.01720539     ; 25
        .Q15    -0.00000226     ; 26
        .Q15    -0.00942299     ; 27
        .Q15     0.00000059     ; 28
        .Q15     0.00464739     ; 29
        .Q15    -0.00000127     ; 30
        .Q15    -0.00210532     ; 31
```

リストB-2　Q15の場合のフィルタ設計結果ファイル

```
;-----------------------------------------
; Band(1) Low:0.00000 High:0.20000 R= 1.173406E-02
; Band(2) Low:0.30000 High:0.50000 R= -57.38145
;-----------------------------------------
        .DATA.W  -69,0,152,0              ; 4
        .DATA.W  -309,0,564,0             ; 8
        .DATA.W  -976,0,1688,0            ; 12
        .DATA.W  -3225,0,10344,16384      ; 16
        .DATA.W  10344,0,-3225,0          ; 20
        .DATA.W  1688,0,-976,0            ; 24
        .DATA.W  564,0,-309,0             ; 28
        .DATA.W  152,0,-69                ; 31
```

します．

③ 計算結果リスト

フィルタの設計結果のインパルス・レスポンスを表示します．結果は桁取りによってスケーリングが変わります．Q0のときが，設計値そのままの値です．計算した結果を変えたい場合は，変えたい係数の数値の部分をクリックすると図B-4のようにエディット・ボックスが開きます．変えたい値に編集した後にリターンを入力すると，変更することができます．変更した結果で，特性のグラフ表示が可能です．

④ リプル

計算の結果のリプルを示します．等リプル設計を行いますので，設計した結果の目安として非常に有用な情報です．振幅が0の阻止域では，補償減衰量と等価です．すなわち，信号は表示されたリプル値以下に阻止されます．

リプルの絶対値を指定して設計できないだけに，繰り返しパラメータを変えながら設計が必要です．その際に，このリプル値を見ながら行います．

⑤ トランジェント

設計が終わったフィルタの特性を時間軸で確認することができます．ステップ応答は，フィルタの係数そのものですが，間を補間していますので，連続関数で確認できます．さらに，ステップ応答を重ねて見ることができできます．ボタンを押すと表示用のウィンドウが開きます（図B-5）．

● バンド・パス・フィルタの設計例

マルチバンド設計の例として，バンド・パス・フィルタを設計してみます．3バンド必要です．図B-6

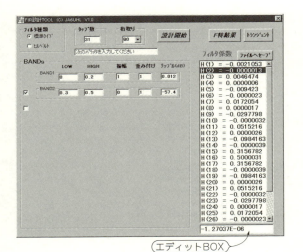

図B-4　設計された係数の変更

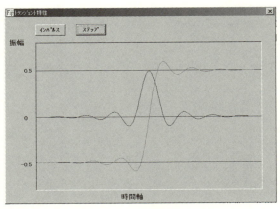

図B-5　設計したフィルタのステップ応答ウィンドウ

図B-6　バンドパス・フィルタのパラメータ設定ウィンドウ

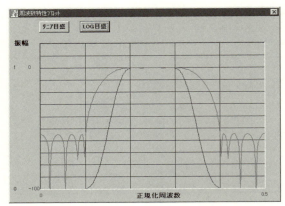

図B-7　周波数特性表示

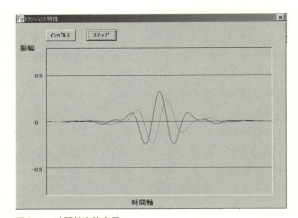

図B-8　時間軸応答表示

のように各バンドのパラメータを設定してみます．通過域のみ振幅が1で，残りの二つのバンドは0に設定します．設定した後，設計開始をクリックすると，結果のフィルタ係数とリプル値を表示します．

　この結果の特性をグラフで表示するため，[F特結果]をクリックしてみます．そうすると，**図B-7**の別フォームが現れます．振幅をリニア表示にする場合は，[リニア目盛]をクリックすると，振幅が線形目盛で図のように特性をプロットします．対数表示する場合は，[LOG目盛]をクリックすると図のような特性をプロットします．二つのプロットは重ね書きが可能です．対数表示が赤線，リニア表示が黒線で

表示されます．

この設計の場合，対数プロットを見ると，等リプル設計されている様子がよくわかります．横軸の周波数は，サンプリング周波数で割った正規化周波数で示されています．

また，結果の時間軸応答を調べたいとき，［トランジェント］をクリックします．そうすると図B-8の別フォームが現れます．［インパルス］をクリックすると，黒い線でフィルタのインパルス応答を表示します．さらに［ステップ］をクリックすると，今度は赤い線でフィルタのステップ応答を重ね書きでプロット可能です．直線位相フィルタの設計では，図のように真ん中を中心に必ず左右対称の応答波形になります．

B-2　アナログ*LC*フィルタ設計ソフトウェア

● ソフトウェアの概要

ディジタル信号処理と言っても，高周波領域では，まだまだ*LC*フィルタを置き換えることはできません．また，IIRフィルタのベースは*LC*フィルタを変換して作る場合も多くあります．そこで，私が作った*LC*フィルタ設計ソフトウェアを添付します．これは内部に数表をもっているわけではなく，完全に理論式から計算しています．したがって，いかなるパラメータを設定しても設計できます．

これは，もともと私自身が実務で使うことを目的に作ったものです．ですから長い歴史があります．最初はCP/M-80のアプリケーションでした．プログラムはForthで書きました．次に，PC-9800のMS-DOSに移植しました．このときは，プログラム言語はMindを使いました．趣味で結構マイナーなプログラム言語を使ったものです．それでWindowsの時代になり，最終的に現在の形になっています．これはDelphi5（Pascal）を使って作ったものです．ときどき，同業の方と話す機会に，頒布したソフトウェアを使っているとのうれしい話を聞きます．

このソフトウェアも，他のソフトウェア同様，サポートは一切いたしません．バグがあったとしても，私ならびにCQ出版社には，その対処の義務がないことをお断りしておきます．そのことが承知できる方は，商業ベースを除くすべての目的に自由に使っていただいて結構です．

● 基本仕様

パソコン仕様：Pentium 133 MHz相当以上，Win95，98，NT4.0，Win7，Win8，Win10

● インストールは不要

付属CD-ROMのLCfilterフォルダごと，適当な場所にコピーしてください．その中のLCfilter.exeをダブルクリックで立ち上げるだけです．インストールの必要はありません．私のところにあるWindows XP，Windows 7，Windows 8，Windows 10については正常に動作することを確認しました．

● 機能
▶フィルタの種類
(1) TBTフィルタ（LPF）
【結合係数1のとき：トムソン（ベッセル）フィルタ】
群遅延がフラットでリンギングがありません．波形伝送向きのフィルタです．MFDフィルタとも呼ばれます．
【結合係数0のとき：バターワース（ワグナー）フィルタ】
振幅特性がフラットの特性です．群遅延はフラットではありませんが，そこそこなのでよく見かけるフィルタです．MFAフィルタとも呼ばれます．

【結合係数1と0の中間値：MFDとMFAの中間】
　群遅延が気になるときには1に近く，振幅特性が気になるときには0に近く設定します．
(2) チェビシェフ・フィルタ(LPF)
　通過域が等リプルになるように設計します．バターワースよりも急峻な特性が得られます．しかし，群遅延特性はかなり劣化します．
(3) 連立チェビチェフ・フィルタ(LPF)
　通過域，阻止域いずれも等リプルになるように設計されます．非常に急峻な振幅特性を得ることができます．しかし，群遅延特性はひどく劣化します．したがって，かなりリンギングが発生します．
(4) TBTフィルタ(HPF)
　基本的にはLPFのときと同じです．ただし，LPFを写像してHPFに変換していますので，群遅延特性はフラットにはなりません．
(5) チェビシェフ・フィルタ(HPF)
　基本的にはLPFのときと同じです．
(6) 連立チェビシェフ・フィルタ(HPF)
　基本的にはLPFのとき同じです．

▶ **フィルタの型の指定**
(1) π型フィルタ
　奇数次のとき，入力段にLPFではキャパシタ，HPFではインダクタがグラウンドに対して並列に入ります．したがって，フィルタの阻止領域では入力インピーダンスが小さくなりますので，分波フィルタとしては向きません．しかしそのほかの場合，特にLPFの場合はインダクタが少なくて済みますから，使いやすいフィルタです．HPFでは逆にインダクタが多い構成となりますからお勧めできません．
(2) T型フィルタ
　奇数次のとき，入力段にLPFではインダクタ，HPFではキャパシタが直列に入ります．したがって，フィルタの阻止領域では入力インピーダンスが大きくなりますので，分波フィルタとして使えるフィルタです．そのほかのLPFの場合はインダクタが多く必要ですから，π型のほうがお勧めです．HPFの場合は逆にインダクタが少ない構成ですので，一般的にはこちらの構成が使われます．

▶ **その他**
　フィルタの次数：最小3次，最大15次まで
　入力/出力インピーダンス：通常は出力インピーダンスと等しくなるように設計します．そのときが素子感度をもっとも低く設計できます．ただし，場合によって出力の振幅が必要なとき，入力と出力のインピーダンスを異なる値で設計します．連立チェビシェフ・フィルタの場合は，必ず同じになるようにしか設計できません．
　結合係数：1(MFD)～0(MFA)(TBTフィルタの設計のときだけ有効)
　リプル：dBで入力します．チェビシェフ・フィルタと連立チェビシェフ・フィルタのときのリプル値です．
　遮断周波数：バターワース　−3dBになるところの周波数
　　　　　　　　チェビシェフ　等リプルが終わるところの通過域周波数
　　　　　　　　トムソン　　　群遅延フラットが崩れるところの周波数
　阻止周波数：連立チェビシェフ・フィルタで阻止域の等リプルが終わるところの周波数

● **操作について**
　プログラムを立ち上げると，**図B-9**のウィンドウが表示されます．設計のはじめに，「①設定パラメータ」

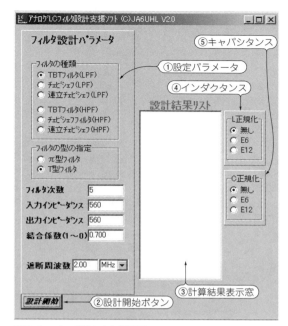

図B-9　プログラムの初期画面

図B-10　連立チェビシェフを選んでパラメータを入れ計算させた

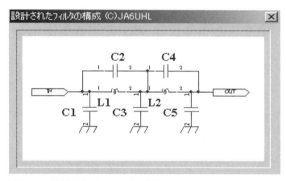

図B-11　設計されたフィルタの回路

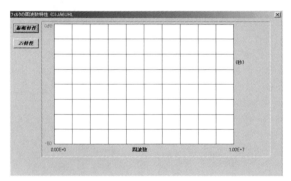

図B-12　フィルタの周波数特性

の各項目を設定します．フィルタの種類の指定によっては設定する項目が変わります．表示されているすべての項目を確認，設定する必要があります．

次に，設計された結果の定数が表示されますが，その値を丸めて表示するかどうかを「④インダクタンス」，「⑤キャパシタンス」で指定します．「無し」では，設計された値そのままで表示します．E6系列，E12系列のいずれかを指定しますと，それぞれの等比シリーズの近い値に丸められます．実際の回路ではE6，E12シリーズの定数しか使えないので，そのためのものです．

　　E12系列：1.0　1.2　1.5　1.8　2.2　2.7　3.3　3.9　4.7　5.6　6.8　8.2
　　E6系列　：1.0　　　　1.5　　　　2.2　　　　3.3　　　　4.7　　　　6.8

以上の設定が終わって，「②設計開始ボタン」を押すと設計をはじめ，設計が終了すると図B-10のように設計された素子の値が表示されます．また，各素子がどのように構成されているかが図B-11のように図示されます．これで設計は完了です．

図B-10では，「②F特計算起動」で示した［周波数特性］の実行ボタンが現れます．設計されたフィルタの周波数特性を調べるため，まず「③F特周波数軸パラメータ」を設定します．周波数特性はグラフで

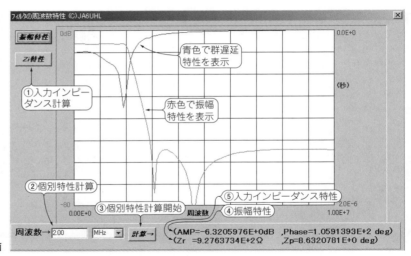

図B-13　周波数特性を描曲画

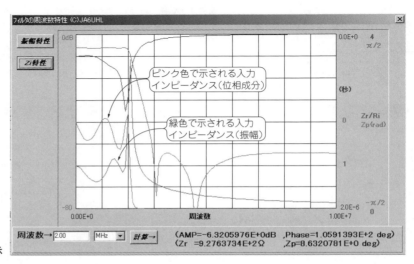

図B-14　個別特性を重ねて表示

表示されますが，その横軸の範囲を決めるものです．「開始点」は座標の左端の値を決めます．「スパン」は横軸の長さです．いずれも，周波数の桁取りと合わせて設定します．横軸は10等分されますから，スパンはできるだけ10の倍数に設定したほうが見やすくなります．

　設定後，②のボタンを押すと図B-12が表示されます（特性グラフはまだ表示されていない）．

　[振幅特性]ボタンを押すと計算をはじめ，結果をグラフにして表示します（図B-13）．赤色が振幅特性で，青色が群遅延特性です．赤色の振幅特性は1目盛が10 dBです．青いプロットが群遅延特性ですが，目盛はオートスケーリングされます．

　グラフで大体の特性がわかりますが，もっと細かく正確に特性を調べるために「②個別特性計算」の機能が用意されています．②の「周波数→」のボックスに調べたい周波数を入力し，③の[計算→]ボタンをクリックすると，④の振幅特性と⑤の入力インピーダンス特性を計算して表示します．

　入力インピーダンス特性をグラフで見たいときは，①の入力インピーダンス計算のボタン[Zi特性]をクリックします．そうすると，図B-14の画面のように緑とピンクの線で入力インピーダンスが表示されます．入力インピーダンスは極座標変換され，緑の線が振幅特性で単位はΩです．ピンクの線は位相特性で，$\pm\pi/2$（90°）の範囲で表示されます．中央がゼロで純抵抗のインピーダンスであることを示します．$-\pi/2$がキャパシタ，$\pi/2$がインダクタのリアクタンス性を示します．

参考文献

(1) Fredric Harris；Multirate Signal Processing for Communication Systems，2004，Person Education Inc.
(2) Doug Smith；Digital Signal Processing Technology，2001，ARRL.
(3) Bernard Sklar；Digital Communications，2001，Prentice-Hall, Inc.
(4) John B Anderson；Digital Transmission Engineering，1999，IEEE Press.
(5) Andrzej M Lugowski；A Phase Method Generation Of Square-Law SSB signal，1986，IEEE Trans. COM July.
(6) L. C. Walters；Improved Hilbert Transformer For SSB speech，1986，Electronics & Wireless World.
(7) Alan V Oppenheim，Ronald W Schafer；Digital Signal Processing，1975，Prentice-Hall.
(8) Jams H McClellan，Thomas W Parks；A Computer Program for Designing Optimum FIR Linear Phase Digital Filters，IEEE Trans, vol AU-21，Dec. 1973，pp.506-526.
(9) A. Bruce Carlson；Communication System，1968，McGraw-Hill.
(10) 石井 聡；無線通信とディジタル変復調技術，2005年，CQ出版社.
(11) 三上 直樹；はじめて学ぶディジタル・フィルタと高速フーリエ変換，2005年，CQ出版社.
(12) 西村 芳一；DSP処理のノウハウ，2000年，CQ出版社.
(13) 今井 聖；ディジタル信号処理，1980年，産報出版.
(14) 村野 和雄，海上 重之；情報・通信におけるディジタル信号処理，1987年，昭晃堂.
(15) 海上 重之，ほか；ディジタル信号処理の応用，1992年，産報出版.
(16) 武部 幹；ディジタルフィルタの設計，1986年，東海大学出版会.
(17) 三谷 正昭；ディジタルフィルタデザイン，1987年，昭晃堂.
(18) 大貫 広幸；数値演算入門，1988年，CQ出版社.
(19) 特集＝ホームビデオのディジタル技術，エレクトロニクスライフ，1988年7月号，日本放送出版協会.
(20) 柏倉ほか；中波ラジオ放送中継線用の群遅延等化器，放送技術，1988年3月号，兼六出版.
(21) 尾知 博；ディジタル・フィルタ設計入門，1990年，CQ出版社.
(22) 西村 芳一；無線によるデータ変復調技術，2002年，CQ出版社.
(23) 大黒 一弘，他；RZSSB方式の伝送特性，1985年11月，電子通信学会.
(24) 関口 利夫，他；変調入門，1985年，森北出版社.
(25) 畔柳 功芳；ディジタル通信路，1990年，産業図書.
(26) 西村 芳一；SSB変調方式とDSP処理，1990年7・8月，Ham Journal No.68，CQ出版社.
(27) 荒木 康夫；通信方式，1985年，工学図書.
(28) 藤尾 八十治；初等無線送信機教科書，1967年，オーム社.
(29) 無線百話出版委員会編；無線百話，1997年，クリエート・クルーズ.
(30) エレクトロニクスライフ，1994年1月号，日本放送出版協会.
(31) 斉藤 洋一；ディジタル無線通信の変復調，1996年，(社)電気情報通信学会.
(32) HAM Journal No.83，CQ出版社.

付属CD-ROMの内容

あらかじめ本書内の該当する解説をよくお読みになり，内容，目的，制限事項などについて十分に理解したうえでご利用ください．

収録内容

● フォルダ構成

下記のフォルダがあります（アルファベット順）．
DOCS
FIR
FPGA
Hirado
LCfilter
Sec13
TOOLS
TRX-305A
TRX-305B

以下に，各フォルダの内容を概説します．

● DOCS…ドキュメント類

Seminar.pdf…CQ出版社のセミナーで使用したテキスト（参考資料）
TRX-305Adevelopment.pdf…TRX-305開発の流れ
第12章の冒頭で解説されている「SH-2からFPGAとDSPに実行コードを書き込む」に関連した参考資料です．TRX-305Aキットに同梱のCD-Rに収録されているドキュメントと同じものです．

● FIR…フィルタ係数設計ツール

第12章などで利用されているFIRフィルタ係数の計算アプリケーションです．
Appendix Bをよくお読みになってご利用ください．

● FPGA…TRX-305搭載のFPGAファームウェア

TRX-305に実装されているVHDL記述によるディジタル信号処理のソース・コードです．
第12章をよくお読みになってご利用ください．

● Hirado…TRX-305用DSPフレームワーク"Hirado 0.9.2"

フルディジタル無線機実験キットTRX-305MBに搭載されているDSPのプログラミング実験を，C言語によって行うためのフレームワークです．
Appendix Aをよくお読みになってご利用ください．

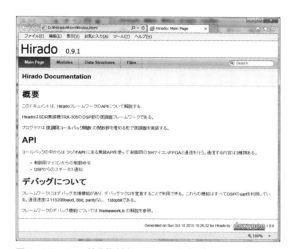

図A Hiradoの技術資料(index.htmlを表示)

図B HiradoのAPI解説(Modulesの目次を表示)

サブフォルダhtmlには，Hiradoの技術資料がHTML形式で収録されています．サブフォルダhtml内にある"index.html"をダブルクリックすると，ブラウザによって表示されます(図A)．HiradoのサポートしているAPIやデータ構造の詳細が参照できます(図B)．

● LCfilter…*LC*フィルタ設計ツール

*LC*フィルタを設計するためのPCソフトウェアです．
Appendix Bをよくお読みになってご利用ください．

● Sec13…受信信号のスペクトラム表示機能

TRX-305に受信信号のスペクトラム表示機能を追加するためのファームウェアとPC用の表示アプリケーションのファイル類が収録されています．
第13章をよくお読みになってご利用ください．

● TOOLS…TRX-305用ツール類

Blackfin2SH.EXE，Cyclon.exe，FirConv.exeなどが収録されています．

● TRX-305A…TRX-305Aキットの同梱CD-Rに収録のドキュメント類(参考資料)

TRX-305MB(信号処理メイン・ボード)の回路図，組み立て手順，取り扱い説明書などのPDFファイルが収録されています．

● TRX-305B…TRX-305Bキットの同梱CD-Rに収録のドキュメント類(参考資料)

TRX-305Bキット(送信用パワー・アンプ基板，送信用LPF基板，受信用BPF基板，コントロール・パネル，ケース)の回路図，組み立て手順，取り扱い説明書などのPDFファイルが収録されています．

免責事項

本CD-ROMに収録してあるプログラムの操作によって発生したトラブルに関しては，著作権者，およびCQ出版株式会社は一切の責任を負いかねますので，ご了承ください．

索引

【数字・アルファベット】

1/16ダウン・サンプリング —— 144, 146
1/4ダウン・サンプリング —— 144
10進数 —— 047
2進数 —— 047
32倍オーバーサンプリング —— 121
4倍オーバーサンプリング —— 119
64F7144 —— 094
AD73311 —— 089, 100
AD9957 —— 092, 100
ADSP-BF533 —— 094
A-D変換 —— 141
AFC —— 175
AGC —— 159, 162, 177
AM —— 078
AMの変復調 —— 081
AM変調信号の生成回路 —— 124
AM変調波 —— 010
API —— 205
Blackfin —— 094
BU9480F —— 090
CICフィルタ —— 068
CORDIC —— 055, 131
cos —— 058
CTCSS —— 169
CW変調 —— 178
CW変調信号の生成回路 —— 122
Cyclone III —— 094
DCS —— 170
DMA —— 155
DSB —— 078
DSPコードのロード手順 —— 112
DSPデバッグ用ポート —— 205
DSPによるAM復調のアルゴリズム —— 154
DSPによるFM復調のアルゴリズム —— 161
DSPによるSSB復調のアルゴリズム —— 171
EP3C10R144C8 —— 094
FFT —— 191
FIRtool —— 207
FIRタイプ —— 035
FIRフィルタ設計ソフトウェア —— 207
FIRフィルタの実装 —— 043
FIRフィルタの種類 —— 042
FM —— 078
FMの変復調 —— 085
FM変調信号の生成回路 —— 129
FPGAのコンフィギュレーション —— 111
GCC —— 196
GMSK —— 080, 180
Hirado —— 193
I/Q信号 —— 026
IDC —— 167
IFフィルタ —— 178
IIRタイプ —— 036
LCfilter —— 212
LSB —— 081
LTC2205-14 —— 089, 104
LTC6409 —— 089, 104
MAC —— 033
MIFフォーマット —— 151
MSK —— 181
NCO —— 136
PM —— 078
PSN —— 077
QPSK —— 181
Remez exchange —— 038
RFパワー・アンプ —— 106
RTOS —— 195
RZSSB —— 078, 177
S&H —— 018
S/N —— 017
$SFDR$ —— 023
SH-2 —— 094
SH-2への書き込み操作 —— 114
sin —— 058
SSB —— 078
SSB信号の生成回路 —— 125
SSBの変復調 —— 082

TOPPERS/JSP for Blackfin —— 195
TRX-305 —— 089
Ubuntu 14.04 LTS32ビット版 —— 195
USB —— 081
VMware Player —— 195
VSB —— 078

【あ行】
アタック時定数 —— 161
アップ・サンプリング —— 066
アナログLCフィルタ設計ソフトウェア —— 212
アナログ-ディジタル変換 —— 016
アパーチャ・ジッタ —— 019
アパーチャ効果 —— 018
アンチエイリアシング・フィルタ —— 140
位相と周波数 —— 080
位相ノイズ —— 018
イメージ受信 —— 028
インパルス —— 014
インパルス応答 —— 041
ウェーバー方式 —— 084，172
エイリアシング —— 065
演算 —— 047
エンベロープ検波 —— 081
オーバーサンプリング —— 064
オーバーサンプリング・フィルタ —— 067
音声信号のアップ・サンプリング処理 —— 116

【か行】
開口時間 —— 018
解析信号 —— 025
掛け算器 —— 075
下側波帯 —— 081
奇関数・奇数タップ —— 042
奇関数・偶数タップ —— 043
奇対称 —— 026
奇対称インパルス・レスポンス —— 030
逆SINCフィルタ —— 015
極座標形式 —— 026
偶関数・奇数タップ —— 042
偶関数・偶数タップ —— 042
偶対称 —— 025
偶対称インパルス・レスポンス —— 030
矩形窓 —— 039
群遅延一定 —— 037
群遅延特性 —— 040
高次サンプリング —— 102
誤差拡散 —— 075
固定小数点 —— 048，201

コンスタレーション —— 192

【さ行】
サーキュラ・アドレッシング —— 044
最小位相 —— 040
サイドバンド —— 081
再量子化変換 —— 017
三角関数 —— 051
三角ノイズ —— 080
三角窓 —— 039
サンプリング —— 013
サンプリング・レート変換 —— 063，065
サンプル&ホールド —— 018
時間軸左右対称の波形 —— 037
時間軸量子化 —— 016
指数変調 —— 079
自然対数 —— 059
ジッタ —— 018
受信部IFフィルタ —— 148
出力フィルタ —— 106
上側波帯 —— 081
シリアル変換部 —— 188
信号の間引き —— 065
振幅制限 —— 167
振幅の量子化 —— 016
スーパーヘテロダイン方式 —— 027
スケルチ —— 168
スプリアス —— 063
スプリアス・フリー・ダイナミック・レンジ —— 023
スプリアス対策 —— 117
スペクトラム表示 —— 185
正弦波発振 —— 053
積分器 —— 071
積和演算モジュール —— 033
ゼロIF —— 029
ゼロ次ホールド効果 —— 015
線形変調 —— 078

【た行】
対数計算 —— 058
ダイナミック・レンジ —— 021
ダイレクト・サンプリング —— 064，089
ダウン・サンプリング —— 063
多段カスケード接続 —— 069
遅延時間 —— 040
直線位相 —— 037，040
直交ミキサ —— 030
ディエンファシス —— 080，165
ディケイ時定数 —— 161

ディザ —— 023
ディジタル・フィルタ —— 033
ディジタル・ミキサ —— 141
データ通信 —— 178
テーブル参照 —— 051
デシメーション・フィルタ —— 065
デルタ関数 —— 014
電子ボリューム —— 076
同期検波 —— 082, 158
トムソン・フィルタ —— 040
トランシーバ —— 107

【な行】
ナイキスト・フィルタ —— 182
ノイズ・シェイピング —— 075
ノイズ・スケルチ —— 169
ノーブル・アイデンティティ —— 067

【は行】
パッシブ・シリアル・ブート —— 111
ハニング窓 —— 039
ハミング窓 —— 039
非線形変調 —— 079
ヒルベルト・フィルタ —— 030, 127
フィルタ係数 —— 041
フィルタ方式 —— 077
フーリエ級数展開 —— 025
複素バンド・パス・フィルタ —— 173
復調アルゴリズムの実装 —— 200
浮動小数点 —— 048

負の時間 —— 026
負の周波数 —— 026
ブラックマン窓 —— 039
プリエンファシス —— 080
プリセレクタ —— 106
プリディストーション —— 015
プロセッシング・ゲイン —— 022
ベッセル・フィルタ —— 040
変調度 —— 081
包絡線検波 —— 157
ボックスカー・フィルタ —— 179

【ま行】
窓関数 —— 192
窓関数法 —— 038
ミキサ —— 027

【や行】
有効桁数 —— 046

【ら行】
量子化 —— 016
量子化歪み —— 016
量子化ビット数 —— 017
両側波帯 —— 081
リング・バッファ —— 044
ルート・ナイキスト・フィルタ —— 184
レベル・スケルチ —— 169
連続波形 —— 013

〈著者略歴〉

西村 芳一(にしむら・よしかず)
  1954年   長崎県長崎市生まれ
  1977年   電気通信大学　応用電子工学科卒業
  1977年   ソニー株式会社　厚木テクノロジーセンター
              放送用ビデオ機器の開発設計
  1993年   タスコ電機株式会社　長崎R&Dセンター
              無線データ画像モデム機器の開発
  2001年   株式会社エーオーアール
              ディジタル無線機器関連の開発
  アマチュア無線局：JA6UHL
  e-mail：nishimura@aorja.com

中村 健真(なかむら・たけまさ)
  FAE
  OSS開発者

●**本書記載の社名,製品名について** ── 本書に記載されている社名および製品名は,一般に開発メーカーの登録商標または商標です.なお,本文中では ™, ®, © の各表示を明記していません.
●**本書掲載記事の利用についてのご注意** ── 本書掲載記事は著作権法により保護され,また産業財産権が確立されている場合があります.したがって,記事として掲載された技術情報をもとに製品化をするには,著作権者および産業財産権者の許可が必要です.また,掲載された技術情報を利用することにより発生した損害などに関して,CQ出版社および著作権者ならびに産業財産権者は責任を負いかねますのでご了承ください.
●**本書付属の CD-ROM についてのご注意** ── 本書付属の CD-ROM に収録したプログラムやデータなどは著作権法により保護されています.したがって,特別の表記がない限り,本書付属の CD-ROM の貸与または改変,個人で使用する場合を除いて複写複製(コピー)はできません.また,本書付属の CD-ROM に収録したプログラムやデータなどを利用することにより発生した損害などに関して,CQ出版社および著作権者は責任を負いかねますのでご了承ください.
●**本書に関するご質問について** ── 文章,数式などの記述上の不明点についてのご質問は,必ず往復はがきか返信用封筒を同封した封書でお願いいたします.ご質問は著者に回送し直接回答していただきますので,多少時間がかかります.また,本書の記載範囲を越えるご質問には応じられませんので,ご了承ください.
●**本書の複製等について** ── 本書のコピー,スキャン,デジタル化等の無断複製は著作権法上での例外を除き禁じられています.本書を代行業者等の第三者に依頼してスキャンやデジタル化することは,たとえ個人や家庭内の利用でも認められておりません.

[JCOPY]〈(社)出版者著作権管理機構委託出版物〉
本書の全部または一部を無断で複写複製(コピー)することは,著作権法上での例外を除き,禁じられています.本書からの複製を希望される場合は,(社)出版者著作権管理機構(TEL:03-3513-6969)にご連絡ください.

RFデザイン・シリーズ
AM/SSB/FM…高速A-D変換×コンピュータでソフトウェア変復調
フルディジタル無線機の信号処理

CD-ROM付き

2016年9月1日 初 版 発 行   © 西村 芳一/中村 健真 2016
2017年1月1日 第2版発行

著 者   西村 芳一/中村 健真
発行人   寺前 裕司
発行所   CQ出版株式会社
         東京都文京区千石4-29-14(〒112-8619)
電話 出版   03-5395-2123
     販売   03-5395-2141

カバー・表紙 千村 勝紀
DTP・印刷・製本 三晃印刷株式会社
乱丁・落丁本はご面倒でも小社宛お送りください.送料小社負担にてお取り替えいたします.
定価はカバーに表示してあります.
ISBN978-4-7898-4635-6
Printed in Japan